手把手教你给水排水设计

本书编委会　编

中国建筑工业出版社

图书在版编目（CIP）数据

手把手教你给水排水设计/本书编委会编. —北京：
中国建筑工业出版社，2016.9
ISBN 978-7-112-19772-9

Ⅰ. ①手… Ⅱ. ①本… Ⅲ. ①建筑—给水工程—
工程设计②建筑—排水工程—工程设计　Ⅳ. ①TU82

中国版本图书馆 CIP 数据核字（2016）第 213602 号

本书根据《建筑给水排水设计规范》GB 50015—2003（2009 年版）、《建筑设计防火规范》GB 50016—2014、《消防给水及消火栓系统技术规范》GB 50974—2014 等现行标准规范编写，主要内容包括：建筑给水系统设计，建筑消防给水系统设计，建筑热水供应系统设计，建筑饮水供应系统设计，建筑排水系统设计，建筑雨水排水系统设计，建筑污废水提升、处理和中水系统设计，专用建筑给水排水工程设计等。

本书适用于初涉机电设计岗位的人员以及从事给水排水工程设计、施工等的专业技术人员使用，也可供高等院校相关专业师生学习时参考。

责任编辑：张　磊
责任设计：李志立
责任校对：王宇枢　张　颖

手把手教你给水排水设计
本书编委会　编

*

中国建筑工业出版社出版、发行（北京西郊百万庄）
各地新华书店、建筑书店经销
唐山龙达图文制作有限公司制版
北京君升印刷有限公司印刷

*

开本：787×1092毫米　1/16　印张：13¾　字数：333千字
2016 年 12 月第一版　2016 年 12 月第一次印刷
定价：32.00 元
ISBN 978-7-112-19772-9
(29331)

编　委　会

主　编　张俊新

参　编　（按笔画顺序排列）

王　敏　　白雅君　　任大海　　安　庆

孙海涛　　杜　明　　李　强　　李　鑫

李昆洋　　林　辉　　夏俊茹　　郭宝来

靳海波　　潘美华

前　言

　　如今，我国建筑业发展迅速，建筑物内部设备设计的合理性和先进性要求更高。建筑给水排水设计是建筑工程设计中一项很重要的内容，关系着人们的生活环境的安全，与人们的生活息息相关，与社会的环境保护、水资源的合理利用、可持续性发展紧密相连。建筑给水排水工程的任务是安全卫生和经济合理地供给人们生活和生产活动用水及保障消防用水，并及时有效地排出所使用的污水、废水和大气降水，以改善环境条件，提高人民的健康水平。

　　建筑给水排水工程发展迅速，在理论和实践上都将不断地完善和发展，因此要求从事建筑给水排水设计的人员应具有更先进的设计理念和更高的设计水平，不断引进先进技术，要切实把理论与实践相结合，尽可能采用成熟的新技术、新材料，使工程最大限度地满足生活和生产的需要。针对许多初涉给水排水设计岗位的技术人员缺乏设计经验，对实际工作不知所措、无从下手的情况，我们编写了此书。

　　本书结合《建筑给水排水设计规范》GB 50015—2003（2009 年版）、《建筑设计防火规范》GB 50016—2014、《消防给水及消火栓系统技术规范》GB 50974—2014 等最新标准规范进行编写，由基础入手，侧重于设计，把理论、设计等有机结合，突出整合性的编写原则，帮助读者在建筑给水排水的设计中较快地提高设计技巧和设计水平。本书共分 8章，内容包括：建筑给水系统设计，建筑消防给水系统设计，建筑热水供应系统设计，建筑饮水供应系统设计，建筑排水系统设计，建筑雨水排水系统设计，建筑污废水提升、处理和中水系统设计，专用建筑给水排水工程设计等。本书适用于初涉机电设计岗位的人员以及从事给水排水工程设计、施工等的专业技术人员使用，也可供高等院校相关专业师生学习时参考。

　　由于编者学识和经验有限，虽经编者尽心尽力，书中难免有不足之处，恳请广大读者热心指点。

目　　录

5

第1章　建筑给水系统设计

建筑给水系统的基本任务是根据建筑用水要求，将室外给水管道内的自来水引入并输送到建筑内的给水管道，满足给水系统上各用水设备的水量和水压需要。

1.1　建筑给水系统的分类及组成

建筑给水系统是将市政给水管网（或自备水源）中的水引入建筑内并输送到室内各配水龙头、生产机组和消防设备等用水点处，并满足各类用水设备对水质、水量和水压要求的冷水供应系统。

1.1.1　给水管网的分类

建筑给水系统按照其用途可分为三类：

1. 生活给水系统

供人们在居住、公共建筑和工业企业建筑内的饮用、烹饪、盥洗、洗涤、沐浴等日常生活用水的给水系统，其水质要求必须严格符合国家规定的《生活饮用水卫生标准》GB 5749—2006。

2. 生产给水系统

因各种生产工艺的不同，生产给水系统种类繁多，主要用于各类产品生产过程中所需的用水、生产设备的冷却、原料和产品的洗涤及锅炉用水等。生产用水对水质、水量、水压及安全方面的要求随工艺要求的不同而有很大的差异。

3. 消防给水系统

消防用水为供居住建筑、公共建筑及生产车间消防用水的给水系统。消防用水对水质要求不高，但必须按照建筑防火设计规范的要求，保证供应足够的水量和维持一定的水压。

上述三类基本给水系统可以独立设置，也可以根据各类用户对水质、水量、水压等的不同要求，结合室外给水系统的实际情况，经技术经济比较或兼顾社会、经济、技术、环境等因素予以综合考虑，设置成组合各异的共用系统，如生活、生产共用给水系统；生活、消防共用给水系统；生产、消防共用给水系统；生活、生产、消防共用给水系统。在工业企业内，给水系统比较复杂，且由于生产过程中所需水压、水质、水温等不同，又常常分设成数个单独的给水系统。为了节约用水，可将生产用水划分为循环使用、重复使用及循环和重复使用相结合的给水系统。

1.1.2　给水系统的组成

建筑内部给水系统的功能是将水自室外市政给水管道引入室内，按照用户对水质、水量、水压的要求把水送至各个配水点。一般情况下，建筑内部给水系统由下列各部分组成，如图 1-1 所示。

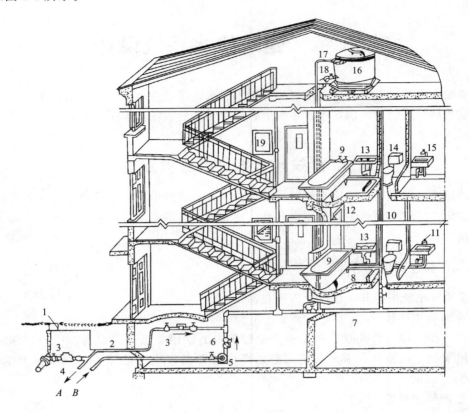

图 1-1　建筑给水系统

1—阀门井；2—引入管；3—闸阀；4—水表；5—水泵；6—止回阀；

7—干管；8—支管；9—浴盆；10—立管；11—水龙头；12—淋浴器；13—洗脸盆；

14—大便器；15—洗涤盆；16—水箱；17—进水管；18—出水管；

19—消火栓；A—进贮水池；B—来自贮水池

1. 水源

水源指市政给水管网或自备水源。民用建筑的水源一般应以城镇自来水为首选，当采用自备水源供水时，其水质须符合《生活饮用水卫生标准》GB 5749—2006 并报请当地卫生部门检测、批准后方可使用。

2. 引入管

引入管是指将室外给水引入建筑物的管段。对于居住小区而言，是由市政管道引入庭院或居住小区给水管网；对一幢单独建筑物而言，是室外给水管网与室内给水管网之间的联络管段，也称进户管。

3. 水表节点

水表节点是指安装在引入管上的水表及其前后设置的阀门和泄水装置的总称。当建筑内部不允许间断供水时，水表节点还应设旁通管，旁通管上设有阀门。此处水表用以计量该幢建筑的总用水量。水表节点一般安装在水表井中，如图 1-2 所示。在建筑给水系统中，除了在引入管上安装水表外，在需要计量水量的某些部位和设备的配水管上也需要安装水表，住宅建筑每户均应安装分户水表，以利于节约用水。分户水表以前大都设在每户住家之内的分户支管上，可在表前设阀，以便局部关断水流；现在趋势是将分户水表集中设在户外（便于读取数据处），即使水表设在室内，也可采用智能水表或 IC 卡水表进行远程计量。

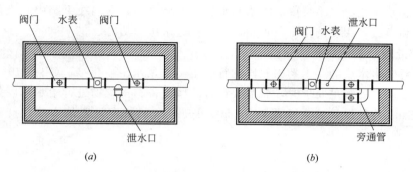

图 1-2　水表节点
（a）水表节点；（b）带有旁通管的水表节点

　　水表的类型有流速式和容积式。在建筑内部给水系统中广泛采用流速式水表，进行累积流量的计量，流速式水表分为旋翼式水表、螺翼式水表和复式水表。

　　流速式水表只允许水平安装，为了使水流平稳流经水表，保证水表计量准确，水表前后直线管段的长度，应符合要求，一般螺翼式水表的上游一侧长度应为 8～10 倍水表接管直径，其他类型水表的前后侧应有不小于 300mm 的直线管段。

　　水表应装设在便于检修和读数、不受暴晒、冻结、污染和机械损伤的地方。

4. 给水管网

　　建筑给水管网也称室内给水管网，是由干管、立管、支管等组成的管系，用于水的输送和分配。干管是将引入管送来的水输送到各个立管中去的水平管段；立管是将干管送来的水输送到各个楼层的竖直管段；支管是将立管送来的水输送给各个配水装置或用水装置的管段。

　　建筑生活给水管道应选用耐腐蚀和安装连接方便可靠的管材，可采用塑料给水管、塑料和金属复合管、铜管、不锈钢管及经过可靠防腐处理的钢管，应符合现行产品标准的要求。

5. 配水设施

　　配水设施是指生活、生产和消防给水系统的末端用水设备。生活给水系统主要指卫生器具的给水配件，如水龙头；生产给水主要指用水设备；消防给水系统主要指室内消火栓、喷头等。

6. 给水附件

　　给水附件用以控制和调节系统内水的流向、水位、流量和压力等，保证系统安全运行的附件，通常是指给水管路上的阀门（包括闸阀、蝶阀、球阀、减压阀、止回阀、浮球阀、液压阀、液压控制阀、泄压阀、排气阀、泄水阀等）、水锤消除器、多功能水泵控制阀、过滤器等。给水管道上使用的各类阀门的材质，应耐腐蚀、耐压，可采用全铜、全不锈钢、铁壳铜芯和全塑阀门等。

7. 升压设备

升压设备用于为给水系统提供适当的水压，常用的升压设备有水泵、气压给水设备、变频调速给水设备。

8. 贮水和水量调节构筑物

贮水池、水箱是给水系统中的贮水和水量调节构筑物，它们在系统中起流量调节、贮存消防用水和事故备用水的作用，水箱还具有稳定水压的功能。

9. 局部处理及其他设备

当用户对给水水质的要求超出我国现行《生活饮用水卫生标准》GB 5749—2006 或其他原因造成水质不能满足要求时，就需要设置一些设备、构筑物进行给水深度处理。建筑物内部应按照《建筑设计防火规范》GB 50016—2014 的规定设置消火栓、自动喷水灭火设备。

1.2 建筑给水系统设计方法

1.2.1 建筑给水系统方案设计

给水设计的第一步是进行给水的方案设计亦即对给水方式进行选择。给水基本方式分为直接给水和加压给水两种，由此而派生出不同加压设备的加压给水方式、直接与加压组合的给水方式、分区给水方式等。采用哪种给水方式完全由外网所提供水压与建筑内给水系统所需水压的关系决定，各种加压给水方式由加压设备类型所决定，分区给水方式由用水器具所允许的水压决定。

1. 建筑给水方式具体选定的方法

根据《建筑给水排水设计规范》GB 50015—2003（2009 年版）有关要求选定建筑给水方式。

（1）应利用室外给水管网的水压直接供水。当室外给水管网的水压和（或）水量不足时，应当根据卫生安全、经济节能的原则选用贮水和加压供水方案。

（2）给水系统的竖向分区应当根据建筑物用途、层数、使用要求、材料设备性能、维护管理、节约供水、能耗等因素综合确定。

（3）不同使用性质或计费的给水系统，应当在引入管后分成各自独立的给水管网。

（4）卫生器具给水配件承受的最大工作压力，不得大于 0.6MPa。

（5）高层建筑生活给水系统应竖向分区，竖向分区压力应当符合以下要求：

1）各分区最低卫生器具配水点处的静水压不宜大于 0.45MPa；

2）静水压大于 0.35MPa 的入户管（或配水横管），宜设减压或调压设施；

3）各分区最不利配水点水压，应当满足用水水压要求。

（6）居住建筑入户管给水压力不应大于 0.35MPa。

（7）建筑高度不超过 100m 的建筑的生活给水系统，宜采用垂直分区并联供水或分区减压的供水方式；建筑高度超过 100m 建筑，宜采用垂直串联供水方式。

2. 给水方式

给水方式是指建筑内部给水系统的给水方案。给水方式必须依据用户对水质、水压和水量的要求，结合室外管网所能提供的水质、水量和水压的情况、卫生器具及消防设备在建筑物内的分布、用户对供水安全可靠性的要求等因素，经技术经济比较或综合评判来确定。

（1）直接给水方式。由室外给水管网直接供水是最简单、经济的给水方式，如图 1-3 所示，适用于室外给水管网的水量、水压均能满足用水要求的建筑。建筑给水系统应尽量利用外部给水管网的水压直接供水。

在方案设计阶段，建筑生活给水系统能否采用直接给水方式，可按建筑层数用水压估算法进行判断。采用直接给水方式时，室外给水管网（自地面算起）的水压应不小于表 1-1 中的数值。

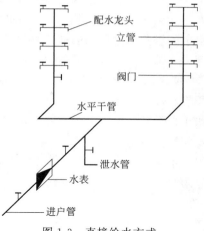

图 1-3　直接给水方式

按建筑物层数估算给水系统所需的最小压力值　　　　　　　表 1-1

建筑物层数	1	2	3	4	5	6
最小压力值（自地面算起）(kPa)	100	120	160	200	240	280

这种给水方式的优点是给水系统简单，投资省，安装维修方便，可充分利用室外管网的水压，节约能源；缺点是系统内无调节、储备水量，外部给水管停水时，内部给水管网也随即断水，影响使用。适用于室外给水管网的水量、水压全天都能满足蓄水要求的建筑。

（2）单设水箱的给水方式。建筑物内部设有管道系统和屋顶水箱（亦称高位水箱），且室内给水系统与室外给水管网直接连接，如图 1-4 所示。当室外管网压力能够满足室内用水需要时，则由室外管网直接向室内管网供水，并向水箱充水，以贮备一定水量。当高峰用水时，室外管网压力不足，由水箱向室内系统补充供水。为了防止水箱中的水回流至室外管网，在引入管上要设置止回阀。

这种给水方式适用于室外管网水压出现周期性不足及室内用水要求水压稳定，并且允许设置水箱的建筑物。它的优点是系统比较简单，投资较省；充分利用室外管网的压力供水，节省电耗；系统具有一定的贮备水量，供水的安全可靠性较好。缺点是系统设置了高位水箱，增加了建筑物的结构荷

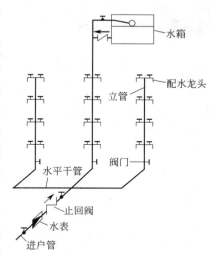

图 1-4　单设水箱给水方式

载，并给建筑物的立面处理带来一定困难。当水压较长时间持续不足时，需增大水箱容积，并有可能出现断水情况。

（3）水泵给水方式。水泵给水方式宜在室外给水管网水压经常性不足时采用。当建筑内用水量大且均匀时，可用恒速水泵供水；当建筑内用水不均匀时，宜采用一台或多台水泵变速运行供水，以提高水泵的工作效率。为充分利用室外管网压力，节省电能，可将水

泵与室外管网直接连接，如图1-5所示。但是，因水泵直接从室外管网抽水，使外网压力降低，影响附近用户用水，严重时还可能造成外网负压，在管道接口不严密时，其周围土壤中的渗漏水会吸入管中，污染水质。所以，当采用水泵直接从室外管网抽水时，必须符合供水部门的有关规定，并采取必要的防护措施，以免水质污染。

（4）水泵-水箱给水方式。当室外给水管网的水压低于或周期低于建筑内部给水管网所需水压，室内用水不均匀，且室外管网允许直接抽水时，可考虑采用这种给水方式，如图1-6所示，水箱采用浮球继电器等装置自动启闭水泵。此种给水方式的优点是水泵水箱互相配合运行，由于水泵可及时向水箱充水，使水箱容积大为减小；又因水箱的调节作用，水泵出水量稳定，可以使水泵在高效率下工作，并可实现水泵根据水箱水位自动启闭。

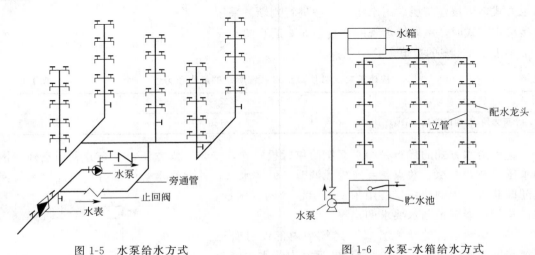

图1-5　水泵给水方式　　　　　　　　　图1-6　水泵-水箱给水方式

（5）气压给水方式。利用密闭压力水罐取代水泵水箱联合给水方式中的高位水箱，形成气压给水方式，如图1-7所示。

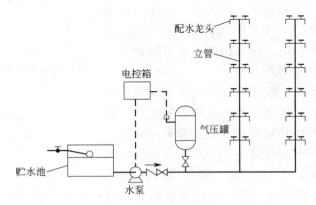

图1-7　气压给水方式

水泵从贮水池吸水，水送至给水管网的同时，多余的水进入气压水罐，将罐内的气体压缩，罐内压力上升，至最大工作压力时，水泵停止工作。此后，利用罐内气体的压力将水送至给水管网，罐内压力随之下降，至最小工作压力时，水泵重新启动，如此周而复始实现连续供水。

这种给水方式适用于室外管网水压经常性不足，不宜设置高位水箱的建筑（如隐蔽的国防工程、地震区建筑、建筑艺术要求较高的建筑等）。它的优点是设备可设在建筑物的任何高度上，便于隐蔽，安装方便，水质不易受污染，投资省，建设周期短，便于实现自动化等。缺点是给水压力波动较大，能量浪费严重。

（6）变频给水方式。水泵的扬程随流量减小而增大，管路水头损失随流量减少而减少，当用水量下降时，水泵扬程在恒速条件下得不到充分利用，为达到节能的目的，可采用图 1-8 所示的变频调速给水方式。

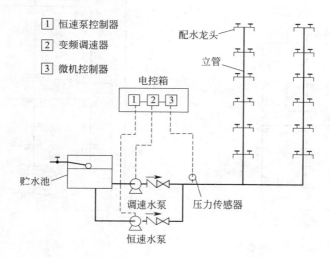

图 1-8　变频调速给水方式

变频调速水泵工作原理为：当给水系统中流量发生变化时，扬程也随之发生变化，压力传感器不断向微机控制器输入水泵出水管压力的信号，当测得的压力值大于设计给水流量对应的压力值时，则微机控制器向变频调速器发出降低电流频率的信号，从而使水泵转速降低，水泵出水量减少，水泵出水管压力下降，反之亦然。

（7）分区给水方式。室外给水管网的供水压力较低，仅能满足建筑物下面几层的供水需要，而上面楼层采用水泵-水箱联合给水方式，从而形成上下分区。在高层建筑中，如不考虑上下分层，管网静水压力很大，下层管网由于压力过大，管道接头和配水附件等极易损坏，而且电能消耗也不合理。因此，高层建筑多采用分区给水方式。

根据各分区之间的相互关系，高层建筑给水方式可分为串联给水方式、并联给水方式和减压给水方式。设计时应根据工程的实际情况，按照供水安全可靠、技术先进、经济合理的原则确定给水方式。

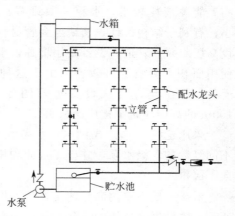

图 1-9　多层建筑分区给水方式

1）串联给水方式。串联给水方式如图 1-10 所示，各分区均设有水泵和水箱，上区的水泵从下区的水箱中抽水。这种给水方式的优点是各区水泵的扬程和流量按本区需要设计，使用效率高，能源消耗较小，且水泵压力均衡，扬程较小，水锤影响小；另外，不需设高压泵和高压管道，设备和管道较简单，投资较省。其缺点为水泵分散布置，维护管理不方便；水泵和水箱占用楼层的使用面积较大；水泵设在楼层，振动和噪声干扰较大，因此，需防振动、防噪声、防漏水；工作不可靠，若下区发生事故，则其上部数区供水受影响。这种方式适用于允许分区设置水箱和水泵的各类高层建筑，建筑高度超过100m的建筑宜采用这种给水方式。

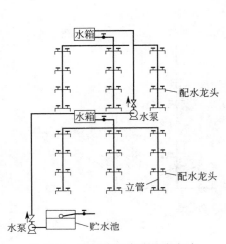

图 1-10　高层建筑串联给水方式

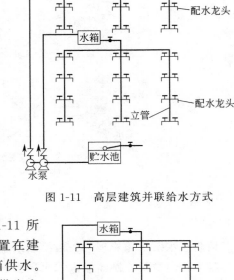

图 1-11　高层建筑并联给水方式

2）并联给水方式。并联给水方式如图 1-11 所示，各分区独立设置水箱和水泵，水泵集中布置在建筑底层或地下室，各区水泵独立向各区的水箱供水。这种方式的优点为各区独立运行，互不干扰，供水安全可靠，水泵集中布置，便于维护管理，水泵效率高，能源消耗较小，水箱分散设置，各区水箱容积小，有利于结构设计。其缺点为管材耗用较多，且需设高压水泵和管道，设备费用增加，水箱占用楼层的使用面积，影响经济效益。由于这种方式优点较显著，因而在允许分区设置水箱的各类高度不超过100m 的高层建筑中被广泛采用。

采用这种给水方式供水，水泵宜采用相同型号、不同级数的多级水泵，并应尽可能利用外网水压直接向下层供水。

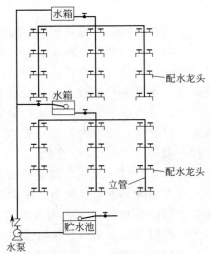

图 1-12　单管并联给水方式

对于分区不多的高层建筑，当电价较低时，也可以采用单管并联给水方式，如图 1-12 所示。这种方式所用的设备、管道较少，投资较节省，维护管理也较方便。但低区压力损耗过大，能源消耗较大，供水可靠性也不如前者。采用这种给水方式供水，低区水箱进水管上宜设减压阀，起到防止浮球阀损坏和减缓水锤作用。

并联给水方式也可采用气压给水设备或变频调速给水设备并联工作。

3）减压给水方式。减压给水方式分为减压水箱给水方式和减压阀给水方式，如图 1-13 所示。这两种方式的共同点是建筑物的用水由设置在底层的水泵一次提升至屋顶总水箱，再由此水箱依次向下区减压供水。

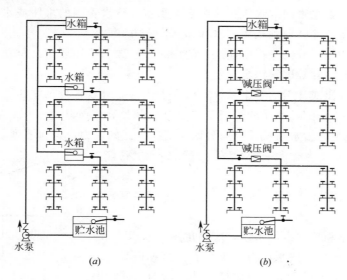

图 1-13　减压给水方式
（a）冰箱减压方式；（b）减压阀减压方式

减压水箱给水方式是通过各区减压水箱实现减压供水。优点是水泵台数少，管道简单，投资较省，设备布置集中，维护管理简单。缺点是下区供水受上区供水限制，供水可靠性不如并联供水方式。另外，建筑内全部用水均要经水泵提升至屋顶总水箱，不仅能源消耗较大，而且水箱容积大，对于建筑的结构和抗地震不利。这种方式适用于允许分区设置水箱，电力供应充足，电价较低的各类高层建筑。采用这种给水方式供水，中间水箱进水管上最好安装减压阀，以防浮球阀损坏并起到减缓水锤的作用。

减压阀给水方式是利用减压阀替代减压水箱，这种方式与减压水箱给水方式相比，最大优点是节省了建筑的使用面积。

（8）分质给水方式。分质给水方式是根据不同用途所需的不同水质，分别设置独立的给水系统，如图 1-14 所示为一建筑屋内自来水系统（即生活饮用水系统）、直饮水系统和生活杂用水系统（中水系统）的流程图。直接利用市政自来水供给清洁、洗涤、冲洗等用水；自来水经深度

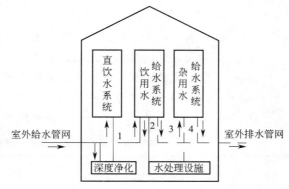

图 1-14　分质给水方式
1—直饮水；2—生活废水；3—生活污水；4—杂用水

净化处理达到饮用水标准，采用高质量无污染的管材和配件送至用户，可直接饮用；将洗涤等用水收集后加以处理，回用于冲厕、洗车、浇洒绿地等。

（9）给水方式的选择

建筑给水方式选定的依据：满足最新执行的《建筑给水排水设计规范》GB 50015—2003（2009版）要求。

1）建筑物内的给水系统宜按下列要求确定：

①应利用室外给水管网的水压直接供水。当室外给水管网的水压或水量不足时，应根据卫生安全、经济节能的原则选用贮水和加压供水方案。

②给水系统的竖向分区应根据建筑物的用途、层数、使用要求、材料设备性能、维护管理、节约供水与能耗等因素综合确定。

③不同使用性质或计费的给水系统，应在引入管后分成各自独立的给水管网。

2）卫生器具给水配件承受的最大工作压力不得大于 0.6MPa。

3）高层建筑生活给水系统应竖向分区，竖向分区的压力应符合下列要求：

①各分区最低卫生器具配水点处的静水压力不宜大于 0.45MPa。

②静水压力大于 0.35MPa 的入户管（或配水横管）宜设减压或调压设施。

③各分区最不利配水点的水压，应满足用水水压要求。

4）居住建筑入户管的水压力不应大于 0.35MPa。

5）建筑高度不超过 100m 的建筑，其生活给水系统宜采用垂直分区并联供水或分区减压的供水方式；建筑高度超过 100m 的建筑，其生活给水系统宜采用垂直串联供水方式。

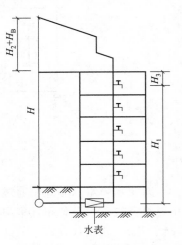

图 1-15　建筑给水系统所需供水水头

对某具体一般建筑（低层或多层）进行给水方式的确定与设计的方法。为了满足一般建筑内给水系统所需的水量水头，在直接给水系统中，从引入管始端到系统的最不利用水点所需水头的计算公式如下

$$H = H_1 + H_2 + H_3 + H_B$$

式中　H——建筑内给水系统所需的供水水头（m）；

H_1——从引入管始端到系统的最不利用水点的垂直几何高差（m），如图 1-15 所示；

H_2——从引入管始端到系统的最不利用水点之间的计算管道的水头损失（m）；

H_3——最不利点配水龙头的最低工作水头（m），见表 1-2；

H_B——从引入管始端到系统的最不利用水点之间计算管道上的水表水头损失。

卫生器具的给水额定流量、当量、连接管公称管径和最低工作水头　　　　　　　表 1-2

序号	给水配件名称	额定流量（L/s）	当量（N）	连接管公称管径（mm）	最低工作水头（MPa）
1	洗涤盆、拖布盆、盥洗槽 　单阀水嘴 　单阀水嘴 　混合水嘴	 0.15～0.20 0.30～0.40 0.15～0.20 （0.14）	 0.75～1.00 1.50～2.00 0.75～1.00 （0.70）	 15 20 15	0.050

序号	给水配件名称	额定流量 （L/s）	当量 （N）	连接管公称管径 （mm）	最低工作水头 （MPa）
2	洗脸盆 单阀水嘴 混合水嘴	0.15 0.15(0.10)	0.75 0.75(0.50)	15 15	0.050
3	洗手盆 感应水嘴 混合水嘴	0.10 0.15(0.10)	0.50 0.75(0.50)	15 15	0.050
4	浴盆 单阀水嘴 混合水嘴(含带淋浴转换器)	0.20 0.24(0.20)	1.00 1.20(1.00)	15 15	0.050 0.05~0.070
5	淋浴器 混合阀	0.15(0.10)	0.75(0.50)	15	0.050~0.10
6	大便器 冲洗水箱浮球阀 延时自闭冲洗阀	0.10 1.20	0.50 6.00	15 25	0.020 0.100~0.15
7	小便器 手动或自动自闭式冲洗阀 自动冲洗水箱过水阀	0.10 0.10	0.50 0.50	15 15	0.050 0.020
8	小便槽穿孔管（每 m 长）	0.05	0.25	15~20	0.015
9	净身盆冲洗水嘴	0.10(0.07)	0.50(0.35)	15	0.050
10	医院倒便器	0.20	1.00	15	0.05
11	实验室化验水嘴（鹅颈） 单联 双联 三联	0.07 0.15 0.20	0.35 0.75 1.00	15 15 15	0.020 0.020 0.020
12	饮水器喷嘴	0.05	0.25	15	0.050
13	洒水栓	0.40 0.70	2.00 3.50	20 25	0.050~0.10 0.050~0.10
14	室内地面冲洗水嘴	0.20	1.00	15	0.050
15	家用洗衣机水嘴	0.20	1.00	15	0.050

注：1. 表中括号内的数值是在有热水供应时单独计算冷水或热水时使用。

2. 当浴盆上附设淋浴器时，或混合水嘴有淋浴器转换开关时，其额定流量和当量只计水嘴，不计淋浴器，但水压应按淋浴器计。

3. 家用燃气热水器所需水压按产品要求和热水供应系统最不利配水点所需工作压力确定。

4. 绿地的自动喷灌应按产品要求设计。

5. 当卫生器具给水配件所需的额定流量和最低工作压力有特殊要求时，其值应按产品要求确定。

6. 1m＝0.01MPa。

建筑内给水系统所需的供水水头 H 值与建筑外管网所提供的水头 H_0 值是选定建筑内给水方式的两个重要参数，设计人员一定要牢记这两个值的以下关系：

①当 $H_0 > H$ 时，可以选择建筑内的给水系统为直接给水方式。

②当 $H_0 < H$ 时，可以选择建筑内的给水系统为加压给水方式，但要注意当 H_0 稍小于 H，有时可采用减少管道压力损失（即增大部分管段管径的方式）使加压给水方式变成直接给水方式。

设计者在确定给水方式之前，一定要掌握建筑外的给水管道的水压和管径大小，其方法是到建设单位索取该 H_0 值或到供水单位索取该 H_0 值或到实地进行水压测定，不可任意假定或估计。

知道了 H_0 值后，在未画详细给水系统图之前，可以知道公式(1-1)中的从引入管始端到系统的最不利用水点的垂直几何高差 H_1（根据建筑外给水管道的埋深、待建建筑物的建筑高度和卫生器具的安装高度查表 1-3 等）及查表 1-2 知道公式(1-1)中的 H_3 值（最不利点配水龙头的最低工作水头），但 H_2 值（从引入管始端到系统的最不利用水点之间的计算管道的水头损失）和 H_B 值（从引入管始端到系统的最不利用水点之间的计算管道上的水表水头损失）不知道，这无法知道 H 值（建筑内给水系统所需的供水水头）。根据经验，可以根据待建建筑物的层数来粗估 H 值。即一层 H 值为 0.1MPa，二层 H 值为 0.12MPa，三层 H 值为 0.16MPa，以后每增加一层就相应增加 0.04MPa。

卫生器具在建筑房间内的安装高度   表 1-3

序号	卫生器具名称	卫生器具边缘距地高度（mm）	
		居住和公共建筑	幼儿园
1	架空式污水盆（池）（至上边缘）	800	800
2	落地式污水盆（池）（至上边缘）	500	500
3	洗涤盆（池）（至上边缘）	800	800
4	洗手盆（池）（至上边缘）	800	500
5	洗脸盆（至上边缘）	800	500
6	盥洗槽（至上边缘）	800	500
7	浴盆（至上边缘）	480	—
	残障人用浴盆（至上边缘）	450	—
	按摩浴盆（至上边缘）	450	—
	淋浴盆（至上边缘）	100	—
8	蹲、坐式大便器（从台阶面至高水箱底）	180	1800
9	蹲式大便器（从台阶面至低水箱底）	900	900
10	坐式大便器（至低水箱底）	—	—
	外露排出管式	510	
	虹吸喷射式	470	370
	冲落式	510	
	旋涡固定连体式	250	
11	坐式大便器（至上边缘）	—	—
	外露排出管式	400	—
	旋涡连体式	360	—
	残障人用	450	—
12	蹲便器（至上边缘）	—	—
	2踏步	320	
	1踏步	200～270	

序号	卫生器具名称	卫生器具边缘距地高度(mm)	
		居住和公共建筑	幼儿园
13	大便槽(从台阶面至冲洗水箱底)	不低于2000	—
14	立式小便器(至受水部分上边缘)	100	—
15	立式小便器(至受水部分上边缘)	600	450
16	小便槽(至台阶面)	200	150
17	化验盆(至上边缘)	800	—
18	净身器(至上边缘)	360	—
19	饮水器(至上边缘)	1000	—

1.2.2 建筑给水系统初步设计

给水设计的第二步是进行给水的初步设计。在建筑的给水方式确定之后,根据建筑的具体情况(如建筑的朝向、卫生间布置、高度、层数、各层平面、室外给水管道等)进行管道的平面布置,并绘制轴测图,如有贮水加压装置,应当对水池(箱)进行计算和选用,并计算水泵的流量和扬程确定水泵的型号,还要对给水系统进行水力计算,确定系统管径。给水初步设计是方案设计在建筑平面图与轴测图上的具体表现,可以绘制初步设计草图。

1.2.3 建筑给水系统施工图设计

给水设计的第三步是进行给水的施工图设计,它是在初步设计的基础上细化图,使图更加详细,可以满足施工用图要求并配有设计说明、施工安装说明、质量要求说明和主要材料设备明细表格。如某建筑给水施工图包括:封面;设计说明(设计依据、范围、设计任务、参数、标准图名称、施工安装方法与材料设备、材料与设备质量和安装质量、主材表);平面图;轴测图或展开图;其他详图。

1.3 建筑给水管材、管件、阀门、水表的选用

在做建筑给水系统设计时,一定要了解建筑给水管材、管件、阀门及水表的选用,尤其对于初学者来说,极为重要。

1.3.1 建筑给水管材、管件、阀门的选用

1. 建筑给水用管材、管件的选用

(1)给水系统采用的管材、管件,应当符合国家现行有关产品标准的要求。管材和管件的工作压力不得大于产品标准公称压力或标称的允许工作压力。

(2)小区室外埋地给水管道采用的管材,应当具有耐腐蚀和能承受相应地面荷载的能力。可以采用塑料给水管、有衬里的铸铁给水管、经可靠防腐处理的钢管,管内壁的防腐材料,应当符合现行的国家有关卫生标准的要求。

（3）室内的给水管道，应当选用耐腐蚀和安装连接方便可靠的管材，可以采用塑料给水管、塑料和金属复合管、铜管、不锈钢管及经可靠防腐处理的钢管。

注：高层建筑给水立管不宜采用塑料管。

2. 建筑给水用阀门的选用

（1）给水管道上使用的各类阀门的材质，应当耐腐蚀和耐压，根据管径大小和所承受压力的等级及使用温度，可以采用全铜、全不锈钢、铁壳铜芯和全塑阀门等。

（2）给水管道上使用的阀门，应当根据使用要求按以下原则进行选择：

1）需要调节流量、水压时，宜采用调节阀、截止阀；

2）要求水流阻力小的部位（如水泵吸水管上），宜采用闸板阀、球阀、半球阀；

3）安装空间小的场所，宜采用蝶阀、球阀；

4）水流需双向流动的管段上，不得使用截止阀；

5）口径较大的水泵，出水管上宜采用多功能阀。

（3）给水管道上使用的止回阀，应当根据使用要求按下列原则选择：

止回阀的阀型选择，应当根据止回阀的安装部位、阀前水压、关闭后的密闭性能要求和关闭时引发的水锤大小等因素确定，并应符合下述要求：

1）阀前水压小的部位，宜选用旋启式、球式和梭式止回阀；

2）关闭后密闭性能要求严密的部位，宜选用有关闭弹簧的止回阀；

3）要求削弱关闭水锤的部位，宜选用速闭消声止回阀或有阻尼装置的缓闭止回阀；

4）止回阀的阀瓣或阀芯，应能够在重力或弹簧力作用下自行关闭；管网最小压力或水箱最低水位应能够自动开启止回阀。

（4）给水管道上使用的减压阀，应根据使用要求按以下原则进行选择：

给水管网的压力高于配水点允许的最高使用压力时，应当设置减压阀，减压阀的配置应当符合下述要求：

1）比例式减压阀的减压比不宜大于3：1；当采用减压比大于3：1时，应当避开气蚀区。可调式减压阀的阀前与阀后的最大压差不宜大于0.4MPa，要求环境安静的场所不应大于0.3MPa；当最大压差超过规定值时，宜串联设置。

2）阀后配水件处的最大压力应当按减压阀失效情况下进行校核，其压力不应大于配水件的产品标准规定的水压试验压力。

注：（1）当减压阀串联使用时，按其中一个失效情况下，计算阀后最高压力；

（2）配水件的试验压力应按其工作压力的1.5倍计。

3）减压阀前的水压宜保持稳定，阀前的管道不宜兼作配水管。

4）当阀后压力允许波动时，宜采用比例式减压阀；当阀后压力要求稳定时，宜采用可以调式的减压阀。

5）当在供水保证率要求高、停水会引起重大经济损失的给水管道上设置减压阀时，宜采用两个减压阀并联设置，不得设置旁通管。

1.3.2 水表的选用

1. 管道水表设置

建筑物的引入管、住宅的入户管及公共建筑物内需计量水量的水管上均应设置水表。

2. 户外与户内水表

住宅的分户水表宜相对集中读数，且宜设置于户外；对设在户内的水表，宜采用远传水表或 IC 卡水表等智能化水表。

3. 水表口径的确定

（1）用水量均匀的生活给水系统的水表应当以给水设计流量选定水表的常用流量；用水量均匀常为用水密集型的建筑。

（2）用水量不均匀的生活给水系统的水表应当以给水设计流量选定水表的过载流量；用水量不均匀常为用水分散型的建筑。

（3）在消防时除生活用水外尚需通过消防流量的水表，应当以生活用水的设计流量叠加消防流量进行校核，校核流量不应大于水表的过载流量。

（4）水表应当装设在观察方便，不冻结，不被任何液体及杂质所淹没和不易受损处。

有关水表技术参数如表 1-4～表 1-6 所列。

LXS 旋翼湿式、LXSL 旋翼干式水表技术参数　　　　　　　表 1-4

型号	公称口径（mm）	计量等级	过载流量	常用流量	分界流量	最小流量	始动流量	最小读数	最大读数
			m³/h			L/h		m³	
LXS-15C	15	A	3	1.5	0.15	45	14	0.0001	9999
LXSL-15C		B			0.12	30	10		
LXS-20C	20	A	5	2.5	0.25	75	19	0.0001	9999
LXSL-20C		B			0.20	50	14		
LXS-25C	25	A	7	3.5	0.35	105	23	0.0001	9999
		B			0.28	70	17		
LXS-32C	32	A	12	6	0.60	180	32	0.0001	9999
		B			0.48	120	27		
LXS-40C	40	A	20	10	1.00	300	56	0.001	99999
		B			0.80	200	46		
LXS-50C	50	A	30	15	1.50	450	75	0.001	99999
		B							

LXL 水平螺翼式水表技术参数　　　　　　　表 1-5

型号	公称口径（mm）	计量等级	过载流量	常用流量	分界流量	最小流量	最小读数	最大读数
			m³/h				m³	
LXS-50	60	A	30	15	4.5	1.2	0.01	999999
		B			3.0	0.45		
LXS-80N	80	A	80	40	12	3.2	0.01	999999
		B			8.0	1.2		
LXL-100N	100	A	120	60	18	4.8	0.01	999999
		B			12	1.8		
LXL-150N	150	A	300	150	45	12	0.01	999999
		B			30	4.5		

型号	公称口径（mm）	计量等级	过载流量	常用流量	分界流量	最小流量	最小读数	最大读数
			m³/h				m³	
LXL-200N	200	A	500	250	75	20	0.1	999999
		B			50	7.5		
LXL-250N	250	A	800	400	120	32	0.1	999999
		B			80	12		

旋翼干式远传水表性能参数 表 1-6

型 号	公称口径（mm）	过载流量	常用流量	分界流量	最小流量
		m³/h			
LXSG-15Y	5	3	1.5	0.15	0.045
LXSG-20Y	20	5	2.5	0.25	0.075
LXSG-25Y	25	7	3.5	0.35	0.105
LXSG-32Y	32	12	6	0.60	0.180
LXSG-40Y	40	20	10	1.00	0.300
LXSG-50Y	50	30	15	3.00	0.450

4. 水表的压力损失粗估和计算

在进行给水方式确定时可以对水表的压力损失进行粗估，如住宅入户管上的水表，宜取 0.01MPa，建筑物或小区引入管上的水表，在生活用水工况时，宜取 0.03MPa，在校核消防工况时宜取 0.05MPa。在给水系统进行水力计算时，应当对水表进行压力损失的计算。水表的压力损失可以按式(1-1) 计算：

$$H_B = Q_g^2 / K_B \qquad (1-1)$$

式中　H_B——水表的压力损失（kPa）；

　　　Q_g——计算管段的给水设计秒流量（m³/h）；

　　　K_B——水表的特性系数：旋翼式水表：$K_B = Q_{max}^2 / 100$；

　　　　　　　　　　　　　　　螺翼式水表：$K_B = Q_{max}^2 / 10$。

　　　Q_{max}——水表的过载流量（m³/h）。

1.4　给水管网的布置与敷设

给水管网的布置包括二级泵站至用水点之间的所有输水管、配水管及闸门、消火栓等附属设备的布置，与建筑物性质、结构情况、用水要求及用水点的位置等有关，受供暖、通风、空调和供电等其他建筑设备工程管线布置等因素的影响。

1.4.1　给水管网的布置原则

给水管网（包括输水管和配水管网）是给水工程的重要组成部分，给水管网在进行规划和布置时，应满足以下要求：

（1）按照城市规划平面图布置管网，布置时应考虑给水系统分期建设的可能，并留有充分的发展余地；

（2）管网布置必须保证供水安全可靠，当局部管网发生事故时，断水范围应减到最小；

（3）管线遍布在整个给水区内，保证用户有足够的水量和水压；

（4）力求以最短距离敷设管线，以降低管网造价和供水能量费用。

1.4.2　给水管道的布置形式

给水管道的布置按供水可靠度不同可分为枝状和环状两种形式（见图1-16和图1-17），按水平干管位置不同可分为上行下给、下行上给和中分式三种形式。枝状管网单向供水，可靠性差，但节省管材，造价低；环状管网双向甚至多向供水，可靠性高，但管线长，造价高。上行下给供水方式的干管设在顶层天花板下、吊顶内或技术夹层中，由上向下供水，适用于设置高位水箱的建筑；下行上给供水方式的干管埋地、设在底层或地下室中，由下向上供水，适用于利用市政管网直接供水或增压设备位于底层但不设高位水箱的建筑；中分式供水方式的干管设在中间技术夹层或某中间层的吊顶内，由中间向上、下两个方向供水，适用于屋顶用作露天茶座、舞厅并设有中间技术夹层的建筑。

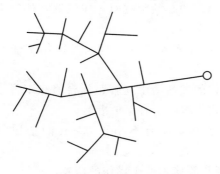

图1-16　枝状网

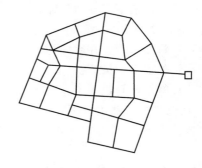

图1-17　环状网

室内给水管道的布置与建筑物性质、结构情况、用水要求及用水点的位置等有关，受供暖、通风、空调和供电等其他建筑设备工程管线布置等因素的影响，还要重点考虑经济合理、运行安全、便于安装维修和不影响生产使用等因素。

1.4.3　给水管道的敷设方式

根据建筑物性质及对美观要求不同，给水管道敷设可分为明装和暗装两种形式。

1. 明装

明装即管道沿墙、梁、柱、楼板下敷设，管道外露。其优点是管道施工方便，造价低，出现问题易于查找。缺点是不美观，表面易积灰、结露。此种方法适合对卫生、美观没有特殊要求的建筑。

2. 暗装

暗装是把管道布置在管道井、技术层、管沟、墙槽、顶棚或夹壁墙中，直接埋地或埋在楼板的垫层里，其优点是不影响室内的美观、整洁。缺点是施工复杂，维修困难，造价高。适用于对卫生、美观要求较高的建筑如宾馆、高级公寓和要求无尘、洁净的车间、实验室、无菌室等。

1.4.4 给水管道的敷设要求

（1）室内冷、热水管上、下平行敷设时，冷水管应在热水管下方。卫生器具的冷水连接管，应在热水连接管右侧。生活给水管道不宜与输送易燃、可燃或有害的液体或气体的管道同管道（沟）敷设。

（2）室内生活给水管道宜布置成枝状管网，单向供水。

（3）室内给水管道不应穿越变配电房、电梯机房、通信机房、大中型计算机房、计算机网络中心、音像库房等遇水会损坏设备和引发事故的房间，并应避免在生产设备上方通过。室内给水管道的布置，不得妨碍生产操作、交通运输和建筑物的使用。

（4）室内给水管道不得布置在遇水引起燃烧或爆炸的原料、产品和设备的上面。

（5）埋地敷设的给水管道应避免布置在可能压坏处。管道不得穿越生产设备基础，在特殊情况下必须穿越时，应采取有效的保护措施。

（6）给水管道不得敷设在烟道、风道、电梯井内与排水沟内。给水管道不宜穿越橱窗、壁柜。给水管道不得穿越大、小便槽且立管距大、小便槽端部不得小于 0.5m。

（7）给水管道不宜穿越伸缩缝、沉降缝与变形缝。如必须穿越时，应设置补偿管道伸缩和剪切变形的装置。

（8）塑料给水管道在室内宜暗设；明设时立管应布置在不易受撞击处，如不能避免时，应在管外加保护措施。

（9）塑料给水管道不得布置在灶台上边缘；明设的塑料给水立管距灶台边缘不得小于 0.4m，距燃气热水器边缘不宜小于 0.2m，达不到此要求时应有保护措施。

塑料给水管道不得与水加热器或热水炉直接连接，应有不小于 0.4m 的金属管段过渡。

（10）室内给水管道上的各种阀门，宜装设在便于检修和便于操作的位置。

（11）建筑物内埋地敷设的生活给水管与排水管之间的最小净距：平行埋设时不应小于 0.5m；交叉埋设时不应小于 0.15m，且给水管应在排水管上面。

（12）给水管道的伸缩补偿装置，应按直线长度、管材的线胀系数、环境温度和管内水温的变化，以及管道节点的允许位移量等因素经计算确定。应利用管道自身的折角补偿变形。

（13）当给水管道结露会影响环境、引起装饰物品等受损害时，给水管道应做防结露保冷层，其计算和构造可按《设备及管道绝热技术通则》GB/T 4272—2008 执行。

（14）给水管道暗设时应符合以下要求：

1）不得直接敷设在建筑结构层内。

2）干管和立管应敷设在吊顶、管井、管窿内，支座宜敷设在楼（地）面的找平层内或沿墙敷设在管槽内。

3）敷设在垫层或墙体管槽内的给水支管的外径不宜大于 25mm。

4）敷设在垫层或墙体管槽内的给水管管材宜采用塑料管材、金属与塑料复合管材或耐腐蚀的金属管材。

5）敷设在垫层或墙体管槽内的管材，不得有卡套式或卡环式接口，柔性管材宜采用分水器向各卫生器具配水，中途不得有连接配件，两端接口应明露。

（15）管道井的尺寸，应根据管道的数量、管径大小、排列方式与维修条件，结合建筑平面和结构形式等合理确定。需进入维修管道的管井，其维修人员的工作通道的净宽度不宜小于 0.6m，管道井应每层设外开检修门。

管道井的井壁和检修门的耐火极限，以及管道井的竖向防火隔断应符合消防规范的规定。

（16）需要泄空的给水管道，其横管宜设有 0.002～0.003 的坡度坡向泄水装置。

（17）给水管道应避免穿越人防地下室，必须穿越时应按人防工程要求设置防护阀门等措施。

（18）给水管道穿越以下部位或接管时，应设置防水套管：

1）穿越地下室或地下构筑物的外墙处。

2）穿越没有可靠防水措施的屋面处。

3）穿越钢筋混凝土水池（箱）壁板或底板连接管道时。

（19）明设的给水立管穿越楼板时，应采取防水措施。

（20）在室外明设的给水管道，应避免受阳光直接照射，塑料给水管还应有有效的保护措施；在结冻地区应做保温层，保温层的外壳应密封防渗。

（21）敷设在有可能结冻的房间、地下室及管井、管沟等处的给水管道应有防冻措施。

管道在穿过建筑物内墙、基础及楼板时均应预留孔洞口，暗设管道在墙中敷设时，也应预留墙槽，避免临时打洞、刨槽影响建筑结构的强度。管道预留孔洞和墙槽的尺寸见表 1-7。

给水管预留孔洞、墙槽尺寸（mm）   表 1-7

管道名称	管径	明管预留孔洞 长(高)×宽	暗管墙槽 宽×深
立管	≤25	100×100	130×130
	32～50	150×150	150×130
	70～100	200×200	200×200
2 根立管	≤32	150×100	200×13
横支管	≤25	100×100	60×60
	32～40	150×130	150×100
入户管	≤100	300×200	—

1.4.5 阀门和附件的设置

1. 阀门设置

给水管道的下列部位应当设置阀门：

（1）小区给水管道从城镇给水管道的引入管段上；

（2）小区室外环状管网的节点处，应按照分隔要求进行设置；环状管段过长时，宜设置分段阀门；

（3）从小区给水干管上接出的支管起端或接户管起端；

（4）入户管、水表前和各分支立管；

（5）室内给水管道向住户、公用卫生间等接出的配水管起端；

（6）水池（箱）、加压泵房、加热器、减压阀、倒流防止器等处应当按照安装要求配置。

2. 止回阀的设置

（1）给水管道上的下列管段上应当设置止回阀：

1）直接从城镇给水管网接入小区或建筑物的引入管上；

2）密闭的水加热器或用水设备的进水管上；

3）每台水泵出水管上；

4）进出水管合用一条管道的水箱、水塔和高地水池的出水管段上。

（2）装有倒流防止器的管段，不需要再装止回阀。

3. 倒流防止器的设置

给水管道上倒流防止器的设置位置应当满足以下要求：

（1）不应装在有腐蚀性和污染的环境；

（2）排水口不得直接接至排水管，应当采取间接排水；

（3）应当安装在便于维护的地方，不得安装在可能结冻或被水淹没的场所。

4. 真空破坏器的设置

真空破坏器设置位置应当满足下列要求：

（1）不应装在有腐蚀性和污染的环境；

（2）应直接安装于配水支管的最高点。其位置高出最高用水点或最高溢流水位的垂直高度，压力型不得小于 300mm，大气型不得小于 150mm；

（3）真空破坏器的进气口应当向下。

5. 减压阀的设置

减压阀的设置应当符合下述要求：

（1）减压阀的公称直径宜与管道管径一致；

（2）减压阀前应设阀门和过滤器；需拆卸阀体才能检修的减压阀后，应设管道伸缩器；在检修时，阀后水会倒流，阀后应设阀门；

（3）减压后节点处的前后应当装设压力表；

（4）比例式减压阀宜垂直安装，可以调式减压阀宜水平安装；

（5）设置减压阀的部位，应当便于管道过滤器的排污和减压阀的检修，地面宜有排水措施。

6. 泄压阀、安全阀、排气装置、水位控制阀和过滤器的设置

（1）当给水管网存在短时超压工况，且短时会引起使用不安全时，应当设置泄压阀，其要求如下：

1）泄压阀前应设置阀门；

2）泄压阀的泄水口应当连接管道，泄压水宜排入非生活用水水池，当直接排放时，可以排入集水井或排水沟。

（2）当给水管网存在短时超压工况，且短时会引起使用不安全时，应当设置安全阀，安全阀阀前不得设置阀门，泄压口应当连接管道将泄压水（气）引至安全地点排放。

（3）给水管道设置排气装置的要求如下：

1）间歇性使用的给水管网，其管网末端和最高点应设置自动排气阀；

2）给水管网有明显起伏积聚空气的管段，宜在该段的峰点设置自动排气阀或手动阀门排气；

3）气压给水装置，当采用自动补气式气压水罐时，其配水管网的最高点应当设置自动排气阀。

（4）给水系统的调节水池（箱），除进水能自动控制切断进水外，其进水管上应当设置自动水位控制阀，水位控制阀的公称直径应与进水管管径一致。

（5）给水系统设置管道过滤器的要求如下：

1）减压阀、泄压阀、自动水位控制阀、温度调节阀等阀件前应设置；

2）水加热器的进水管上、换热装置的循环冷却水进水管上宜设置；

3）水泵吸水管上宜设置；

4）过滤器的滤网应当采用耐腐蚀材料，滤网网孔尺寸应按使用要求确定。

1.4.6 给水管道的防护措施

1. 防腐

明装和暗装的金属管道都要采取防腐措施，以延长管道的使用寿命。通常的防腐做法是管道除锈后，在外壁刷涂防腐涂料。

铸铁管及大口径钢管管内可采用水泥砂浆衬里。

埋地铸铁管宜在管外壁刷冷底子油一遍、石油沥青两道；埋地钢管（包括热镀锌钢管）宜在外壁刷冷底子油一道、石油沥青两道外加保护层（当土壤腐蚀性能较强时可采用加强级或特加强防腐）；钢塑复合管就是钢管加强防腐性能的一种形式，钢塑复合管埋地敷设，其外壁防腐同普通钢管；薄壁不锈钢管埋地敷设，宜采用管沟或外壁应有防腐措施（管外加防腐套管或外缚防腐胶带）；薄壁铜管埋地敷设时应在管外加防护套管。

明装的热镀锌钢管应刷银粉两道（卫生间）或调和漆两道；明装铜管应刷防护漆。

当管道敷设在有腐蚀性的环境中，管外壁应刷防腐漆或缠绕防腐材料。

2. 防冻、防露

敷设在有可能结冻的房间、地下室及管井、管沟等地方的生活给水管道，为保证冬季安全使用应有防冻保温措施。金属管保温层厚根据计算定但不能小于25mm。

在湿热的气候条件下，或在空气湿度较高的房间内敷设给水管道，由于管道内的水温较低，空气中的水分会凝结成水附着在管道表面，严重时还会产生滴水，这种管道结露现象不但会加速管道的腐蚀，还会影响建筑的使用，如使墙面受潮、粉刷层脱落，影响墙体质量和建筑美观。防露措施与保温方法相同。

3. 防漏

由于管道布置不当，或管材质量和施工质量低劣，均能导致管道漏水，不仅浪费水量，影响给水系统正常供水，还会损坏建筑，特别是湿陷性黄土地区，埋地管漏水将会造成土壤湿陷，严重影响建筑基础的稳固性。防漏的主要措施是避免将管道布置在易受外力损坏的位置，或采取必要的保护措施，避免其直接承受外力，并要健全管理制度，加强管材质量和施工质量的检查监督。在湿陷性黄土地区，可将埋地管道敷设在防水性能良好的检漏管沟内，一旦漏水，水可沿沟排至检漏井内，便于及时发现和检修。管径较小的管道，也可敷设在检漏套管内。

4. 防振

当管道中水流速度过大时，启闭水龙头、阀门，易出现水击现象，引起管道、附件的振动，不但会损坏管道附件造成漏水，还会产生噪声。为防止管道的损坏和噪声的污染，在设计给水系统时应控制管道的水流速度，在系统中尽量减少使用电磁阀或速闭型水栓。住宅建筑进户管的阀门后（沿水流方向），宜装设家用可曲挠橡胶接头进行隔振，并可在管支架、吊架内衬垫减振材料，以缩小噪声的扩散。

1.5　建筑给水设备的计算与选用

在加压给水系统设计中，应当掌握建筑给水设备，如水池、水箱、水泵、气压给水装置的计算与选用。

1.5.1　水池的选择与计算

水池选择与计算应当考虑其既能贮存调节所要求的水量，满足水泵加压供水，又能保护好生活用水的水质。

1. 能够贮存调节所要求的水量，满足水泵加压供水。

能够贮存调节所要求的水量，满足水泵加压供水的公式如式(1-2) 所示：

$$V \geqslant (Q_b - Q_L)T_b$$
$$(Q_b - Q_L)T_b \geqslant Q_L T_L \tag{1-2}$$

式中　V——贮水池生活用水有效容积（m³）；

T_b——水泵最长连续运行时间（h）；

Q_b——水泵出水量（m³/h）；

Q_L——水池进水量（m³/h）；

T_L——水池运行的间隔时间（h）。

建筑物内的生活低位贮水池（箱）容积在资料不足时，宜按照建筑物最高日用水量的20%～25%确定。小区的生活低位贮水池（箱）容积在资料不足时，宜按照小区最高日生活用水量的15%～20%确定。

2. 保护好生活用水的水质。

当小区的生活贮水量大于消防贮水量时，小区的生活用水贮水池与消防用贮水池可以合并设置，合并贮水池有效容积的贮水设计更新周期不得大于48h。供单体建筑的生活饮用水池，应当与其他用水的水池分开设置。埋地式生活饮用水贮水池周围10m 以内，不得有化粪池、污水处理构筑物、渗水井、垃圾堆放点等污染源；周围2m 以内不得有污水管和污染物，当达不到此要求时，应当采取防污染措施。建筑物内的生活饮用水水池池体，应当采用独立结构形式，不得利用建筑物的本体结构作为水池的壁板、底板及顶盖。生活饮用水水池与其他用水水池并列设置时，应有各自独立的分隔墙。建筑物内的生活饮用水水池宜设在专用房间内，其上层的房间不应有厕所、浴室、盥洗室、厨房、污水处理间等。生活饮用水水池的构造和配管是：人孔、通气管、溢流管应有防止生物进入水池内的措施；进水管宜在水池的溢流水位以上接入；进出水管布置不得产生水流短路，在必要时应当设导流装置；不得接纳消防管道试压水、泄压水等回流水或溢流水；泄水管和溢流管的排水管与污废水管道系统连接应当采用间接排水方式。生活饮用水水池内的贮水 48h 内不能得到更新时，应当设置水消毒处理装置。建筑物内贮水池的外壁与建筑本体结构墙面或其他池壁之间的净距，应满足施工或装配的要求，无管道的侧面，净距不宜小于 0.7m，安装有管道的侧面，净距不宜小于 1.0m，且管道外壁与建筑本体墙面之间的通道宽度不宜小于 0.6m；设有人孔的池顶，顶板面与上面建筑本体板底的净空不应小于 0.8m；贮水池不宜毗邻电气用房和居住用房或在其下方；贮水池内宜设有吸水坑，吸水坑的大小和深度，应当满足水泵或水泵吸水管的安装要求。建筑内贮水池应设置在通风良好和不结冻的房间内。水池进出水管宜分别设置，并应采取防止短路的措施。当利用城镇给水管网压力直接进水时，应设置自动水位控制阀，控制阀直径应与进水管管径相同，当采用直接作用式浮球阀时，不宜少于 2 个，且进水管标高应一致。溢流管宜采用水平喇叭口集水，喇叭口下的垂直管段不宜小于 4 倍溢流管管径。溢流管的管径，应当按能排泄水塔（池、箱）的最大入流量确定，并宜比进水管管径大一级。水池泄水管的管径，应当按水池泄空时间和泄水受体排泄能力确定，当水池中的水不能以重力自流泄空时，应当设置移动或固定的提升装置。水塔、水池应当设水位监视和溢流报警装置。

1.5.2　水箱的选择与计算

水箱选择与计算应当考虑其既能贮存调节对给水系统所要求的水量，又能保护好生活用水的水质和满足运行要求。

1. 能够贮存调节所要求的水量

确定水箱贮存调节所要求的水量应考虑水箱的运行工况。

（1）由城镇给水管网夜间直接进水的高位水箱的生活用水调节容积，宜按用水人数和最高日用水定额进行确定。

（2）因室外给水管网供水压力周期性不足，由室外给水管网向水箱供水：

$$V = Q_L T_L \tag{1-3}$$

式中　V——水箱的有效容积（m^3）；

　Q_L——水箱供水的最大连续平均小时用水量（m^3/h）；

　T_L——水箱供水的最大连续时间（h）。

（3）由人工控制水泵向水箱进水，同时水箱也向外供水的水箱容积：

$$V = Q_d/N_b - T_b Q_b \tag{1-4}$$

式中　V——水箱的有效容积（m^3）；

　Q_d——最高日用水量（m^3/d）；

　N_b——水泵每天启动次数；

　T_b——水泵启动一次的最短运行时间（h），由设计确定；

　Q_b——水泵运行时间 T_b 内的建筑平均时用水量（m^3/h）。

（4）水泵自动启动供水：

$$V = CQ_b/4K_b \tag{1-5}$$

式中　V——水箱的有效容积（m^3）；

C——安全系数，可在 1.5～2.0 内采用；

Q_b——水泵出水量，（m³/h）；

K_b——水泵 1h 内最大启动次数，通常选用 4～8 次。

在以上（3）、（4）的工况下，水箱的有效容积分别为不小于日用水量的 10% 和 5%。现行的规范规定，由水泵联动提升进水的水箱的生活用水调节容积，不宜小于最大用水时水量的 50%。

2. 保护好生活用水的水质

供单体建筑的生活饮用水箱，应当与其他用水的水箱分开设置。建筑物内的生活饮用水水箱箱体，应当采用独立结构形式，不得利用建筑物的本体结构作为水箱的壁板、底板及顶板。生活饮用水水箱与其他用水水箱并列设置时，应当有各自独立的分隔墙。建筑物内的生活饮用水水箱宜设在专用房间内，其上层的房间不应有厕所、浴室、盥洗室、厨房、污水处理间等。

生活饮用水水箱的构造和配管是：

（1）人孔、通气管、溢流管应当有防止生物进入水箱内的措施；

（2）进水管宜在水箱的溢流水位以上接入；

（3）进出水管布置不得产生水流短路，在必要时，应当设导流装置；

（4）不得接纳消防管道试压水、泄压水等回流水或溢流水；

（5）泄水管和溢流管的排水管与污废水管道系统连接应当采用间接排水方式；

（6）水箱材质、衬砌材料和内壁涂料，不得影响水质。生活饮用水水箱内的贮水 48h 内不能得到更新时，应当设置水消毒装置；

（7）建筑物内贮水箱的外壁与建筑本体结构墙面或其他池壁之间的净距，应当满足施工或装配的要求，无管道的侧面，净距不宜小于 0.7m，安装有管道的侧面，净距不宜小于 1.0m，且管道外壁与建筑本体墙面之间的通道宽度不宜小于 0.6m；设有人孔的池顶，顶板面与上面建筑本体板底的净空不应当小于 0.8m；贮水箱不宜毗邻电气用房和居住用房或在其下方。

（8）建筑内贮水箱应设置在通风良好和不结冻的房间内。

3. 满足运行要求

（1）水箱的设置高度（以底板面计）应满足最高层用户的用水水压要求，当达不到要求时，宜采取管道增压措施。

（2）水箱的进出水管宜分别设置，并应当采取防止短路的措施。

（3）当利用城镇给水管网压力直接进水时，应设置自动水位控制阀，控制阀直径应与进水管管径相同，当采用直接作用式浮球阀时，不宜少于 2 个，且进水管标高应当一致。

（4）当水箱采用水泵加压进水时，应当设置水箱水位自动控制水泵开、停的装置。当一组水泵供给多个水箱进水时，在进水管上宜装设电信号控制阀，由水位监控设备实现自动控制。

（5）溢流管宜采用水平喇叭口集水，喇叭口下的垂直管段不宜小于 4 倍溢流管管径。溢流管的管径，应按能排泄水箱的最大入流量确定，并宜比进水管管径大一级。

（6）泄水管的管径，应当按照水箱泄空时间和泄水受体排泄能力确定。

（7）水箱宜设置水位监视和溢流报警装置。

（8）生活用水中途转输水箱的转输调节容积宜取转输水泵 5～10min 的流量。

1.5.3　水泵的选用与计算

水泵是建筑给水中的重要升压设备。水泵选型的基本原则是：必须根据生产的需要满足流量和扬程的要求；水泵应在高效区运行；水泵在长期运行中，泵站效率较高，能量消耗少，运行费较低；按所选的水泵型号和台数建站，工程投资较少；在设计标准的各种工况下，水泵机组能正常安全运行，即不允许发生汽蚀、振动和超载等现象；便于安装、维修和运行管理。离心泵，是依靠叶轮旋转时产生的离心力来输送液体的泵，利用高速旋转的叶轮叶片带动水转动，将水甩出，从而达到输送的目的。因其结构简单、体积小、效率高、流量和扬程在一定范围内可调，在建筑给水系统中常采用离心泵。

选用建筑给水系统的加压水泵的要点是应满足流量和压力的要求，而且还应高效节能，同时应符合安装要求。

（1）选择生活给水系统的加压水泵，应符合下列规定：

1）水泵的 Q-H 特性曲线应是随流量的增大，扬程逐渐下降的曲线（对 Q-H 特性曲线存在有上升段的水泵，应分析在运行工况中不会出现不稳定工作时方可采用）。

2）应根据管网水力计算进行选泵，水泵应在其高效区内运行。

3）生活加压给水系统的水泵机组应设置备用泵，备用泵的供水能力不应小于最大一台运行水泵的供水能力，水泵宜自动切换交替运行。

（2）建筑物内采用高位水箱调节给水系统时，水泵的最大出水量不应小于最大时用水量。

（3）生活给水系统采用调速泵组供水时，应按系统最大设计流量选泵，调速泵在额定转速时的工作点应位于水泵高效区的末端。

（4）水泵的扬程：

1）水泵直接从室外给水管网抽水时的扬程

$$H_b = H_1 + H_2 + H_3 + H_B - H_0 \qquad (1\text{-}6)$$

式中　H_b——水泵的扬程（m）；

　　　H_1——引入管与最不利点高差（m）；

　　　H_2——计算管路的总水头损失（m）；

　　　H_3——最不利配水点的最低工作水头（m）；

　　　H_B——水表的水头损失（m）；

　　　H_0——室外给水管网所能提供的最小水头（m）。

2）当水泵从储水池抽水时

$$H_b = H_1 + H_2 + H_3 + H_B \qquad (1\text{-}7)$$

式中　H_b——水泵的扬程（m）；

　　　H_1——水泵吸水管始点与最不利点高差（m）；

　　　H_2——计算管路的总水头损失（m）；

　　　H_3——最不利配水点的最低工作水头（m）；

　　　H_B——水表的水头损失（m）。

（5）水泵宜自灌吸水，卧式离心泵的泵顶放气孔与立式多级离心泵吸水端的第一级（段）泵体可置于最低设计水位标高以下，每台水泵宜设置单独从水池吸水的吸水管，吸水管内的流速宜采用 1.0～1.2m/s；吸水管口应设置喇叭口，喇叭口宜向下，低于水池最低水位不宜小于 0.3m，当达不到此要求时，应采取防止空气被吸入的措施；吸水管喇叭口至池底的净距不应小于 0.8 倍的吸水管管径，且不应小于 0.1m；吸水管喇叭口边缘与池壁的净距不宜小于 1.5 倍的吸水管管径；吸水管与吸水管之间的净距，不宜小于 3.5 倍的吸水管管径（管径以相邻两者的平均值计）。

（6）当每台水泵单独从水池吸水有困难时，可单独从吸水总管上自灌吸水，吸水总管应符合下列规定：

1）吸水总管伸入水池的引水管不宜少于两条，当一条引水管发生故障时，其余引水管应能通过全部设计流量，每条引水管上应设阀门。

注：水池有独立的两个及以上的分格，每格有一条引水管，可视为有两条以上引水管

2）引水管宜设置向下的喇叭口，喇叭口的设置应符合上述（5）中的有关规定，但喇叭口低于水池最低水位的距离不宜小于 0.3m。

3）吸水总管内的流速应小于 1.2m/s。

4）水泵吸水管与吸水总管的连接应采用管顶平接，或高于管顶连接。

（7）每台自吸式水泵应设置独立从水池吸水的吸水管。水泵以水池最低水位计算的允许安装高度，应根据当地的大气压力、最高水温时的饱和蒸汽压力、水泵的汽蚀余量、水池最低水位和吸水管路的水头损失经计算确定，并应有安全余量。安全余量应不小于 0.3m。

（8）每台水泵的出水管上应装设压力表，止回阀和阀门（符合多功能阀安装条件的出水管，可用多功能阀取代止回阀和阀门），必要时应设置水锤消除装置。自灌式吸水的水泵吸水管上应装设阀门，并宜装设管道过滤器。

1.5.4 气压给水设备的选择与计算

1. 分类

按气压给水设备输水压力稳定性，可分为变压式和定压式两类。按气压给水设备罐内气、水接触方式，可分为补气式和隔膜式两类。

（1）变压式与定压式。变压式气压给水设备在向建筑内部给水管网输水过程中，水压处于变化状态。按照气水同罐或是气水分罐，又分为单罐式、双罐式。图 1-18 为单罐式变压式气压给水设备，罐内的水在压缩空气起始压力 P_2 的作用下，由气压作用送至室内给水管网。随着罐内水位的下降，压缩空气体积膨胀，气体压力减小，当压力降至最小工作压力 P_1 时，压力信号器动作启动水泵。水泵出水进入室内给水管网的同时向罐内补水，罐内水位再次上升，空气压力逐渐恢复到 P_2 时，压力信号器动作停泵，随后由气压水罐向管网供水。

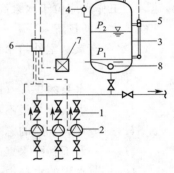

图 1-18 单罐式变压式
气压给水设备

1—止回阀；2—水泵；
3—气压水罐；4—压力信号器；
5—液位信号器；6—控制器；7—补
气装置；8—排气阀；9—安全阀

定压式气压给水设备是在单罐变压式气压给水设备的供水管上安装了压力调节阀，或是在双罐变压式气压给水设备的压缩空气连通管上安装压力调节阀，如图 1-19 所示。将阀出口气压控制在要求范围内，以使供水压力稳定。

（2）补气式与隔膜式。补气式气压给水设备是指在气压水罐中气、水直接接触，设备

运行过程中，部分气体溶于水中，随着气量的减少，罐内压力下降，为保证给水系统的设计工况需设补气调压装置，如图 1-20 所示。

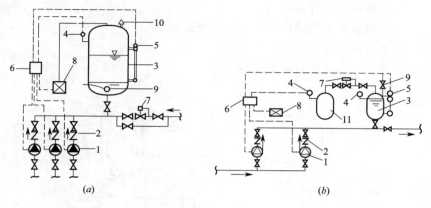

图 1-19 定压式气压给水设备

(a) 单罐；(b) 双罐

1—水泵；2—止回阀；3—气压水罐；4—压力信号器；5—液位信号器；6—控制器；

7—压力调节阀；8—补气装置；9—排气阀；10—安全阀；11—贮气罐

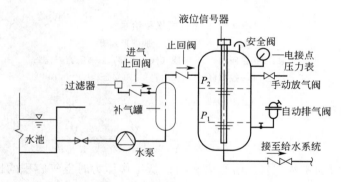

图 1-20 设补气罐的气压给水设备

隔膜式气压给水设备在气压水罐中设置弹性橡胶隔膜将气、水分离，不但水质不易污染，气体也不会溶入水中，故不需设补气调压装置。橡胶隔膜主要有帽形、囊形两类，囊形隔膜又有球、梨、斗、筒、折、胆囊之分，两类隔膜均固定在罐体法兰盘上，分别如图 1-21(a)、(b) 所示，囊形隔膜可缩小气压水罐固定隔膜的法兰，气密性好，调节容积大，且隔膜受力合理，各类气压给水设备均由水泵机组、气压水罐、电控系统、管路系统等部分组成，除此之外，补气和隔膜式气压给水设备分别附有补气调压装置和隔膜。

2. 容积计算

根据波义耳—马略特定律，气压给水装置的储罐内，空气的压力和体积的关系为：

$$V_0 P_0 = V_1 P_1 = V_2 P_2 \tag{1-8}$$

$$V_x = V_1 - V_2 = V_z \frac{P_0}{P_1} - V_z \frac{P_0}{P_2} = V_z \frac{P_0}{P_1}\left(1 - \frac{P_1}{P_2}\right) \tag{1-9}$$

式中 V_z——气压罐的总容积；

V_1——气压罐最低工作压力时的空气容积；

V_2——气压罐最高工作压力时的空气容积；

V_x——气压罐的调节容积；

P_0——气压罐未充水时罐内空气的绝对压强；

P_1——以绝对压强计的最低工作压力；

P_2——以绝对压强计的最高工作压力。

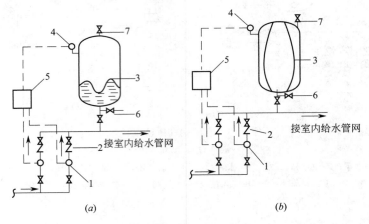

图 1-21　隔膜式气压给水设备

（a）帽形隔膜；（b）胆囊形隔膜

1—水泵；2—止回阀；3—隔膜式气压水罐；4—压力信号器；

5—控制器；6—泄水阀；7—安全阀

由式（1-9）可得：

$$V_z = \frac{P_1}{P_0} \cdot \frac{V_x}{1-\alpha b} = \frac{V_z}{V_1} \cdot \frac{V_x}{1-\alpha b} = \beta \frac{V_x}{1-\alpha b} \qquad (1\text{-}10)$$

式中　β——容积附加系数，气压罐总容积与最低工作压力时空气容积的比值；

αb——最低工作压力与最高工作压力的比值。

气压罐调节容积与用水量、水泵出水量之间满足以下关系：

$$t_1 = \frac{V_x}{q_b - Q} \qquad (1\text{-}11)$$

$$t_2 = \frac{V_x}{Q} \qquad (1\text{-}12)$$

$$T = t_1 + t_2 = \frac{V_x}{q_b - Q} + \frac{V_x}{Q} = \frac{V_x q_b}{Q(q_b - Q)} \qquad (1\text{-}13)$$

$$V_x = \frac{TQ(q_b - Q)}{q_b} = \frac{Q(q_b - Q)}{q_b N} \qquad (1\text{-}14)$$

式中　t_1——水泵运行时段；

t_2——水泵停止工作时段；

T——水泵的工作周期；

N——水泵每小时启动次数；

Q——用水量；

q_b——水泵出水量。

当用水量等于水泵出水量的一半时，按式（1-14）计算所需气压罐的最大调节容积：

$$V_x = C\frac{q_b}{4N} \qquad (1-15)$$

式中　C——安全系数。

1.6　建筑给水系统的水力计算

确定给水系统内各段给水管道的管径是建筑给水系统设计的重要内容，应重点做好给水系统的水力计算。

1.6.1　最高日最大小时用水量

最高日最大小时用水量可根据国家制定的生活用水定额、用水单位数、小时变化系数和用水时数按下式计算：

$$Q_d = mq_d \qquad (1-16)$$

$$Q_h = K_h\frac{Q_d}{T} \qquad (1-17)$$

式中　Q_d——最高日用水量（L/d）；

　　　m——用水单位数，人或床位数等，工业企业建筑为每班人数；

　　　q_d——最高日生活用水定额，L/（人·d）、L/（床·d）或 L/（人·班）；

　　　Q_h——最大小时用水量（L/h）；

　　　K_h——小时变化系数；

　　　T——建筑物的用水时间，工业企业建筑为每班用水时间（h）。

1.6.2　用水定额

建筑内用水包括生活、生产和消防用水三部分。

对于生活用水，应根据现行的《建筑给水排水设计规范》GB 50015—2003（2009 版）作为依据，进行计算。《建筑给水排水设计规范》GB 50015—2003（2009 版）中规定的用水定额见表 1-8～表 1-11。

住宅最高日生活用水定额及小时变化系数　　　　　　　　　　表 1-8

住宅类别		卫生器具设置标准	用水定额[L/（人·d）]	小时变化系数（K_h）
普通住宅	Ⅰ	有大便器、洗涤盆	85～150	3.0～2.5
	Ⅱ	有大便器、洗脸盆、洗涤盆、洗衣机、热水器和沐浴设备	130～300	2.8～2.3
	Ⅲ	有大便器、洗脸盆、洗涤盆、洗衣机、集中热水供应（或家用热水机组）和沐浴设备	180～320	2.5～2.0
别墅		有大便器、洗脸盆、洗涤盆、洗衣机、洒水柱、家用热水机组和沐浴设备	200～350	2.3～1.8

注：1. 当地主管部门对住宅生活用水定额有具体规定时，应按当地规定执行。

　　2. 别墅用水定额中含庭院绿化用水和汽车洗车用水。

序号	建筑物名称	单位	最高日生活用水定额（L）	使用时数（h）	小时变化系数（K_h）
1	宿舍 　Ⅰ类、Ⅱ类 　Ⅲ类、Ⅳ类	 每人每日 每人每日	 150～200 100～150	 24 24	 3.0～2.5 3.5～3.0
2	招待所、培训中心、普通旅馆 　设公用盥洗室 　设公用盥洗室、淋浴室 　设公用盥洗室、淋浴室、洗衣室 　设单独卫生间、公用洗衣室	 每人每日 每人每日 每人每日 每人每日	 50～100 80～130 100～150 120～200	24	3.0～2.5
3	酒店式公寓	每人每日	200～300	24	2.5～2.0
4	宾馆客房 　旅客 　员工	 每床位每日 每人每日	 250～400 80～100	24	2.5～2.0
5	医院住院部 　设公用盥洗室 　设公用盥洗室、淋浴室 　设单独卫生间 　医务人员 门诊部、诊疗所 疗养院、休养所住房部	 每床位每日 每床位每日 每床位每日 每人每班 每病人每次 每床位每日	 100～200 150～250 250～400 150～250 10～15 200～300	 24 24 24 8 8～12 24	 2.5～2.0 2.5～2.0 2.5～2.0 2.0～1.5 1.5～1.2 2.0～1.5
6	养老院、托老所 　全托 　日托	 每人每日 每人每日	 100～150 50～80	 24 10	 2.5～2.0 2.0
7	幼儿园、托儿所 　有住宿 　无住宿	 每儿童每日 每儿童每日	 50～100 30～50	 24 10	 3.0～2.5 2.0
8	公共浴室 　淋浴 　浴盆、淋浴 　桑拿浴（淋浴、按摩池）	 每顾客每次 每顾客每次 每顾客每次	 100 120～150 150～120	 12 12 12	2.0～1.5
9	理发室、美容院	每顾客每次	40～100	12	2.0～1.5
10	洗衣房	每 kg 干衣	40～80	8	1.5～1.2
11	餐饮业 　中餐酒楼 　快餐店、职工及学生食堂 　酒吧、咖啡厅、茶座、卡拉 OK 房	 每顾客每次 每顾客每次 每顾客每次	 40～60 20～25 5～15	 10～12 12～16 8～18	1.5～1.2
12	商场 　员工及顾客	每 m² 营业厅面积每日	5～8	12	1.5～1.2
13	图书馆	每人每次	5～10	8～10	1.5～1.2
14	书店	每 m² 营业厅面积每日	3～6	8～12	1.5～1.2
15	办公楼	每人每班	30～50	8～10	1.5～1.2
16	教学、实验楼 　中小学校 　高等院校	 每学生每日 每学生每日	 20～40 40～50	 8～9 8～9	 1.5～1.2 1.5～1.2
17	电影院、剧院	每观众每场	3～5	3	1.5～1.2

序号	建筑物名称	单位	最高日生活用水定额(L)	使用时数(h)	小时变化系数(K_h)
18	会展中心(博物馆、展馆)	每 m² 展厅面积每日	3～6	8～16	1.5～1.2
19	健身中心	每人每次	30～50	8～12	1.5～1.2
20	体育场(馆) 　运动员淋浴 　观众	每人每次 每人每场	30～40 3	4 4	3.0～2.0 1.2
21	会议厅	每座位每次	6～8	4	1.5～1.2
22	航站楼、客运站旅客	每人每次	3～6	8～16	1.5～1.2
23	菜市场地面冲洗及保鲜用水	每 m² 每日	10～20	8～10	2.5～2.0
24	停车库地面冲洗水	每 m² 每日	2～3	6～8	1.0

注：1. 除养老院、托儿所、幼儿园的用水定额中含食堂用水，其他均不含食堂用水。

2. 除注明外，均不含员工生活用水，员工用水定额为每人每班 40～60L。

3. 医疗建筑用水中已含医用水。

4. 空调用水应另计。

工业企业建筑生活、淋浴用水定额 表 1-10

生活用水定额[L/(班·人)]		小时变化系数	注
管理人员	30～50	2.5～1.5	每班工作时间以 8h 计
车间工人	30～50		

工业企业建筑淋浴用水定额				
车间卫生特征			每人每班淋浴用水定额(L)	
有毒物质	生产性粉尘	其　他		
极易经皮肤吸收引起中毒的剧毒物质(如有机磷、三硝基甲苯、四乙基铅等)	—	处理传染性材料、动物原料(如皮毛等)	60	淋浴用水延续时间为 1h
易经皮肤吸收或有恶臭的物质，或高毒物质(如丙烯腈、吡啶、苯酚等)	严重污染全身或对皮肤有刺激的粉尘(如炭黑、玻璃棉等)	高温作业、井下作业		
其他毒物	一般粉尘(如棉尘)	重作业	40	
不接触有毒物质及粉尘、不污染或轻度污染身体(如仪表、金属冷加工、机械加工等)				

汽车冲洗用水定额 [L/(辆·次)] 表 1-11

冲洗方式	高压水枪冲洗	循环用水冲洗补水	抹车、微水冲洗	蒸汽冲洗
轿车	40～60	20～30	10～15	3～5
公共汽车载重汽车	80～120	40～60	15～30	—

1.6.3　设计秒流量

　　建筑内部生活用水量在一天中每时每刻都是变化的，如果以最大小时生活用水量为设计流量，难以保证室内生活用水。因此，室内生活给水管道的设计流量应为建筑内卫生器具按配水最不利情况组合出流时的最大瞬时流量，又称设计秒流量。

生活给水管道设计秒流量计算按用水特点分为两种类型：一种为分散型，用水特点是用水时间长，但卫生设备使用时间不集中，卫生器具的同时使用出流率随卫生器具数量的增加而减少，如：住宅、集体宿舍、旅馆、宾馆、医院、疗养院、幼儿园、养老院、办公楼、商场、客运站、会展中心、中小学教学楼、公共厕所等建筑；另一种为密集型，用水特点是用水时间集中。

对于建筑内给水管道设计秒流量的确定方法，世界各国都进行了大量的研究，归纳起来有三类：一是经验法，按卫生器具数量确定管径，或以卫生器具全部给水流量与假定设计流量间的经验数据确定管径，简捷方便，但精度较差；二是平方根法，以单阀水嘴在额定工作压力时的流量0.20L/s作为一个理想器具的给水当量，设计秒流量与卫生器具给水当量总数的平方根成正比，当量数增大到一定程度后，流量增加极少，导致计算结果偏小；三是概率法，假定管道系统中主要卫生器具的使用可视为纯粹的随机事件，以建筑物用水高峰期间所记录的一次放水时间和间隔时间作为频率的依据，以给水系统中全部卫生器具中使用 m 个作为满足使用条件下的要求负荷，该方法理论正确，符合实际，是发展趋向。

通过卫生器具的额定流量或当量计算给水管道内的设计秒流量。设计秒流量用于计算建筑内给水管道的流量，建筑内用水分为分散型和密集型两种。

分散型：如住宅、宿舍（Ⅰ、Ⅱ类）、旅馆、酒店式公寓、医院、幼儿园、办公楼、学校等，其用水特点是用水时间长，用水设备使用情况不集中，卫生器具的同时出流百分数（出流率）随着卫生器具的增加而减少。

密集型：如宿舍（Ⅲ、Ⅳ类）、工业企业的生活间、公共浴室、洗衣房、公共食堂、实验室、影剧院、体育场等，其用水特点是用水时间相对较短，用水设备使用情况相对集中，卫生器具的同时出流百分数（出流率）相对较大。

不同的建筑应采用不同的设计秒流量公式来计算设计秒流量，具体规定如下：

1. 住宅建筑的计算方法

（1）根据住宅配置的卫生器具给水当量、使用人数、用水定额、使用时数及小时变化系数，按下式计算出最大时卫生器具给水当量平均出流概率

$$U_0 = \frac{100 q_L m K_h}{0.2 N_g T \times 3600} \times 100\% \qquad (1\text{-}18)$$

式中　U_0——生活给水管道的最大用水时卫生器具给水当量平均出流概率（%）；

　　q_L——最高用水日的用水定额 [L/(人·d)]，见表1-8；

　　m——每户用水人数；

　　K_h——小时变化系数；

　　N_g——每户设置的卫生器具给水当量数；

　　T——用水时数（h）；

　　0.2——一个卫生器具给水当量的额定流量（L/s）。

（2）根据计算管段上的卫生器具给水当量总数，可按下式计算出该管段的卫生器具给水当量的同时出流概率

$$U = 100 \left[\frac{1 + a_c (N_g - 1)^{0.49}}{\sqrt{N_g}} \right] \times 100\% \qquad (1\text{-}19)$$

式中　U——计算管段的卫生器具给水当量的同时出流概率（%）；

　　　a_c——给水管段上的卫生器具给水当量同时出流概率计算式的系数，见表 1-12；

　　　N_g——计算管段的卫生器具给水当量数。

给水管段上的卫生器具给水当量同时出流概率计算式

a_c 系数取值 U_0（%）~a_c 值对应　　　　　　　　　　　　　　　　表 1-12

U_0（%）	a_c
1.0	0.00328
1.5	0.00697
2.0	0.01097
2.5	0.01512
3.0	0.01939
3.5	0.02374
4.0	0.02816
4.5	0.03263
5.0	0.03715
6.0	0.04629
7.0	0.05555
8.0	0.06489

（3）根据计算管段上的卫生器具给水当量同时出流概率，可按下式计算该管段的设计秒流量

$$q_g = 0.2 U N_g \qquad\qquad (1\text{-}20)$$

式中　q_g——计算管段的设计秒流量（L/s）。

以上的计算思路是先算出 U_0，再从 U_0 查表 1-12 得 a_c，又再计算得 U，最后再计算 q_g。这样计算较麻烦，为了计算方便和快速，在计算出 U_0 后，可以根据计算管段的 N_g 以直接查《建筑给水排水设计规范》GB 50015—2003（2009 年版）中的给水管段设计流量计算表直接查出 q_g，见表 1-13。

给水管段设计秒流量计算 [单位：U（%）；q（L/s）]　　　　　　表 1-13

U_0	1.0		1.5		2.0		2.5	
N_g	U	Q	U	q	U	q	U	q
1	100.00	0.20	100.00	0.20	100.00	0.20	100.00	0.20
2	70.94	0.28	71.20	0.28	71.49	0.29	71.78	0.29
3	58.00	0.35	58.30	0.35	58.62	0.35	58.96	0.35
4	50.28	0.40	50.60	0.40	50.94	0.41	51.32	0.41
5	45.01	0.45	45.34	0.45	45.69	0.46	46.06	0.46
6	41.10	0.49	41.45	0.50	41.81	0.50	42.18	0.51
7	38.09	0.53	38.43	0.54	38.79	0.54	39.17	0.55
8	35.65	0.57	35.99	0.58	36.36	0.58	36.74	0.59

U_0	1.0		1.5		2.0		2.5	
N_g	U	Q	U	q	U	q	U	q
9	33.63	0.61	33.98	0.61	34.35	0.62	34.73	0.63
10	31.92	0.64	32.27	0.65	32.64	0.65	33.03	0.66
11	30.45	0.67	30.80	0.68	31.17	0.69	31.56	0.69
12	29.17	0.70	29.52	0.71	29.89	0.72	30.28	0.73
13	28.04	0.73	28.39	0.74	28.76	0.75	29.15	0.76
14	27.03	0.76	27.38	0.77	27.76	0.78	28.15	0.79
15	26.12	0.78	26.48	0.79	26.85	0.81	27.24	0.82
16	25.30	0.81	25.66	0.82	26.03	0.83	26.42	0.85
17	24.56	0.83	24.91	0.85	25.29	0.86	25.68	0.87
18	23.88	0.86	24.23	0.87	24.61	0.89	25.00	0.90
19	23.25	0.88	23.60	0.90	23.98	0.91	24.37	0.93
20	22.67	0.91	23.02	0.92	23.40	0.94	23.79	0.95
22	21.63	0.95	21.98	0.97	22.36	0.98	22.75	1.00
24	20.72	0.99	21.07	1.01	21.45	1.03	21.85	1.05
26	19.92	1.04	21.27	1.05	20.65	1.07	21.05	1.09
28	19.21	1.08	19.56	1.10	19.94	1.12	20.33	1.14
30	18.56	1.11	18.92	1.14	19.30	1.16	19.69	1.18
32	17.99	1.15	18.34	1.17	18.72	1.20	19.12	1.22
34	17.46	1.19	17.81	1.21	18.19	1.24	18.59	1.26
36	16.97	1.22	17.33	1.25	17.71	1.28	18.11	1.30
38	16.53	1.26	16.89	1.28	17.27	1.31	17.66	1.34
40	16.12	1.29	16.48	1.32	16.86	1.35	17.25	1.38
42	15.74	1.32	16.09	1.35	16.47	1.38	16.87	1.42
44	15.38	1.35	15.74	1.39	16.12	1.42	16.52	1.45
46	15.05	1.38	15.41	1.42	15.79	1.45	16.18	1.49
48	14.74	1.42	15.10	1.45	15.48	1.49	15.87	1.52
50	14.45	1.45	14.81	1.48	15.19	1.52	15.58	1.56
55	13.79	1.52	14.15	1.56	14.53	1.60	14.92	1.64
60	13.22	1.59	13.57	1.63	13.95	1.67	14.35	1.72
65	12.71	1.65	13.07	1.70	13.45	1.75	13.84	1.80
70	12.26	1.72	12.62	1.77	13.00	1.82	13.39	1.87
75	11.85	1.78	12.21	1.83	12.59	1.89	12.99	1.95
80	11.49	1.84	11.84	1.89	12.22	1.96	12.62	2.02
85	11.05	1.90	11.51	1.96	11.89	2.02	12.28	2.09
90	10.85	1.95	11.20	2.02	11.58	2.09	11.98	2.16

U_0	1.0		1.5		2.0		2.5	
N_g	U	Q	U	q	U	q	U	q
95	10.57	2.01	10.92	2.08	11.30	2.15	11.70	2.22
100	10.31	2.06	10.66	2.13	11.05	2.21	11.44	2.29
110	9.84	2.17	10.20	2.24	10.58	2.33	10.97	2.41
120	9.44	2.26	9.79	2.35	10.17	2.44	10.56	2.54
130	9.08	2.36	9.43	2.45	9.81	2.55	10.21	2.65
140	8.76	2.45	9.11	2.55	9.49	2.66	9.89	2.77
150	8.47	2.54	8.83	2.65	9.20	2.76	9.60	2.88
160	8.21	2.63	8.57	2.74	8.94	2.86	9.34	2.99
170	7.98	2.71	8.33	2.83	8.71	2.96	9.10	3.09
180	7.76	2.79	8.11	2.92	8.49	3.06	8.89	3.20
190	7.56	2.87	7.91	3.01	8.29	3.15	8.69	3.30
200	7.38	2.95	7.73	3.09	7.11	3.24	8.50	3.40
220	7.05	3.10	7.40	3.26	7.78	3.42	8.17	3.60
240	6.76	3.25	7.11	3.41	7.49	3.60	6.88	3.78
260	6.51	3.28	6.86	3.57	7.24	3.76	6.63	3.97
280	6.28	3.52	6.63	3.72	7.01	3.93	6.40	4.15
300	6.08	3.65	6.43	3.86	6.81	4.08	6.20	4.32
320	5.89	3.77	6.25	4.00	6.62	4.24	6.02	4.49
340	5.73	3.89	6.08	4.13	6.46	4.39	6.85	4.66
360	5.57	4.01	5.93	4.27	6.30	4.54	6.69	4.82
380	5.43	4.13	5.79	4.40	6.16	4.68	6.55	4.98
400	5.30	4.24	5.66	4.52	6.03	4.83	6.42	5.14
420	5.18	4.35	5.54	4.65	5.91	4.96	6.30	5.29
440	5.07	4.46	5.42	4.77	5.80	5.10	6.19	5.45
460	4.97	4.57	5.32	4.89	5.69	5.24	6.08	5.60
480	4.87	4.67	5.22	5.01	5.59	5.37	5.98	5.75
500	4.78	4.78	5.13	5.13	5.50	5.50	5.89	5.89
550	4.57	5.02	4.92	5.41	5.29	5.82	5.68	6.25
600	4.39	5.26	4.74	5.68	5.11	6.13	5.50	6.60
650	4.23	5.49	4.58	5.95	4.95	6.43	5.34	6.94
700	4.08	5.72	4.43	6.20	4.81	6.73	5.19	7.27
750	3.95	5.93	4.30	6.46	4.68	7.02	5.07	7.60
800	3.84	6.14	4.19	6.70	4.56	7.30	4.95	7.92
850	3.73	6.34	4.08	6.94	4.45	7.57	4.84	8.23
900	3.64	6.54	3.98	7.17	4.36	7.84	4.75	8.54

U_0	1.0		1.5		2.0		2.5	
N_g	U	Q	U	q	U	q	U	q
950	3.55	6.74	3.90	7.40	4.27	8.11	4.66	8.85
1000	3.46	6.93	3.81	7.63	4.19	8.37	4.57	9.15
1100	3.32	7.30	3.66	8.06	4.04	8.88	4.42	9.73
1200	3.09	7.65	3.54	8.49	3.91	9.38	4.29	10.31
1300	3.07	7.99	3.42	8.90	3.79	9.86	4.18	10.87
1400	2.97	8.33	3.32	9.30	3.69	10.34	4.08	11.42
1500	2.88	8.65	3.23	9.69	3.60	10.80	3.99	11.96
1600	2.80	8.96	3.15	10.07	3.52	11.26	3.90	12.49
1700	2.73	9.27	3.07	10.45	3.44	11.71	3.83	13.02
1800	2.66	9.57	3.00	10.81	3.37	12.15	3.76	13.53
1900	2.59	9.86	2.94	11.17	3.31	12.58	3.70	14.04
2000	2.54	10.14	2.88	11.53	3.25	13.01	3.64	14.55
2200	2.43	10.70	2.78	12.22	3.15	13.85	3.53	15.54
2400	2.34	11.23	2.69	12.89	3.06	14.67	3.44	16.51
2600	2.26	11.75	2.61	13.55	2.97	15.47	3.36	17.46
2800	2.19	12.26	2.53	14.19	2.90	16.25	3.29	18.40
3000	2.12	12.75	2.47	14.81	2.84	17.03	3.22	19.33
3200	2.07	13.22	2.41	15.43	2.78	17.79	3.16	20.24
3400	2.01	13.69	2.36	16.03	2.73	18.54	3.11	21.14
3600	1.96	14.15	2.13	16.62	2.68	19.27	3.06	22.03
3800	1.92	14.59	2.26	17.21	2.63	20.00	3.01	22.91
4000	1.88	15.03	2.22	17.78	2.59	20.72	2.97	23.78
4200	1.84	15.46	2.18	18.35	2.55	21.43	2.93	24.64
4400	1.80	15.88	2.15	18.91	2.52	22.14	2.90	25.50
4600	1.77	16.30	2.12	19.46	2.48	22.84	2.86	26.35
4800	1.74	16.71	2.08	20.00	2.45	13.53	2.83	27.19
5000	1.71	17.11	2.05	20.54	2.42	24.21	2.80	28.03
5500	1.65	18.10	1.99	21.87	2.35	25.90	2.74	30.09
6000	1.59	19.05	1.93	23.16	2.30	27.55	2.68	32.12
6500	1.54	19.97	1.88	24.43	2.24	29.18	2.63	34.13
7000	1.49	20.88	1.83	25.67	2.20	30.78	2.58	36.11
7500	1.45	21.76	1.79	26.88	2.16	32.36	2.54	38.06
8000	1.41	22.62	1.76	28.08	2.12	33.92	2.50	40.00
8500	1.38	23.46	1.72	29.26	2.09	35.47	—	—
9000	1.35	24.29	1.69	30.43	2.06	36.99	—	—

U_0	1.0		1.5		2.0		2.5	
N_g	U	Q	U	q	U	q	U	q
9500	1.32	25.1	1.66	31.58	2.03	38.50	—	—
10000	1.29	25.9	1.64	32.72	2.00	40.00	—	—
11000	1.25	27.46	1.59	34.95	—	—	—	—
12000	1.21	28.97	1.55	37.14	—	—	—	—
13000	1.17	30.45	1.51	39.29	—	—	—	—
14000	1.14	31.89	$N_g=13333$		—	—	—	—
15000	1.11	33.31	$U=1.50$		—	—	—	—
16000	1.08	34.69	$q=40.00$		—	—	—	—
17000	1.06	36.05	—	—	—	—	—	—
18000	1.04	37.39	—	—	—	—	—	—
19000	1.02	38.70	—	—	—	—	—	—
20000	1.00	40.00	—	—	—	—	—	—

U_0	3.0		3.5		4.0		4.5	
N_g	U	q	U	q	U	q	U	q
1	100.00	0.20	100.00	0.20	100.00	0.20	100.00	0.20
2	72.08	0.29	72.39	0.29	72.70	0.29	73.02	0.29
3	59.31	0.36	59.66	0.36	60.02	0.36	60.38	0.36
4	51.66	0.41	52.03	0.42	52.41	0.42	52.80	0.42
5	46.43	0.46	46.82	0.47	47.21	0.47	47.60	0.48
6	42.57	0.51	42.96	0.52	43.35	0.52	43.76	0.53
7	39.56	0.55	39.96	0.56	40.36	0.57	40.76	0.57
8	37.13	0.59	37.53	0.60	37.94	0.61	38.35	0.61
9	35.12	0.63	35.53	0.64	35.93	0.65	36.35	0.65
10	33.42	0.67	33.83	0.68	34.24	0.68	34.65	0.69
11	31.96	0.70	32.36	0.71	32.77	0.72	33.19	0.73
12	30.68	0.74	31.09	0.75	31.50	0.76	31.92	0.77
13	29.55	0.77	29.96	0.78	30.37	0.79	30.79	0.80
14	28.55	0.80	28.96	0.81	29.37	0.82	29.79	0.83
15	27.64	0.83	28.05	0.84	28.47	0.85	28.89	0.87
16	26.83	0.86	27.24	0.87	27.65	0.88	28.08	0.90
17	26.08	0.89	26.49	0.90	26.91	0.91	27.33	0.93
18	25.40	0.91	25.81	0.93	26.23	0.94	26.65	0.96
19	24.77	0.94	25.19	0.96	25.60	0.97	26.03	0.99
20	24.20	0.97	24.61	0.98	25.03	1.00	25.45	1.02
22	23.16	1.02	23.57	1.04	23.99	1.06	24.41	1.07

U_0	3.0		3.5		4.0		4.5	
N_g	U	q	U	q	U	q	U	q
24	22.25	1.07	22.66	1.09	23.08	1.11	23.51	1.13
26	21.45	1.12	21.87	1.14	22.29	1.16	22.71	1.18
28	20.74	1.16	21.15	1.18	21.57	1.21	22.00	1.23
30	20.10	1.21	20.51	1.23	20.93	1.26	21.36	1.28
32	19.52	1.25	19.94	1.28	20.36	1.30	20.78	1.33
34	18.99	1.29	19.41	1.32	19.83	1.35	20.25	1.38
36	18.51	1.33	18.93	1.36	19.35	1.39	19.77	1.42
38	18.07	1.37	18.48	1.40	18.90	1.44	19.33	1.47
40	17.66	1.41	18.07	1.45	18.49	1.48	18.92	1.51
42	17.28	1.45	17.69	1.49	18.11	1.52	18.54	1.56
44	16.92	1.49	17.34	1.53	17.76	1.56	18.18	1.60
46	16.59	1.53	17.00	1.56	17.43	1.60	17.85	1.64
48	16.28	1.56	16.69	1.60	17.11	1.54	17.54	1.68
50	15.99	1.60	16.40	1.64	16.82	1.68	17.25	1.73
55	15.33	1.69	15.74	1.73	16.17	1.78	16.59	1.82
60	14.76	1.77	15.17	1.82	15.59	1.87	16.02	1.92
65	14.25	1.85	14.66	1.91	15.08	1.96	15.51	2.02
70	13.80	1.93	14.21	1.99	14.63	2.05	15.06	2.11
75	13.39	2.01	13.81	2.07	14.23	2.13	14.65	2.20
80	13.02	2.08	13.44	2.15	13.86	2.22	14.28	2.29
85	12.69	2.16	13.10	2.23	13.52	2.30	13.95	2.37
90	12.38	2.23	12.80	2.30	13.22	2.38	13.64	2.46
95	12.10	2.30	12.52	2.38	12.94	2.46	13.36	2.54
100	11.84	2.37	12.26	2.45	12.68	2.54	13.10	2.62
110	11.38	2.50	11.79	2.59	12.21	2.69	12.63	2.78
120	10.97	2.63	11.38	2.73	11.80	2.83	12.23	2.93
130	10.61	2.76	11.02	2.87	11.44	2.98	11.87	3.09
140	10.29	2.88	10.70	3.00	11.12	3.11	11.55	3.23
150	10.00	3.00	10.42	3.12	10.83	3.25	11.26	3.38
160	9.74	3.12	10.16	3.25	10.57	3.38	11.00	3.52
170	9.51	3.23	9.92	3.37	10.34	3.51	10.76	3.66
180	9.29	3.34	9.70	3.49	10.12	3.64	10.54	3.80
190	9.09	3.45	9.50	3.61	9.92	3.77	10.34	3.93
200	8.91	3.56	9.32	3.73	9.74	3.89	10.16	4.06
220	8.57	3.77	8.99	3.95	9.40	4.14	9.83	4.32

U_0	3.0		3.5		4.0		4.5	
N_g	U	q	U	q	U	q	U	q
240	8.29	3.98	8.70	4.17	9.12	4.38	9.54	4.58
260	8.03	4.18	8.44	4.39	8.86	4.61	9.28	4.83
280	7.81	4.37	8.22	4.60	8.63	4.83	9.06	5.07
300	7.60	4.56	8.01	4.81	8.43	5.06	8.85	5.31
320	7.42	4.75	7.83	5.02	8.24	5.28	8.67	5.55
340	7.25	4.93	7.66	5.21	8.08	5.49	8.50	5.78
360	7.10	5.11	7.51	5.40	7.92	5.70	8.34	6.01
380	6.95	5.29	7.36	5.60	7.78	5.91	8.20	6.23
400	6.82	5.46	7.23	5.79	7.65	6.12	8.07	6.46
420	6.70	5.63	7.11	5.97	7.53	6.32	7.95	6.68
440	6.59	5.80	7.00	6.16	7.41	6.52	7.83	6.89
460	6.48	5.97	6.89	6.34	7.31	6.72	7.73	7.11
480	6.39	6.13	6.79	6.52	7.21	6.92	7.63	7.32
500	6.29	6.29	6.70	6.70	7.12	7.12	7.54	7.54
550	6.08	6.69	6.49	7.14	6.91	7.60	7.32	8.06
600	5.90	7.08	6.31	7.57	6.72	8.07	7.14	8.57
650	5.74	7.46	6.15	7.99	6.56	8.53	6.98	9.08
700	5.59	7.83	6.00	8.40	6.42	8.98	6.83	9.57
750	5.46	8.20	5.87	8.81	6.29	9.43	6.70	10.06
800	5.35	8.56	5.75	9.21	6.17	9.87	6.59	10.54
850	5.24	8.91	5.65	9.60	6.06	10.30	6.48	11.01
900	5.14	9.26	5.55	9.99	5.96	10.73	6.38	11.48
950	5.05	9.60	5.46	10.37	5.87	11.16	6.29	11.95
1000	4.97	9.94	5.38	10.75	5.79	11.58	6.21	12.41
1100	4.82	10.61	5.23	11.50	5.64	12.41	6.06	13.32
1200	4.69	11.26	5.10	12.23	5.51	13.22	5.93	14.22
1300	4.58	11.90	4.98	12.95	5.39	14.02	5.81	15.11
1400	4.48	12.53	4.88	13.66	5.29	14.81	5.71	15.98
1500	4.38	13.15	4.79	14.36	5.20	15.60	5.61	16.84
1600	4.30	13.76	4.70	15.05	5.11	16.37	5.53	17.70
1700	4.22	14.36	4.63	15.74	5.04	17.13	5.45	18.54
1800	4.16	14.96	4.56	16.41	4.97	17.89	5.38	19.38
1900	4.09	15.55	4.49	17.08	4.90	18.64	5.32	20.21
2000	4.03	16.13	4.44	17.74	4.85	19.38	5.26	21.04
2200	3.93	17.28	4.33	19.05	4.74	20.85	5.15—	22.67

U_0	3.0		3.5		4.0		4.5	
N_g	U	q	U	q	U	q	U	q
2400	3.83	18.41	4.24	20.34	4.65	22.30	5.06	24.29
2600	3.75	19.52	4.16	21.61	4.56	23.73	4.98	25.88
2800	3.68	20.61	4.08	22.86	4.49	25.15	4.90	27.46
3000	3.62	21.69	4.02	24.10	4.42	26.55	4.84	29.02
3200	3.56	22.76	3.96	25.33	4.36	27.94	4.78	30.58
3400	3.50	23.81	3.90	26.54	4.31	29.31	4.72	32.12
3600	3.45	24.86	3.85	27.75	4.26	31.68	4.67	33.64
3800	3.41	25.90	3.81	28.94	4.22	32.03	4.63	35.16
4000	3.37	26.92	3.77	30.13	4.17	33.38	4.58	36.67
4200	3.33	27.94	3.73	31.30	4.13	34.72	4.54	38.17
4400	3.29	28.95	3.69	32.47	4.10	36.05	4.51	39.67
4600	3.26	29.96	3.66	33.64	4.06	37.37	$N_g=4444$	
4800	3.22	30.95	3.62	34.79	4.03	38.69	$U=4.50$	
5000	3.19	31.95	3.59	35.94	4.00	40.40	$q=40.00$	
5500	3.13	34.40	3.53	38.79	—	—	—	—
6000	3.07	36.82	$N_g=5714$		—	—	—	—
6500	3.02	39.21	$U=3.50$		—	—	—	—
6667	3.00	40.00	$q=40.00$		—	—	—	—

U_0	5.0		6.0		7.0		8.0	
N_g	U	q	U	q	U	q	U	q
1	100.00	0.20	100.00	0.20	100.00	0.20	100.00	0.20
2	73.33	0.29	73.98	0.30	74.64	0.30	75.30	0.30
3	60.75	0.36	61.49	0.37	62.24	0.37	63.00	0.38
4	53.18	0.43	53.97	0.43	54.76	0.44	55.56	0.44
5	48.00	0.48	48.80	0.49	49.62	0.50	50.45	0.50
6	44.16	0.53	44.98	0.54	45.81	0.55	46.65	0.56
7	41.17	0.58	42.01	0.59	42.85	0.60	43.70	0.61
8	38.76	0.62	39.60	0.63	40.45	0.65	41.31	0.66
9	36.76	0.66	37.61	0.68	38.46	0.69	39.33	0.71
10	35.07	0.70	35.92	0.72	36.78	0.74	37.65	0.75
11	33.61	0.74	34.46	0.76	35.33	0.78	36.20	0.80
12	32.34	0.78	33.19	0.80	34.06	0.82	34.93	0.84
13	31.22	0.81	32.07	0.83	32.94	0.96	33.82	0.88
14	30.22	0.85	31.07	0.87	31.94	0.89	32.82	0.92
15	29.32	0.88	30.18	0.91	31.05	0.93	31.93	0.96

U_0	5.0		6.0		7.0		8.0	
N_g	U	q	U	q	U	q	U	q
16	28.50	0.91	29.36	0.94	30.23	0.97	31.12	1.00
17	27.76	0.94	28.62	0.97	29.50	1.00	30.38	1.03
18	27.08	0.97	27.94	1.01	28.82	1.04	29.70	1.07
19	26.45	1.01	27.32	1.04	28.19	1.07	29.08	1.10
20	25.88	1.04	26.74	1.07	27.62	1.10	28.50	1.14
22	24.84	1.09	25.71	1.13	26.58	1.17	27.47	1.21
24	23.94	1.15	24.80	1.19	25.68	1.23	26.57	1.28
26	23.14	1.20	24.01	1.25	24.98	1.29	25.77	1.34
28	22.43	1.26	23.30	1.30	24.18	1.35	25.06	1.40
30	21.79	1.31	22.66	1.36	23.54	1.41	24.43	1.47
32	21.21	1.36	22.08	1.41	22.96	1.47	23.85	1.53
34	20.68	1.41	21.55	1.47	22.43	1.53	23.32	1.59
36	20.20	1.45	21.07	1.52	21.95	1.58	22.84	1.64
38	19.76	1.50	20.63	1.57	21.51	1.63	22.40	1.70
40	19.35	1.55	20.22	1.62	21.10	1.69	21.99	1.76
42	18.97	1.59	19.84	1.67	20.72	1.74	21.61	1.82
44	18.61	1.64	19.48	1.71	20.36	1.79	21.25	1.87
46	18.28	1.68	19.15	1.76	21.03	1.84	20.92	1.92
48	17.97	1.73	18.84	1.81	19.72	1.89	20.61	1.98
50	17.68	1.77	18.55	1.86	19.43	2.94	20.32	2.03
55	17.02	1.87	17.89	1.97	18.77	2.07	19.66	2.16
60	16.45	1.97	17.32	2.08	18.20	2.18	19.08	2.29
65	15.94	2.07	16.81	2.19	17.69	2.30	18.58	2.42
70	15.49	2.17	16.36	2.29	17.24	2.41	18.13	2.54
75	15.08	2.26	15.95	2.39	16.83	2.52	17.72	2.66
80	14.71	2.35	15.58	2.49	16.46	2.63	17.35	2.78
85	14.38	2.44	15.25	2.59	16.13	2.74	17.02	2.89
90	14.07	2.53	14.94	2.69	15.82	2.85	16.71	3.01
95	13.79	2.62	14.66	2.79	15.54	3.95	16.43	3.12
100	13.53	2.71	14.40	2.88	15.28	3.06	16.17	3.23
110	13.06	2.87	13.93	3.06	14.81	3.26	15.70	3.45
120	12.66	3.04	13.52	3.25	14.40	3.46	15.29	3.67
130	12.30	3.20	13.16	3.42	14.04	3.65	14.93	3.88
140	11.97	3.35	12.84	3.60	13.72	4.84	14.61	4.09
150	11.69	3.51	12.55	3.77	13.43	4.03	14.32	4.30

U_0	5.0		6.0		7.0		8.0	
N_g	U	q	U	q	U	q	U	q
160	11.43	3.66	12.29	3.93	13.17	4.21	14.06	4.50
170	11.19	3.80	12.05	4.10	12.93	4.40	13.82	4.70
180	10.97	3.95	11.84	4.26	12.71	4.58	13.60	4.90
190	10.77	4.09	11.64	4.42	12.51	4.75	13.40	5.09
200	10.59	4.23	11.45	4.58	12.33	4.93	13.21	5.28
220	10.25	4.51	11.12	4.89	11.99	5.28	12.88	5.67
240	9.96	4.78	10.83	5.20	11.70	5.62	12.59	6.04
260	9.71	5.05	10.57	5.50	11.45	5.95	12.33	6.41
280	9.48	5.31	10.34	5.79	11.22	6.28	12.10	6.78
300	9.28	5.57	10.14	6.08	11.01	6.61	11.89	7.14
320	9.09	5.82	9.95	6.37	10.83	6.93	11.71	7.49
340	8.92	6.07	9.78	6.65	10.66	7.25	11.54	7.84
360	8.77	6.31	9.63	6.93	10.56	7.56	11.38	8.19
380	8.63	6.56	9.49	7.21	10.36	7.87	11.24	8.54
400	8.49	6.80	9.35	7.48	10.23	8.18	11.10	8.88
420	8.37	7.03	9.23	7.76	10.10	8.49	10.98	9.22
440	8.26	7.27	9.12	8.02	9.99	8.79	10.87	9.56
460	8.15	7.50	9.01	8.29	9.88	9.09	10.76	9.90
480	8.05	7.73	9.91	8.56	9.78	9.39	10.66	10.23
500	7.96	7.96	8.82	8.82	9.69	9.69	10.56	10.56
550	7.75	8.52	8.61	9.47	9.47	10.42	10.35	11.39
600	7.56	9.08	8.42	10.11	9.29	11.15	10.16	12.20
650	7.40	9.62	8.26	10.74	9.12	11.86	10.00	13.00
700	7.26	10.16	8.11	11.36	8.98	12.57	9.85	13.79
750	7.13	10.69	7.98	11.97	8.85	13.27	9.72	14.58
800	7.01	11.21	7.86	12.58	8.73	13.96	9.60	15.36
850	6.90	11.73	7.75	13.18	8.62	14.65	9.49	16.14
900	6.80	12.24	7.66	13.78	8.52	15.34	9.39	16.91
950	6.71	12.75	7.56	14.37	8.43	16.01	9.30	17.67
1000	6.63	12.26	7.48	14.96	8.34	16.69	9.22	18.43
1100	6.48	14.25	7.33	16.12	8.19	18.02	9.06	19.94
1200	6.35	15.23	7.20	17.27	8.06	19.34	8.93	21.43
1300	6.23	16.20	7.08	18.41	7.94	20.65	8.81	22.91
1400	6.13	17.15	6.98	19.53	7.84	21.95	8.71	24.38
1500	6.03	18.10	6.88	20.65	7.74	23.23	8.61	25.84

U_0	5.0		6.0		7.0		8.0	
N_g	U	q	U	q	U	q	U	q
1600	5.95	19.04	6.80	21.76	7.66	24.51	8.53	27.28
1700	5.87	19.97	6.72	22.85	7.58	25.77	8.45	28.72
1800	5.80	10.89	6.65	23.94	7.51	27.03	8.38	30.15
1900	5.74	21.80	6.59	25.03	7.4J4	28.29	8.31	31.58
2000	5.68	22.71	6.53	26.10	7.38	29.53	8.25	33.00
2200	5.57	24.51	6.42	28.24	7.27	32.01	8.14	35.81
2400	5.48	26.29	6.32	30.35	7.18	34.46	8.04	38.60
2600	5.39	28.05	6.24	32.45	7.10	36.89	$N_g=2500$	
2800	5.32	29.80	6.17	34.52	7.02	39.31	$U=8.00$	
3000	5.25	31.35	6.10	36.59	$N_g=2857$		$q=40.00$	
3200	5.19	33.24	6.04	38.64	$U=7.00$		—	—
3400	5.14	34.95	$N_g=3333$		$q=40.00$		—	—
3600	5.09	36.64	$U=6.00$		—	—	—	—
3800	5.04	38.33	$q=40.00$		—	—	—	—
4000	5.00	40.00	—	—	—	—	—	—

查表的可用内插法，当计算管段的卫生器具给水当量总数超过表 1-13 中的最大值时，其设计流量应取最大时用水量。

（4）给水干管有两条或两条以上具有不同最大用水时卫生器具给水当量平均出流概率的给水支管时，该管段的最大用水时卫生器具给水当量平均出流概率应按下式计算：

$$U_0 = \frac{\sum U_{0i} N_{gi}}{\sum N_{gi}} \tag{1-21}$$

式中　U_0——给水干管的卫生器具给水当量平均出流概率；

　　　U_{0i}——支管的最大用水时卫生器具给水当量平均出流概率；

　　　N_{gi}——相应支管的卫生器具给水当量总数。

2. 除住宅外分散型公用建筑的生活给水设计流量

除住宅外分散型公用建筑的生活给水设计流量，应按下式计算：

$$q_g = 0.2a \sqrt{N_g} \tag{1-22}$$

式中　q_g——计算管段的设计秒流量（L/s）；

　　　N_g——计算管段的卫生器具给水当量数；

　　　a——根据建筑物用途而定的系数，按表 1-14 采用。

注：（1）如计算值小于该管段上一个最大卫生器具的给水额定流量时，应采用一个最大的卫生器具给水额定流量作为设计秒流量。

　　（2）如计算值大于该管段上按卫生器具给水额定流量累加所得的流量时，应按卫生器具给水额定流量累加所得的流量值采用。

　　（3）有大便器延时自闭冲洗阀的给水管段，大便器延时自闭冲洗阀的给水当量均以 0.5 计，计

算得到的 q_g 附加 1.20L/s 的流量后为该管段的给水设计秒流量。

（4）综合楼建筑的 a_z，值应按加权平均法计算

$$a_z=\frac{a_1N_{g1}+a_2N_{g2}+\cdots+a_nN_{gn}}{N_{g1}+N_{g2}+\cdots+N_{gn}} \tag{1-23}$$

式中 a_z——综合性建筑总的秒流量系数；

N_{g1}，N_{g2}，$\cdots$，N_{gn}——综合性建筑内各类建筑物的卫生器具的给水当量数；

a_1，a_2，$\cdots$，a_n——相当于 N_{g1}，N_{g2}，$\cdots$，N_{gn} 时的设计秒流量系数。

根据建筑物用途而定的系数（a 值）   表 1-14

建筑物名称	a 值
幼儿园、托儿所、养老院	1.2
门诊部、诊疗所	1.4
办公楼、商场	1.5
图书馆	1.6
书店	1.7
学校	1.8
医院、疗养院、休养所	2.0
酒店式公寓	2.2
宿舍（Ⅰ、Ⅱ类）、旅馆、招待所、宾馆	2.5
客运站、航站楼、会展中心、公共厕所	3.0

3. 密集型公共建筑的生活给水管道的设计秒流量

密集型公共建筑的生活给水管道的设计秒流量，应按下式计算。

$$q_g=\sum q_0n_0b \tag{1-24}$$

式中 q_g——计算管段的设计秒流量（L/s）；

      q_0——同类型的一个卫生器具给水额定流量（L/s）；

      n_0——同类型卫生器具数；

      b——同类型卫生器具的同时给水百分数，分别见表 1-15～表 1-17。

注：（1）如计算值小于该管段上一个最大卫生器具的给水额定流量时，应采用一个最大的卫生器具
给水额定流量作为设计秒流量。

（2）大便器自闭式冲洗阀应单列计算，当单列计算值小于 1.2L/s 时，以 1.2L/s 计；大于
1.2L/s 时，以计算值计。

宿舍（Ⅲ、Ⅳ类）、工业企业生活间、公共浴室、影剧院、
体育场馆等卫生器具同时给水百分数（％）   表 1-15

卫生器具名称	宿舍（Ⅲ、Ⅳ类）	工业企业生活间	公共浴室	影剧院	体育场馆
洗涤盆（池）	—	33	15	15	15
洗手盆		50	50	50	70(50)
洗脸盆、盥洗槽水嘴	5～100	60～100	60～100	50	80
浴盆	—		50		—
无间隔淋浴器	20～100	100	100		100

卫生器具名称	宿舍(Ⅲ、Ⅳ类)	工业企业生活间	公共浴室	影剧院	体育场馆
有间隔淋浴器	5～80	80	60～80	(60～80)	(60～100)
大便器冲洗水箱	5～70	30	20	50(20)	70(20)
大便槽自动冲洗水箱	100	100	—	100	100
大便器自闭式冲洗阀	1～2	2	2	10(2)	5(2)
小便器自闭式冲洗阀	2～10	10	10	50(10)	70(10)
小便器(槽)自动冲洗水箱	—	100	100	100	100
净身盆	—	33	—	—	—
饮水器	—	30～60	30	30	30
小卖部洗涤盆	—	—	50	50	50

注：(1) 表中括号内的数值是电影院、剧院的化妆间，以及体育场馆的休息室使用。

（2) 健身中心的卫生间，可采用本表体育场馆休息室的同时给水百分数。

职工食堂、营业餐馆厨房设备同时给水百分数（%） 表 1-16

厨房设备名称	同时给水百分数
洗涤盆(池)	70
煮锅	60
生产性洗涤机	40
器皿洗涤机	90
开水器	50
蒸汽发生器	100
灶台水嘴	30

注：职工或学生饭堂的洗碗台水嘴按 100% 同时给水，但不与厨房用水叠加。

实验室化验水嘴同时给水百分数（%） 表 1-17

化验水嘴名称	同时给水百分数	
	科研教学实验室	生产实验室
单联化验水嘴	20	30
双联或三联化验水嘴	30	50

1.6.4 建筑给水管道的设计计算

建筑给水管网的水力计算包括：确定给水管道各管段的管径；计算水头损失，复核水压是否满足最不利配水点的水压要求；选定加压装置及设置高度。

1. 确定给水管道管径

根据已经计算出的各管段设计流量，初步选定管道设计流速，按（1-25）式计算管道直径：

$$d = \sqrt{\frac{4q_g}{\pi V}}$$
(1-25)

式中　d——管道直径（m）；

　　　q_g——管道设计流量（m³/s）；

　　　V——管道设计流速（m/s）。

由（1-25）式计算所得管道直径一般不等于标准管径，可根据计算结果取相近的标准管径，并核算流速是否符合要求。如不符合，应调整流速后重新计算。

住宅的入户管，公称直径不宜小于 20mm。

2. 水头损失

（1）沿程水头损失。给水管道的沿程水头损失可按（1-26）式计算：

$$h_f = i \cdot L = 105 C_h^{-1.85} d_j^{-4.87} q_g^{1.85} L \tag{1-26}$$

式中　h_f——沿程水头损失（kPa）；

　　　i——单位长度管道上的水头损失（kPa/m）；

　　　L——管道长度（m）；

　　　C_h——海澄-威廉系数，按表 1-18 采用；

　　　d_j——管道计算内径（m）；

　　　q_g——管道设计流量（m³/s）。

各种管材的海澄-威廉系数　　　　　表 1-18

管道类别	塑料管、内衬(涂)塑管	铜管、不锈钢管	衬水泥、树脂的铸铁管	普通钢管、铸铁管
C_h	140	130	130	100

（2）局部水头损失。生活给水管道的配水管的局部水头损失，宜按管道的连接方式，采用管（配）件当量长度法计算。螺纹接口的阀门及管件摩阻损失的当量长度见表 1-19。当管道的管（配）件当量长度资料不足时，可根据下列管件的连接状况，按管网的沿程水头损失的百分数取值：

1）管（配）件内径与管道内径一致，采用三通分水时，取 25%～30%；采用分水器分水时，取 15%～20%。

2）管（配）件内径略大于管道内径，采用三通分水时，取 50%～60%；采用分水器分水时，取 30%～35%。

3）管（配）件内径略小于管道内径，管（配）件的插口应该插入管口内连接，采用三通分水时，取 70%～80%；采用分水器分水时，取 35%～40%。

螺纹接口的阀门及管件的摩阻损失当量长度表　　　　　表 1-19

管件内径（mm）	各种管件的折算管道长度(m)						
	90°弯头	45°弯头	三通90°转角	三通直向流	闸阀	球阀	角阀
9.5	0.3	0.2	0.5	0.1	0.1	2.4	1.2
12.7	0.6	0.4	0.9	0.2	0.1	4.6	2.4
19.1	0.8	0.5	1.2	0.2	0.2	6.1	3.6
25.4	0.9	0.5	1.5	0.3	0.2	7.6	4.6
31.8	1.2	0.7	1.8	0.4	0.2	10.6	5.5
38.1	1.5	0.9	2.1	0.5	0.3	13.7	6.7

管件内径 （mm）	各种管件的折算管道长度（m）						
	90°弯头	45°弯头	三通 90°转角	三通直向流	闸阀	球阀	角阀
50.8	2.1	1.2	3.0	0.6	0.4	16.7	8.5
63.5	2.4	1.5	3.6	0.8	0.5	19.8	10.3
76.2	3.0	1.8	4.6	0.9	0.6	24.3	12.2
101.6	4.3	2.4	6.4	1.2	0.8	38.0	16.7
127.0	5.2	3	7.6	1.5	1.0	42.6	21.3
152.4	6.1	3.6	9.1	1.8	1.2	50.2	24.3

注：本表的螺纹接口是指管件无凹口的螺纹，当管件为凹口螺纹或管件与管道为等径焊接，其当量长度取本表值的一半。

水表的局部水头损失，应按选用产品所给定的压力损失值计算。在未确定具体产品时，可按下列情况选用：住宅入户管上的水表，宜取 0.01MPa；建筑物或小区引入管上的水表，在生活用水工况时，宜取 0.03MPa；在校核消防工况时，宜取 0.05MPa。

比例式减压阀的水头损失，阀后动水压宜按阀后静水压的 80%～90% 采用；管道过滤器的局部水头损失，宜取 0.01MPa；管道倒流防止器的局部水头损失，宜取 0.025～0.04MPa。

（3）总水头损失计算

$$H_L = \sum h_f + \sum h_m \tag{1-27}$$

式中　H_L——从供水起点到最不利供水点的总水头损失（m）；

　　　$\sum h_f$——从供水起点到最不利点的供水管道的沿程水头损失总和（m）；

　　　$\sum h_m$——从供水起点到最不利点的供水管道的局部水头损失总和（m）。

3. 校核供水压力

要求室外供水压力满足下式要求

$$H_0 \geqslant H + H_L + H_f \tag{1-28}$$

式中　H_0——室外供水管网上从地面算起的水压以水头计（m）；

　　　H——建筑内最不利用水设备距地面的高度（m）；

　　　H_L——从供水起点到最不利供水点的总水头损失（m）；

　　　H_f——最不利用水设备所需要的工作水头（m）。

如不能满足上式要求，则应根据供水水压相差的大小采用调整给水管管径、降低水头损失或增压的办法来解决。

1.6.5　建筑内给水系统管道水力计算

建筑内给水系统管道的水力计算的目的是求定给水系统所需压力，它在给水管道平面图和轴测图完成后进行。其计算步骤如下：

（1）根据轴测图选择配水最不利点，从而确定计算管路。

（2）以流量变化处为节点，从配水最不利点开始，进行节点编号，将计算管路划分成计算管段，并标出两点间计算管段的长度。

（3）计算各管段的设计秒流量。

（4）进行给水管网水力计算。如直接给水方式中的下行上给式，求出计算管路所需要的压力 H，并与外网所提供的水压 H_0 比较，如果 $H_0 \geqslant H$，则所选给水方式合格且计算完毕，反过来 H_0 小 H 很多，则应当选用加压给水方式。对采用设水箱上行下给式的给水系统，则按照下式确定水箱的安装高度。

$$H' = H_2' + H_3 \tag{1-29}$$

式中　H'——水箱底距上行下给式中最不利点的高度（MPa）（由高度 m 可以换算）；

　　　H_2'——水箱底距上行下给式中最不利点之间的计算管路的压力损失（MPa）；

　　　H_3——最不利配水点的最低工作压力（MPa）。

（5）根据流量和流速的要求确定非计算管段的管径；

（6）如果设置升压、贮水设备的加压给水系统，应当对其水池、水箱、水泵等进行选择计算。住宅建筑给水系统管道的水力计算例题如下：

【例 1-1】　某 5 层 10 户的住宅建筑，每户卫生间内有低水箱坐式大便器 1 套，洗脸盆和浴盆各 1 个，厨房内有洗涤盆 1 个，此住宅建筑有局部热水供应，用水定额为 200L/（人·d），小时变化系数为 2.5，每户按 3.5 人计，图 1-22 为其给水轴测图，室外给水管网所提供的最小压力 H_0 为 270kPa，引入管与室外给水管网连接点到最不利点的高差为 17.1m，对给水系统进行压力计算。

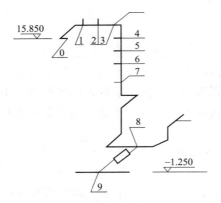

图 1-22　给水轴测图

【解】：

（1）选择配水最不利点，确定计算管路；

（2）在流量变化节点处，从配水最不利点开始，进行节点编号，将计算管路划分成计算管段，并标出两点间计算管段的长度；

（3）计算各管段的设计秒流量。依次计算 U_0，查 α_c，计算 U，再计算 q_g，计算沿程压力损失，如表 1-20 所列；

给水轴测图水力计算表　　　　　　　　　　　　表 1-20

计算管段编号	当量总数 N_g	同时出流概率 U（%）	设计秒流量 q_g（L/s）	管径 DN（mm）	流速 v（m/s）	每米管长水头损失 i（kPa/m）	管段长度 L(m)	管段沿程水头损失 $h_y = i \cdot L$（kPa）	管段沿程水头损失累计值 $\sum h_y$(kPa)
0～1	0.5	100	0.1	15	0.58	0.99	0.9	0.89	0.89

计算管段编号	当量总数 N_g	同时出流概率 U （%）	设计秒流量 q_g （L/s）	管径 DN （mm）	流速 v （m/s）	每米管长水头损失 i （kPa/m）	管段长度 L(m)	管段沿程水头损失 $h_y = i \cdot L$ （kPa）	管段沿程水头损失累计值 $\sum h_y$(kPa)
1～2	1.5	85	0.25	20	0.87	1.09	0.9	0.98	1.87
2～3	2.75	62	0.34	20	1.09	2.02	4.0	8.08	9.95
3～4	3.25	57	0.37	25	0.94	0.65	5.0	3.25	13.2
4～5	6.5	40	0.54	25	1.14	1.33	3.0	3.99	17.19
5～6	9.75	34	0.66	32	0.75	0.44	3.0	1.32	18.51
6～7	13.0	30	0.77	32	0.84	0.60	3.0	1.80	20.31
7～8	16.25	27	0.87	32	0.74	0.74	7.7	5.70	26.01
8～9	32.5	20	1.26	40	1.08	0.70	4.0	2.80	28.81

（4）计算管道的压力损失，管段0～9沿程压力损失之和为：

0.89＋0.98＋8.08＋3.25＋3.99＋1.32＋1.80＋5.70＋2.80＝28.81kPa

（5）计算局部压力损失

$$\sum h_j = 30\% \sum h_y = 0.3 \times 28.81 = 8.64 \text{kPa}$$

（6）计算总压力损失

$$H_2 = 28.81 + 8.64 = 37.45 \text{kPa}$$

（7）计算水表的压力损失

因为安装有分户水表和总水表，分户水表口径15mm，分户设计秒流量为0.37L/s（1.32m³/h），过载流量为3m³/h；总水表口径为32mm，总水表上的设计秒流量是1.26L/s（4.54m³/h），过载流量是12m³/h。

水表的压力损失 $H_B = 1.32^2/(3^2/100) + 4.54^2/(12^2/100) = 33.67 \text{kPa}$

（8）给水系统所需压力 H

$H = 17.1 \times 10 + 37.45 + 20 + 33.67 = 262.12 \text{kPa} < 270 \text{kPa}$，满足要求。

注：非计算管段的计算管径从略。

1.6.6 建筑外给水系统管道水力计算

（1）居住小区的室外给水管道的设计流量应当根据管段服务人数、用水定额及卫生器具设置等因素确定，并应符合下述规定：

1）服务人数小于等于表1-21中数值的室外给水管段，其住宅应当按照建筑的设计秒流量计算管段流量；居住小区配套的文体、餐饮娱乐、商铺及市场等设施应当按照用水密集型的设计秒流量计算节点流量；

2）服务人数大于表1-21中的数值的室外给水干管，其住宅应当按照建筑计算的最大时用水量为管段流量；居住小区内配套的文体、餐饮娱乐、商铺及市场等设施应按最大时用水量为节点流量；

每户 N_g 服务人数 $q_L K_h$	3	4	5	6	7	8	9	10
350	10200	9600	8900	8200	7600	—	—	—
400	9100	8700	8100	7600	7100	6650	—	—
450	8200	7900	7500	7100	6650	6250	5900	—
500	7400	7200	6900	6600	6250	5900	5600	5350
550	6700	6700	6400	6200	5900	5600	5350	5100
600	6100	6100	6000	5800	5550	5300	5050	4850
650	5600	5700	5600	5400	5250	5000	4800	4650
700	5200	5300	5200	5100	4950	4800	4600	4450

注：（1）当居住小区内含多种住宅类别及户内 N_g 不同时，可采用加权平均法计算。

（2）表内数据可用内插法。

（3）表中 N_g 为当量，q_L 为用水定额 L/人・d，K_h 为小时变化系数。

如：在不考虑配套设施时的某居住小区的 q_L 为 200L/人・d，K_h 为 2.5，则 $q_L K_h$ 为 500，每户 N_g 为 4.0，查表 1-20 得知服务 7200 人之内的室外给水管道的水力计算流量应为住宅设计秒流量公式计算出的设计秒流量。若当超过服务 7200 人之外的室外给水管道的水力计算流量应当为住宅最大小时流量公式计算出的设计秒流量。

3）居住小区内配套的文教、医疗保健、社区管理等设施，以及绿化和景观用水、道路及广场洒水、公共设施用水等，均以平均时用水量计算节点流量。

注：凡不属于小区配套的公共建筑均应另计。

（2）小区室外直供水给水管段按上述 1 条 1）款和密集型设计秒流量计算管段流量；当建筑设有水箱（池）时，应当以建筑引入管的设计流量作为室外计算给水管段节点流量。

（3）小区的给水引入管的设计流量，应符合下列要求：

1）小区给水引入管的设计流量除按上述 1 条 1）、2）款规定的计算外，还应当考虑未预计水量和管网漏失量；

2）不少于两条引入管的小区室外环状给水管网，当其中一条发生故障时，其余的引入管应当能保证不小于 70% 的流量；

3）当小区室外给水管网为枝状布置时，小区引入管的管径不应小于室外给水干管的管径；

4）小区环状管道宜管径相同。

（4）居住小区的室外生活、消防合用给水管道应当按照以上 1 条 1）、2）、3）款计算设计流量（淋浴用水量可按 15% 计算，绿化、道路及广场浇洒用水可不计算在内），再叠加区内一次火灾的最大消防流量（有消防贮水和专用消防管道供水的部分应扣除），并应对管道进行水力计算校核，管道末梢的室外消火栓从地面算起的水压，不应低于 0.1MPa，设有室外消火栓的室外给水管道，管径不得小于 100mm。

（5）建筑物的给水引入管的设计流量，应符合下列要求：

1）当建筑物内的生活用水全部由室外管网直接供水时，应当取建筑物内的生活用水设计秒流量；

2）当建筑物内的生活用水全部自行加压供水时，引入管的设计流量应当为贮水调节池的设计补水量；设计补水量不宜大于建筑物最高日最大时用水量，且不得小于建筑物最高日平均时用水量。

（6）当建筑物内的生活用水既有室外管网直接供水，又有自行加压供水时，应当按上文 5 条中的 1）、2）款计算设计流量后，将两者叠加作为引入管的设计流量。

1.7 给水水质防护与处理

1.7.1 水质污染的原因

给水管网是水厂至用户之间的输水管道，水厂出厂的水各项指标均符合国家饮用水标准，而水经输配管网到用户水龙头终端时可能因建筑内部给水系统设计、施工、维护、管理不当而受到不同程度的污染，水质好坏影响到人体健康直至社会稳定，因此要研究引起水质受二次污染的原因，必须采取的防治措施。常见原因有：

1. 微生物繁殖的污染

源水地表径流受农药、化肥污染的残留物及山林农地残留的有机微生物在水中溶解，污染物的残留与复合给微生物的生命活动提供了较丰富物质除直接造成细菌数量上升，同时也诱导金属受腐蚀结垢，并且造成浊度、色度有机污染物、亚硝酸盐指标上升。

2. 防腐衬里渗出物的污染

镀锌钢管特别是冷镀锌管，防腐锌层薄，附着力差，极易造成局部脱落，脱落后使水中锌铁含量增高；不合格的防锈漆加上管壁不彻底除锈，其附着力差，抗冲刷力弱；水泥砂浆衬里时，管内壁除锈处理不当或水泥砂浆配合比不合理，使水泥衬里附壁力弱而脱落，造成溶解物质提高，同时产生致浊物；使用年限长的管道或不合理的涂衬脱落，使管内壁受腐蚀、结垢、锈蚀而导致水中余氯含量迅速减少，浊度、色度、铁、锰、锌、溶解性总固体、细菌学指标等明显增大。

3. 腐蚀、结垢、沉积物的污染

水通过未经处理涂衬的金属管道和配件流动过程中，由于化学和电化学的作用，往往会对管内壁造成腐蚀，产生铁、锰、锌等金属锈蚀物，往往是沉积在管道内壁上形成水垢，水中致浊悬浮物及微生物凝聚形成铁瘤污染了水质而且影响水流速。

4. 自来水在管网中滞留时间越长水质越差

对长距离输水管网未定时冲洗，滞留在消火栓、管网盲端、预留三通接头而未接出的三通口等死角处易产生死水，因管网中流速、压力改变、死水的流出而污染了水质。

1.7.2 水质防护措施

随着现代化工业的发展，生活水平的提高，人们日益追求健康，为防止不合格水质对人们带来的危害，需要在供水水质体系中采用合理的设计施工方案，一般水质防护技术措施有以下几种：

（1）根据用水保证率确定调节容积，合理设计水池（箱）的容积，水停留时间不宜超过 12h；余氯随停留时间增长而消减，给菌类及藻类提供繁殖机会。

（2）设计、修造水池（箱）的工艺结构避免出现死区，要使水形成推进式流态，保持一定流速。水池进出水管道宜采用进出管分开，不宜采用单管进出。溢流管与排水管不宜连接一起，受场地所限需连接者，要有隔离装置以免污染。

（3）水池（箱）材料要采用防污染卫生材料，采用水泥砌筑池内壁要光滑，避免因池壁粗糙积垢污染了饮用水。采用装配式水箱，必须选经卫生部门认定符合饮用卫生标准的水箱，目前市场上材料品种繁多，不合格或劣质材料有可能污染饮用水。

（4）水池（箱）管口、孔口设置要合理。进、出水管设置要避免短流，进水管口要设置水位控制器；溢流管应设存水弯用水封，防治外界污染物进入，不宜与排水管连接，受条件限制要连接的话需设隔离防倒流装置；应设两个以上通气管，并在管口处设置防虫、鼠、尘埃进入装置。水池（箱）要定期冲洗、消毒，一年不少于两次，防止微生物滋生污染水质。

（5）随着市政建设的发展，不断改善供水流量、压力，原设置二次供水的水池（箱）因条件改变不必使用的要消除，尽量直接使用市政供水，以免二次污染；确实需要二次供水，采用管网叠压供水方式直接到用户水龙头，取消高位水池（箱），减少二次污染的发生。管网叠压供水装置接市政管网时需设置隔离装置，以免倒流污染管网水质。

（6）当二次供水水质不合格且难于改变时，在加压系统中采用集中处理措施，设置一体化净水器或小型家用净水装置，采用紫外线消毒器或微电解（电场）消毒装置，确保饮用的安全。

（7）加强运行管理供水管网压力尽量保持稳定，给水管网布置应经平差计算，使管网各供水点压力平稳，尽量避免沉积。强化输送储藏过程中的二次污染控制，要加强管网日常运行管理，加强巡查，管网漏失要及时维修，严格管网维修规范，及时冲洗、消毒；定期排除消火栓、管网盲管端的死水。加强自备水源用户管理，严格与市政管网连接的管理；建立严格管网水质检测制度，合理设置监测点。

1.7.3 给水处理的基本方法

给水处理的任务是通过必要的处理方法和工艺流程，使处理后的水符合生活饮用水或其他用水的水质要求。给水处理的基本方法概述如下。

1. 去除悬浮物与胶体

无论是生活饮用水还是各种工业用水，均应去除悬浮物和胶体，其方法是混凝、沉淀和过滤。

除粒径大于 0.1mm 的泥沙颗粒可以在水中快速自行下沉之外，粒径较小的悬浮物和胶体无法在重力作用下自行下沉，因此必须投加混凝剂，使细小的悬浮物和胶体相互凝聚成尺寸较大的絮体颗粒，这一过程称之为混凝。大颗粒絮体形成之后，在沉淀池中沉淀下来，一些不能沉淀的细小颗粒随水带出，进入装有细孔性填料的滤池，在滤池中被截留去除，出水得到澄清。按照《生活饮用水卫生标准》GB 5749—2006 的要求，滤池出水的浊度应小于 1NTU。在上述水处理的过程中，一些附着在悬浮物和胶体上的细菌、病毒和有机物也被去除。

如果原水浊度较低，可以采用直接过滤的方式，即加入了混凝剂的原水经简单混凝后直接进入滤池。在处理高浊度水时，往往在混凝前设置泥沙预沉池或沉沙池。如果某种工业用水对浊度要求不高，可以只经混凝和沉淀处理，不设滤池。

2. 消毒

消毒的目的是灭活水中致病的微生物，一般在过滤以后进行。我国目前普遍采用的消毒方法是液氯消毒。在一些小型水厂或临时供水时也有采用漂白粉、次氯酸钠和二氧化氯消毒的。由于氯消毒的一些消毒副产物会带来致突变或致癌作用，因此氯的投加量应加以限制，并尽可能不采用在水处理前就投氯消毒的预氯化方式。为了避免氯消毒带来的问题，一些欧洲国家采用臭氧消毒。此外，大型紫外线消毒器用于水厂消毒的研究和开发工作也在进行中。根据情况，也可以采用臭氧与氯、紫外线与氯共同消毒的方法。我国《生活饮用水卫生标准》GB 5749—2006 中规定可采用氯、氯胺、臭氧和二氧化氯消毒。

3. 除铁、除锰与除氟

地表水中铁、锰含量通常是不超标的，但某些地区的地下水中铁、锰含量有可能超过饮用水卫生标准。地下水中的铁、锰一般以 Fe^{2+}、Mn^{2+} 的形式存在，其去除的方法是将其氧化为三价铁和四价锰的沉淀物而去除。具体办法可采用曝气充氧—氧化反应—滤池过滤，也可采用药剂氧化或离子交换法等。

当水中的氟含量超标时，应当进行除氟处理，目前一般采用活性氧化铝吸附、骨炭吸附、反渗透、纳滤膜除氟等方法。

4. 去除有机物

受到工业废水污染的水源往往含有种类繁多的有机物，去除有机物可以采用氧化法（化学氧化法、生物氧化法等）和活性炭吸附法等。

5. 除臭与除味

《生活饮用水卫生标准》GB 5749—2006 中要求饮用水不得有异臭、异味，因此，当原水经澄清、消毒处理后仍有异臭、异味时，就应当进行除臭、除味处理。产生异臭、异味的原因很多，除臭、除味的方法取决于异臭、异味的来源。如果异臭、异味由水中有机物产生，可以采用活性炭吸附法；如果由溶解性气体或挥发性有机物产生，可以采用曝气法；如果由水中藻类产生，应进行除藻处理；如果由水中某些溶解性盐类产生，应当采用适当的除盐措施。

6. 软化

锅炉用水通常需要进行软化处理，即去除水中的钙、镁离子，降低水的硬度。软化方法主要有采用阳离子交换树脂的离子交换软化法和投加石灰的化学药剂软化法。

7. 淡化与除盐

淡化与除盐的目的是去除水中的溶解性盐类，包括阳离子和阴离子。淡化通常是指将含盐量很高的苦咸水及海水经过处理达到生活饮用水或某些工业用水水质标准的处理过程。除盐则指制取纯水及高纯水的过程。淡化和除盐的主要方法有离子交换法（需要阳离子和阴离子两种离子交换树脂）、蒸馏法、电渗析法及反渗透法等。

8. 水的冷却

工业生产过程中要使用大量的冷却水，这部分水在使用过程中一般只是温度升高，而没有受到其他污染，因此一般经冷却降温后循环使用。水的冷却通常采用冷却塔，也可以采用喷水冷却池或水面冷却池。

9. 控制水的腐蚀与结垢

金属管道和容器易产生腐蚀和结垢现象，导致使用寿命缩短，水流阻力增大，这个问题在循环冷却水系统中尤其突出，因此应当进行水质调理。当水质有腐蚀倾向时，应当投加缓蚀剂；水质有结垢倾向时，投加阻垢剂；此外，还应当控制污垢和微生物的大量繁殖，如投加杀菌剂等。

除了上述方法外，根据水质情况，还可能向水中加入某种水中缺乏但必须含有的成分。

第2章 建筑消防给水系统设计

2.1 室外消防给水系统

2.1.1 室外消防设置与用水量

1. 室外消防设置

室外消防多采用消火栓给水系统。《建筑设计防火规范》GB 50016—2014 规定，城镇（包括居住区、商业区、开发区、工业区等）应沿可通行消防车的街道设置市政消火栓系统。民用建筑、厂房、仓库、储罐（区）和堆场周围应设室外消火栓系统。用于消防救援和消防车停靠的屋面上，应设置室外消火栓系统。

耐火等级不低于二级且建筑体积不大于 3000m³ 的戊类厂房，居住区人数不超过 500人且建筑层数不超过两层的居住区，可不设置室外消火栓系统。

2. 室外消防用水量

（1）城镇市政消防给水设计流量，应按同一时间内的火灾起数和一起火灾灭火设计流量经计算确定。同一时间内的火灾起数和一起火灾灭火设计流量不应小于表 2-1 的规定。

城镇同一时间内的火灾起数和一起火灾灭火设计流量   表 2-1

人数（万人）	同一时间内的火灾起数（起）	一起火灾灭火设计流量（L/s）
N≤1.0	1	15
1.0＜N≤2.5		20
2.5＜N≤5.0		30
5.0＜N≤10.0		35
10.0＜N≤20.0	2	45
20.0＜N≤30.0		60
30.0＜N≤40.0		75
40.0＜N≤50.0		75
50.0＜N≤70.0	3	90
N＞70.0		100

（2）工业园区、商务区、居住区等市政消防给水设计流量，宜根据其规划区域的规模和同一时间的火灾起数，以及规划中的各类建筑室内外同时作用的水灭火系统设计流量之和经计算分析确定。

（3）建筑物室外消火栓设计流量不应小于表 2-2 的规定。

建筑物室外消火栓设计流量（L/s）　　　　　　　　　　　表 2-2

耐火等级	建筑物名称及类别			建筑体积（m³）					
				$V \leqslant 1500$	$1500 < V \leqslant 3000$	$3000 < V \leqslant 5000$	$5000 < V \leqslant 20000$	$20000 < V \leqslant 50000$	$V > 50000$
一、二级	工业建筑	厂房	甲、乙	15	20	25	30	35	
			丙	15	20	25	30	40	
			丁、戊	15				20	
		仓库	甲、乙	15		25		—	
			丙	15		25		35	45
			丁、戊	15				20	
	民用建筑	住宅		15					
		公共建筑	单层及多层	15		25		30	40
			高层	—		25		30	40
	地下建筑（包括地铁）、平战结合的人防工程			15		20		25	30
三级	工业建筑		乙、丙	15	20	30	40	45	—
			丁、戊	15			20	25	35
	单层及多层民用建筑			15		20	25	30	
四级	丁、戊类工业建筑			15		20	25		—
	单层及多层民用建筑			15		20	25		—

注：1. 成组布置的建筑物应按消火栓设计流量较大的相邻两座建筑物的体积之和确定；

　　2. 火车站、码头和机场的中转库房，其室外消火栓设计流量应按相应耐火等级的丙类物品库房确定；

　　3. 国家级文物保护单位的重点砖木、木结构的建筑物室外消火栓设计流量，按三级耐火等级民用建筑物消火栓设计流量确定；

　　4. 当单座建筑的总建筑面积大于 500000m² 时，建筑物室外消火栓设计流量应按本表规定最大值增加一倍。

（4）甲、乙、丙类可燃液体储罐的消防给水设计流量应按最大罐组确定，并应按泡沫灭火系统设计流量、固定冷却水系统设计流量与室外消火栓设计流量之和确定，同时应符合下列规定：

1）泡沫灭火系统设计流量应按系统扑救储罐区一起火灾的固定式、半固定式或移动式泡沫混合液量及泡沫液混合比经计算确定，并应符合现行国家标准《泡沫灭火系统设计规范》GB 50151—2010 的有关规定；

2）固定冷却水系统设计流量应按着火罐与邻近罐最大设计流量经计算确定，固定式冷却水系统设计流量应按表 2-3 或表 2-4 规定的设计参数经计算确定。

地上立式储罐冷却水系统的保护范围和喷水强度　　　　　　表 2-3

项目	储罐型式		保护范围	喷水强度
移动式冷却	着火罐	固定顶罐	罐周全长	0.80L/（s·m）
		浮顶罐、内浮顶罐	罐周全长	0.60L/（s·m）
	邻近罐		罐周全长	0.70L/（s·m）

项目	储罐型式		保护范围	喷水强度
固定式冷却	着火罐	固定顶罐	罐壁表面积	$2.5L/(min \cdot m^2)$
		浮顶罐、内浮顶罐	罐壁表面积	$2.0L/(min \cdot m^2)$
	邻近罐		不应小于罐壁表面积的1/2	与着火罐相同

注：1. 当浮顶、内浮顶罐的浮盘采用易熔材料制作时，内浮顶罐的喷水强度应按固定顶罐计算；

2. 当浮顶、内浮顶罐的浮盘为浅盘式时，内浮顶罐的喷水强度应按固定顶罐计算；

3. 固定冷却水系统邻近罐应按实际冷却面积计算，但不应小于罐壁表面积的1/2；

4. 距火固定罐罐壁1.5倍火罐直径范围内的邻近罐应设置冷却水系统，当邻近罐超过3个时，冷却水系统可按3个罐的设计流量计算；

5. 除浮盘采用易熔材料制作的储罐外，当着火罐为浮顶、内浮顶罐时，距着火罐壁的净距离大于或等于0.4D的邻近罐可不设冷却水系统，D为着火油罐与相邻储罐两者中较大油罐的直径；距火罐壁的净距离小于0.4D范围内的相邻油罐受火焰辐射热影响比较大的局部应设置冷却水系统，且所有相邻油罐的冷却水系统设计流量之和不应小于45L/s；

6. 移动式冷却宜为室外消火栓或消防炮。

卧式储罐、无覆土地下及半地下立式储罐冷却水系统的保护范围和喷水强度   表 2-4

项目	储罐	保护范围	喷水强度
移动式冷却	着火罐	罐壁表面积	$0.10L/(s \cdot m^2)$
	邻近罐	罐壁表面积的一半	$0.10L/(s \cdot m^2)$
固定式冷却	着火罐	罐壁表面积	$6.0L/(min \cdot m^2)$
	邻近罐	罐壁表面积的一半	$6.0L/(min \cdot m^2)$

注：1. 当计算出的着火罐冷却水系统设计流量小于15L/s时，应采用15L/s；

2. 着火罐直径与长度之和的一半范围内的邻近卧式罐应进行冷却；着火罐直径1.5倍范围内的邻近地下、半地下立式罐应冷却；

3. 当邻近储罐超过4个时，冷却水系统可按4个罐的设计流量计算；

4. 当邻近罐采用不燃材料作绝热层时，其冷却水系统喷水强度可按本表减少50%，但设计流量不应小于7.5L/s；

5. 无覆土半地下、地下卧式罐冷却水系统的保护范围和喷水强度应按本表地上卧式罐确定。

3）当储罐采用固定式冷却水系统时室外消火栓设计流量不应小于表2-5的规定，当采用移动式冷却水系统时室外消火栓设计流量应按表2-3或表2-4规定的设计参数经计算确定，且不应小于15L/s。

甲、乙、丙类可燃液体地上立式储罐区的室外消火栓设计流量   表 2-5

单罐储存容积（m³）	室外消火栓设计流量（L/s）
$W \leqslant 5000$	15
$5000 < W \leqslant 30000$	30
$30000 < W \leqslant 100000$	45
$W > 100000$	60

甲、乙、丙类可燃液体地上立式储罐冷却水系统保护范围和喷水强度不应小于表2-3的规定；卧式储罐、无覆土地下及半地下立式储罐冷却水系统保护范围和喷水强度不应小

于表 2-4 的规定；室外消火栓设计流量应按《消防给水及消火栓系统技术规范》GB 50974—2014 第 3.4.2 条第 3 款的规定确定。

（5）覆土油罐的室外消火栓设计流量应按最大单罐周长和喷水强度计算确定，喷水强度不应小于 0.30L/(s·m)；当计算设计流量小于 15L/s 时，应采用 15L/s。

（6）液化烃罐区的消防给水设计流量应按最大罐组确定，并应按固定冷却水系统设计流量与室外消火栓设计流量之和确定，同时应符合下列规定：

1）固定冷却水系统设计流量应按表 2-6 规定的设计参数经计算确定；室外消火栓设计流量不应小于表 2-7 的规定值；

2）当企业设有独立消防站，且单罐容积小于或等于 100ma 时，可采用室外消火栓等移动式冷却水系统，其罐区消防给水设计流量应按表 2-6 的规定经计算确定，但不应低于 100L/s。

液化烃储罐固定冷却水系统设计流量 表 2-6

项目	储罐型式		保护范围	喷水强度[L/(min·m²)]
全冷冻式	着火罐	单防罐外壁为钢制	罐壁表面积	2.5
			罐顶表面积	4.0
		双防罐、全防罐外壁为钢筋混凝土结构	—	—
	邻近罐		罐壁表面积的 1/2	2.5
全压力式及半冷冻式	着火罐		罐体表面积	9.0
	邻近罐		罐体表面积的 1/2	9.0

注：1. 固定冷却水系统当采用水喷雾系统冷却时喷水强度应符合《消防给水及消火栓系统技术规范》GB 50974—2014 要求，且系统设置应符合现行国家标准《水喷雾灭火系统技术规范》GB 50219—2014 的有关规定；

2. 全冷冻式液化烃储罐，当双防罐、全防罐外壁为钢筋混凝土结构时，罐顶和罐壁的冷却水量可不计，但管道进出口等局部危险处应设置水喷雾系统冷却，供水强度不应小于 20.0L/(min·m²)；

3. 距着火罐壁 1.5 倍着火直径范围内的邻近罐应计算冷却水系统，当邻近罐超过 3 个时，冷却水系统可按 3 个罐的设计流量计算；

4. 当储罐采用固定消防水炮作为固定冷却设施时，其设计流量不宜小于水喷雾系统计算流量的 1.3 倍。

液化烃罐区的室外消火栓设计流量 表 2-7

单罐储存容积（m²）	室外消火栓设计流量（L/s）
$W \leqslant 100$	15
$100 < W \leqslant 400$	30
$400 < W \leqslant 650$	45
$650 < W \leqslant 1000$	60
$W > 1000$	80

注：1. 罐区的室外消火栓设计流量应按罐组内最大单罐计；

2. 当储罐区四周设固定消防水炮作为辅助冷却设施时，辅助冷却水设计流量不应小于室外消火栓设计流量。

（7）空分站，可燃液体、液化烃的火车和汽车装卸栈台，变电站等室外消火栓设计流量不应小于表 2-8 的规定。当室外变压器采用水喷雾灭火系统全保护时，其室外消火栓给水设计流量可按表 2-8 规定值的 50% 计算，但不应小于 15L/s。

空分站，可燃液体、液化烃的火车和汽车装卸栈台，变电站室外消火栓设计流量　表 2-8

名称		室外消火栓设计流量（L/s）
空分站产氧气能力 （Nm³/h）	3000＜Q≤10000	15
	10000＜Q≤30000	30
	30000＜Q≤50000	45
	Q＞50000	60
专用可燃液体、液化烃的火车和汽车装卸栈台		60
变电站单台油浸 变压器含油量(t)	5＜W≤10	15
	10＜W≤50	20
	W＞50	30

注：当室外油浸变压器单台功率小于 300MV·A，且周围无其他建筑物和生产生活给水时，可不设置室外消火栓。

（8）液化石油气加气站的消防给水设计流量，应按固定冷却水系统设计流量与室外消火栓设计流量之和确定，固定冷却水系统设计流量应按表 2-9 规定的设计参数经计算确定，室外消火栓设计流量不应小于表 2-10 的规定；当仅采用移动式冷却系统时，室外消火栓的设计流量应按表 2-9 规定的设计参数计算，且不应小于 15L/s。

液化石油气加气站地上储罐冷却系统保护范围和喷水强度　表 2-9

项目	储罐	保护范围	喷水强度
移动式冷却	着火罐	罐壁表面积	0.15L/(s·m²)
	邻近罐	罐壁表面积的 1/2	0.15L/(s·m²)
固定式冷却	着火罐	罐壁表面积	9.0L/(min·m²)
	邻近罐	罐壁表面积的 1/2	9.0L/(min·m²)

注：着火罐的直径与长度之和 0.75 倍范围内的邻近地上罐应进行冷却。

液化石油气加气站室外消火栓设计流量　表 2-10

名称	室外消火栓设计流量（L/s）
地上储罐加气站	20
埋地储罐加气站	15
加油和液化石油气加气合建站	

（9）易燃、可燃材料露天、半露天堆场，可燃气体罐区的室外消火栓设计流量，不应小于表 2-11 的规定。

易燃、可燃材料露天、半露天堆场，可燃气体罐区的室外消火栓设计流量　表 2-11

名称		总储量或总容量	室外消火栓设计流量（L/s）
粮食(t)	土圆囤	30＜W≤500	15
		500＜W≤5000	25
		5000＜W≤20000	40
		W＞200000	45

名称		总储量或总容量	室外消火栓设计流量（L/s）
粮食（t）	席穴囤	30＜W≤500	20
		500＜W≤5000	35
		5000＜W≤20000	50
棉、麻、毛、化纤百货（t）		10＜W≤500	20
		500＜W≤1000	35
		1000＜W≤5000	50
稻草、麦秸、芦苇等易燃材料（t）		50＜W≤500	20
		500＜W≤5000	35
		5000＜W≤10000	50
		W＞10000	60
木材等可燃材料（m³）		50＜V≤1000	20
		1000＜V≤5000	30
		5000＜V≤10000	45
		V＞10000	55
煤和焦炭（t）	露天或半露天堆放	100＜W≤5000	15
		W＞5000	20
可燃气体储罐或储罐区（m³）		500＜V≤10000	15
		10000＜V≤50000	20
		50000＜V≤100000	25
		100000＜V≤200000	30
		V＞200000	35

注：1. 固定容积的可燃气体储罐的总容积按其几何容积（m³）和设计工作压力（绝对压力，10^5Pa）的乘积计算；
2. 当稻草、麦秸、芦苇等易燃材料堆垛单垛重量大于 5000t 或总重量大于 50000t、木材等可燃材料堆垛单垛容量大于 5000m³ 或总容量大于 50000m³ 时，室外消火栓设计流量应按本表规定的最大值增加一倍。

（10）城市交通隧道洞口外室外消火栓设计流量不应小于表 2-12 的规定。

城市交通隧道洞口外室外消火栓设计流量　　　　　　　表 2-12

名称	类别	长度（m）	室外消火栓设计流量（L/s）
可通行危险化学品等机动车	一、二	L＞500	30
	三	L≤500	20
仅限通行非危险化学品等机动车	一、二、三	L≥1000	30
	三	L＜1000	20

2.1.2　室外消防给水的水压体制

1. 低压制给水

室外消防给水系统管网平时保持一般城镇生活、生产用水水压运行，消防时由消防车的水泵加压供水。要求管网在消防用水时仍能保证不小于 10m 水头的水压，适合于城镇和小区生活-消防、生活-生产-消防公用管网的情况，在我国多数城镇常用。

2. 高压制给水

使消防供水管网内的水压直接保证达到建筑最高处水枪灭火所需的水压要求（保证水枪的充实水柱不小于10m）。高压制消防给水使得消防供水安全，但耗能较大，整个系统常年工作在高压下，增加维修管理费用。

3. 临时高压制给水

在消防供水系统内设消防泵，消防泵根据消防时的水压、水量确定，消防泵只在发生火灾时启动，使管网内的水量和水压满足消防要求。

2.1.3 室外消防栓消防系统的组成与布设

室外消防栓消防系统一般由消防管网、消火栓、消防水池和水泵接合器等组成。

1. 消防管网

消防管网有环状管网和枝状管网之分，室外消防给水采用两路消防供水时应采用环状管网，但当采用一路消防供水时可采用枝状管网。为保证消火栓事故或检修时的供水安全，环状管道上应设阀门，将其分成若干独立的管段，每段内的消火栓的数量不宜超过5个。室外消防的最小管径不应小于100mm。

2. 消火栓

（1）市政消火栓

1）市政消火栓宜采用地上式室外消火栓；在严寒、寒冷等冬季结冰地区宜采用干式地上式室外消火栓，严寒地区宜增设消防水鹤。当采用地下式室外消火栓，地下消火栓井的直径不宜小于1.5m，且当地下式室外消火栓的取水口在冰冻线以上时，应采取保温措施。

2）市政消火栓宜采用直径$DN150$的室外消火栓，并应符合下列要求：

① 室外地上式消火栓应有一个直径为150mm或100mm和两个直径为65mm的栓口；

② 室外地下式消火栓应有直径为100mm和65mm的栓口各一个。

3）市政消火栓宜在道路的一侧设置，并宜靠近十字路口，但当市政道路宽度超过60m时，应在道路的两侧交叉错落设置市政消火栓。

4）市政桥桥头和城市交通隧道出入口等市政公用设施处，应设置市政消火栓。

5）市政消火栓的保护半径不应超过150m，间距不应大于120m。

6）市政消火栓应布置在消防车易于接近的人行道和绿地等地点，且不应妨碍交通，并应符合下列规定：

① 市政消火栓距路边不宜小于0.5m，并不应大于2.0m；

② 市政消火栓距建筑外墙或外墙边缘不宜小于5.0m；

③ 市政消火栓应避免设置在机械易撞击的地点，确有困难时，应采取防撞措施。

7）市政给水管网的阀门设置应便于市政消火栓的使用和维护，并应符合现行国家标准《室外给水设计规范》GB 50013—2006的有关规定。

8）当市政给水管网设有市政消火栓时，其平时运行工作压力不应小于0.14MPa。火灾时水力最不利市政消火栓的出流量不应小于15L/s，且供水压力从地面算起不应小于0.10MPa。

9）严寒地区在城市主要干道上设置消防水鹤的布置间距宜为1000m，连接消防水鹤的市政给水管的管径不宜小于DN200。

10）火灾时消防水鹤的出流量不宜低于30L/s，且供水压力从地面算起不应小于0.10MPa。

11）地下式市政消火栓应有明显的永久性标志。

① 建筑室外消火栓的布置除应符合本节的规定外，还应符合市政消火栓的有关规定。

② 建筑室外消火栓的数量应根据室外消火栓设计流量和保护半径经计算确定，保护半径不应大于150.0m，每个室外消火栓的出流量宜按10~15L/s计算。

③ 室外消火栓宜沿建筑周围均匀布置，且不宜集中布置在建筑一侧；建筑消防扑救面一侧的室外消火栓数量不宜少于2个。

④ 人防工程、地下工程等建筑应在出入口附近设置室外消火栓，且距出入口的距离不宜小于5m，并不宜大于40m。

⑤ 停车场的室外消火栓宜沿停车场周边设置，且与最近一排汽车的距离不宜小于7m，距加油站或油库不宜小于15m。

⑥ 甲、乙、丙类液体储罐区和液化烃罐罐区等构筑物的室外消火栓，应设在防火堤或防护墙外，数量应根据每个罐的设计流量经计算确定，但距罐壁15m范围内的消火栓，不应计算在该罐可使用的数量内。

⑦ 工艺装置区等采用高压或临时高压消防给水系统的场所，其周围应设置室外消火栓，数量应根据设计流量经计算确定，且间距不应大于60.0m。当工艺装置区宽度大于120.0m时，宜在该装置区内的路边设置室外消火栓。

⑧ 当工艺装置区、罐区、堆场、可燃气体和液体码头等构筑物的面积较大或高度较高，室外消火栓的充实水柱无法完全覆盖时，宜在适当部位设置室外固定消防炮。

⑨ 当工艺装置区、储罐区、堆场等构筑物采用高压或临时高压消防给水系统时，消火栓的设置应符合下列规定：

a. 室外消火栓处宜配置消防水带和消防水枪；

b. 工艺装置休息平台等处需要设置的消火栓的场所应采用室内消火栓，并应符合《消防给水及消火栓系统技术规范》GB 50974—2014第7.4节的有关规定。

10）室外消防给水引入管当设有倒流防止器。且火灾时因其水头损失导致室外消火栓不能满足《消防给水及消火栓系统技术规范》GB 50974—2014第7.2.8条的要求时。应在该倒流防止器前设置一个室外消火栓。

3. 消防水池

（1）符合下列规定之一时，应设置消防水池：

1）当生产、生活用水量达到最大时，市政给水管网或入户引入管不能满足室内、室外消防给水设计流量；

2）当采用一路消防供水或只有一条入户引入管，且室外消火栓设计流量大于20L/s或建筑高度大于50m；

3）市政消防给水设计流量小于建筑室内外消防给水设计流量。

（2）消防水池有效容积的计算应符合下列规定：

1）当市政给水管网能保证室外消防给水设计流量时，消防水池的有效容积应满足在火灾延续时间内室内消防用水量的要求；

2）当市政给水管网不能保证室外消防给水设计流量时，消防水池的有效容积应满足火灾延续时间内室内消防用水量和室外消防用水量不足部分之和的要求。

（3）消防水池进水管应根据其有效容积和补水时间确定，补水时间不宜大于48h，但当消防水池有效总容积大于2000m³时，不应大于96h。消防水池进水管管径应经计算确定，且不应小于$DN100$。

（4）当消防水池采用两路消防供水且在火灾情况下连续补水能满足消防要求时。消防水池的有效容积应根据计算确定，但不应小于100m³。当仅设有消火栓系统时不应小于50m³。

（5）火灾时消防水池连续补水应符合下列规定：

1）消防水池应采用两路消防给水；

2）火灾延续时间内的连续补水流量应按消防水池最不利进水管供水量计算，并可按下式计算：

$$q_f = 3600Av \qquad (2-1)$$

式中　q_f——火灾时消防水池的补水流量（m³/h）；

　　　A——消防水池进水管断面面积（m³）；

　　　v——管道内水的平均流速（m/s）。

3）消防水池进水管管径和流量应根据市政给水管网或其他给水管网的压力、入户引入管管径、消防水池进水管管径，以及火灾时其他用水量等经水力计算确定，当计算条件不具备时，给水管的平均流速不宜大于1.5m/s。

（6）消防水池的总蓄水有效容积大于500m³时，宜设两个能独立使用的消防水池；当大于1000m³时，应设置能独立使用的两座消防水池。每格（或座）消防水池应设置独立的出水管，并应设置满足最低有效水位的连通管，且其管径应能满足消防给水设计流量的要求。

（7）储存室外消防用水的消防水池或供消防车取水的消防水池，应符合下列规定：

1）消防水池应设置取水口（井），且吸水高度不应大于6.0m；

2）取水口（井）与建筑物（水泵房除外）的距离不宜小于15m；

3）取水口（井）与甲、乙、丙类液体储罐等构筑物的距离不宜小于40m；

4）取水口（井）与液化石油气储罐的距离不宜小于60m，当采取防止辐射热保护措施时，可为40m。

（8）消防用水与其他用水共用的水池，应采取确保消防用水量不作他用的技术措施。

（9）消防水池的出水、排水和水位应符合下列规定：

1）消防水池的出水管应保证消防水池的有效容积能被全部利用；

2）消防水池应设置就地水位显示装置，并应在消防控制中心或值班室等地点设置显示消防水池水位的装置。同时应有最高和最低报警水位；

3）消防水池应设置溢流水管和排水设施，并应采用间接排水。

（10）消防水池的通气管和呼吸管等应符合下列规定：

1）消防水池应设置通气管；

2）消防水池通气管、呼吸管和溢流水管等应采取防止虫鼠等进入消防水池的技术措施。

（11）高位消防水池的最低有效水位应能满足其所服务的水灭火设施所需的工作压力和流量，且其有效容积应满足火灾延续时间内所需消防用水量，并应符合下列规定：

1）高位消防水池的有效容积、出水、排水和水位应符合《消防给水及消火栓系统技术规范》GB 50974—2014 第 4.3.8 条和第 4.3.9 条的规定；

2）高位消防水池的通气管和呼吸管等应符合《消防给水及消火栓系统技术规范》GB 50974—2014 第 4.3.10 条的规定；

3）除可一路消防供水的建筑物外，向高位消防水池供水的给水管不应少于两条；

4）当高层民用建筑采用高位消防水池供水的高压消防给水系统时，高位消防水池储存室内消防用水量确有困难，但火灾时补水可靠，其总有效容积不应小于室内消防用水量的 50%；

5）高层民用建筑高压消防给水系统的高位消防水池总有效容积大于 200m³ 时，宜设置蓄水有效容积相等且可独立使用的两格；当建筑高度大于 100m 时应设置独立的两座。每格或座应有一条独立的出水管向消防给水系统供水；

6）高位消防水池设置在建筑物内时，应采用耐火极限不低于 2.00h 的隔墙和 1.50h 的楼板与其他部位隔开，并应设甲级防火门；且消防水池及其支承框架与建筑构件应连接牢固。

4. 消防水泵接合器

在建筑消防给水系统中均应设置水泵接合器。水泵接合器是消防车向建筑内管网送水的接口设备，一端由消防给水管网水平干管引出，另一端设于消防车易于接近的地方。如图 2-1 所示，水泵接合器有地上、地下和墙壁式 3 种。

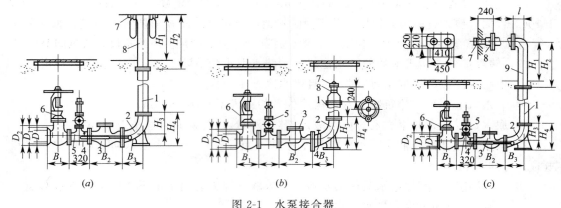

图 2-1 水泵接合器

（a）SQ 型地上式；（b）SQ 型地下式；（c）SQ 型墙壁式；

1—法兰接管；2—弯管；3—升降式单向阀；4—放水阀；5—安全阀；6—闸阀；7—进水接口；8—本体；9—法兰弯管

2.2 室内消火栓给水系统

2.2.1 应设置室内消火栓设施的建筑场所

在做建筑室内消火栓给水设计时，应懂得设置消火栓的建筑场所。根据国家现行《建筑设计防火规范》GB 50016—2014 的规定：

（1）下列建筑或场所应设置室内消火栓系统

1）建筑占地面积大于 300m² 的厂房和仓库；

2）高层公共建筑和建筑高度大于 21m 的住宅建筑；

注：建筑高度不大于 27m 的住宅建筑，设置室内消火栓系统确有困难时，可只设置干式消防竖管和不带消火栓箱的 DN65 的室内消火栓。

3）体积大于 5000m³ 的车站、码头、机场的候车（船、机）建筑、展览建筑、商店建筑、旅馆建筑、医疗建筑和图书馆建筑等单、多层建筑；

4）特等、甲等剧场，超过 800 个座位的其他等级的剧场和电影院等以及超过 1200 个座位的礼堂、体育馆等单、多层建筑；

5）建筑高度大于 15m 或体积大于 10000m³ 的办公建筑、教学建筑和其他单、多层民用建筑。

（2）国家级文物保护单位的重点砖木或木结构的古建筑，宜设置室内消火栓系统。

（3）人员密集的公共建筑、建筑高度大于 100m 的建筑和建筑面积大于 200m² 的商业服务网点内应设置消防软管卷盘或轻便消防水龙。高层住宅建筑的户内宜配置轻便消防水龙。

2.2.2 室内消火栓设计流量

（1）建筑物室内消火栓设计流量不应小于表 2-13 的规定。

建筑物室内消火栓设计流量 表 2-13

建筑物名称			高度 h(m)、层数、体积 V (m³)、座位数 n(个)、火灾危险性		消火栓设计流量(L/s)	同时使用消防水枪数(支)	每根竖管最小流量(L/s)
工业建筑	厂房	h≤24	甲、乙、丁、戊		10	2	10
			丙	V≤5000	10	2	10
				V>5000	20	4	15
		24<h≤50	乙、丁、戊		25	5	15
			丙		30	6	15
		h>50	乙、丁、戊		30	6	15
			丙		40	8	15
	仓库	h≤24	甲、乙、丁、戊		10	2	10
			丙	V≤5000	15	3	15
				V>5000	25	5	15
		h>24	丁、戊		30	6	15
			丙		40	8	15
民用建筑	单层及多层	科研楼、试验楼	V≤10000		10	2	10
			V>10000		15	3	10
		车站、码头、机场的候车(船、机)楼和展览建筑(包括博物馆)等	5000<V≤25000		10	2	10
			25000<V≤50000		15	3	20
			V>50000		20	4	15

建筑物名称			高度 h(m)、层数、体积 V（m³）、座位数 n（个）、火灾危险性	消火栓设计流量（L/s）	同时使用消防水枪数（支）	每根竖管最小流量（L/s）
民用建筑	单层及多层	剧场、电影院、会堂、礼堂、体育馆等	$800 < n \leqslant 1200$	10	2	10
			$1200 < n \leqslant 5000$	15	3	10
			$5000 < n \leqslant 10000$	20	4	15
			$n > 10000$	30	6	15
		旅馆	$5000 < V \leqslant 10000$	10	2	10
			$10000 < V \leqslant 25000$	15	3	10
			$V > 25000$	20	4	15
		商店、图书馆、档案馆等	$5000 < V \leqslant 10000$	15	3	15
			$10000 < V \leqslant 25000$	25	5	15
			$V > 25000$	40	8	15
		病房楼、门诊楼等	$5000 < V \leqslant 25000$	10	2	10
			$V > 25000$	15	3	10
		办公楼、教学楼、公寓、宿舍等其他建筑	高度超过 15m 或 $V > 10000$	15	3	10
		住宅	$21 < h \leqslant 27$	5	2	5
	高层	住宅	$27 < h \leqslant 54$	10	2	10
			$h > 54$	20	4	10
		二类公共建筑	$h \leqslant 50$	20	4	10
		一类公共建筑	$h \leqslant 50$	30	6	15
			$h > 50$	40	8	15
国家级文物保护单位的重点砖木或木结构的古建筑			$V \leqslant 10000$	20	4	15
			$V > 10000$	25	5	15
地下建筑			$V \leqslant 5000$	10	2	10
			$5000 < V \leqslant 10000$	20	4	15
			$10000 < V \leqslant 25000$	30	6	15
			$V > 25000$	40	8	20
人防工程	展览厅、影院、剧场、礼堂、健身体育场所等		$V \leqslant 1000$	5	1	5
			$1000 < V \leqslant 2500$	10	2	10
			$V > 2500$	15	3	10
	商场、餐厅、旅馆、医院等		$V \leqslant 5000$	5	1	5
			$5000 < V \leqslant 10000$	10	2	10
			$10000 < V \leqslant 25000$	15	3	10
			$V > 25000$	20	4	10
	丙、丁、戊类生产车间、自行车库		$V \leqslant 2500$	5	1	5
			$V > 2500$	10	2	10

建筑物名称		高度 h(m)、层数、体积 V（m³）、座位数 n（个）、火灾危险性	消火栓设计流量(L/s)	同时使用消防水枪数(支)	每根竖管最小流量(L/s)
人防工程	丙、丁、戊类物品库房、图书资料档案库	$V \leqslant 3000$	5	1	5
		$V > 3000$	10	2	10

注：1. 丁、戊类高层厂房（仓库）室内消火栓的设计流量可按本表减少10L/s，同时使用消防水枪数量可按本表减少2支；

2. 消防软管卷盘、轻便消防水龙及多层住宅楼梯间中的干式消防竖管，其消火栓设计流量可不计入室内消防给水设计流量；

3. 当一座多层建筑有多种使用功能时，室内消火栓设计流量应分别按本表中不同功能计算，且应取最大值。

（2）当建筑物室内设有自动喷水灭火系统、水喷雾灭火系统、泡沫灭火系统或固定消防炮灭火系统等一种或两种以上自动水灭火系统全保护时，高层建筑当高度不超过50m且室内消火栓设计流量超过20L/s时，其室内消火栓设计流量可按表2-13减少5L/s；多层建筑室内消火栓设计流量可减少50%，但不应小于10L/s。

（3）宿舍、公寓等非住宅类居住建筑的室内消火栓设计流量，当为多层建筑时，应按表2-13中的宿舍、公寓确定，当为高层建筑时，应按表2-13中的公共建筑确定。

（4）城市交通隧道内室内消火栓设计流量不应小于表2-14的规定。

城市交通隧道内室内消火栓设计流量　　　　　　　　表 2-14

用途	类别	长度（m）	设计流量（L/s）
可通行危险化学品等机动车	一、二	$L > 500$	20
	三	$L \leqslant 500$	10
仅限通行非危险化学品等机动车	一、二、三	$L \geqslant 1000$	20
	三	$L < 1000$	10

2.2.3　室内消火栓给水系统的给水方式

1. 利用市政或区域高压给水管直接供水

室外给水管网所提供的水量和水压，在任何时候都能满足灭火设施的需要时应采用这种方式，如图 2-2 所示。采用高压给水系统时，可不设高位消防水箱。

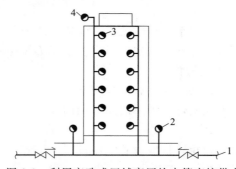

图 2-2　利用市政或区域高压给水管直接供水

1—室外给水环状管网；2—室外消火栓；3—室内消火栓；4—屋顶消火栓

2. 设高位消防水箱或增压设备的给水方式

当火灾发生时需启动消防水泵加压供水，如图 2-3 所示。

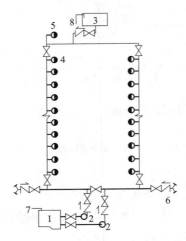

图 2-3 设高位消防水箱的给水方式

1—消防水池；2—消防水泵；3—高位消防水箱；4—消火栓；5—屋顶消火栓；

6—水泵接合器；7—水池进水管；8—水箱进水管

3. 消防给水系统竖向分区

如室内消火栓栓口处静水压力过大，灭火过程中会出现超压出流，由于水枪反作用力大，启闭会产生水锤作用，可使给水设备受到损坏。因此，室内消火栓栓口的静水压力不应超过 1.0MPa；消防给水系统最高压力在运行时不应超过 2.4MPa。如不满足以上要求时，通常采用并联或串联等方式对消防管网进行竖向分区。

2.2.4 室内消火栓给水管网布置

1. 室内消防给水管网

（1）室内消火栓系统管网应布置成环状，当室外消火栓设计流量不大于 20L/s，且室内消火栓不超过 10 个时，除《消防给水及消火栓系统技术规范》GB 50974—2014 第 8.1.2 条外，可布置成枝状。

（2）当由室外生产生活消防合用系统直接供水时，合用系统除应满足室外消防给水设计流量以及生产和生活最大小时设计流量的要求外，还应满足室内消防给水系统的设计流量和压力要求。

（3）室内消防管道管径应根据系统设计流量、流速和压力要求经计算确定；室内消火栓竖管管径应根据竖管最低流量经计算确定，但不应小于 DN100。

2. 室内消火栓环状给水管道检修

室内消火栓环状给水管道检修时应符合下列规定：

（1）室内消火栓竖管应保证检修管道时关闭停用的竖管不超过 1 根，当竖管超过 4 根时，可关闭不相邻的 2 根；

（2）每根竖管与供水横干管相接处应设置阀门。

3. 室内消火栓给水管网

室内消火栓给水管网宜与自动喷水等其他水灭火系统的管网分开设置；当合用消防泵

时，供水管路沿水流方向应在报警阀前分开设置。

2.2.5 室内消火栓的设置

（1）室内消火栓的选型应根据使用者、火灾危险性、火灾类型和不同灭火功能等因素综合确定。

（2）室内消火栓的配置应符合下列要求：

1）应采用 $DN65$ 室内消火栓，并可与消防软管卷盘或轻便水龙设置在同一箱体内；

2）应配置公称直径 65 有内衬里的消防水带，长度不宜超过 25.0m；消防软管卷盘应配置内径不小于 $\phi19$ 的消防软管，其长度宜为 30.0m；轻便水龙应配置公称直径 25 有内衬里的消防水带，长度宜为 30.0m；

（3）宜配置当量喷嘴直径 16mm 或 19mm 的消防水枪，但当消火栓设计流量为 2.5L/s 时宜配置当量喷嘴直径 11mm 或 13mm 的消防水枪；消防软管卷盘和轻便水龙应配置当量喷嘴直径 6mm 的消防水枪。

（4）设置室内消火栓的建筑。包括设备层在内的各层均应设置消火栓。

（5）屋顶设有直升机停机坪的建筑，应在停机坪出入口处或非电器设备机房处设置消火栓，且距停机坪机位边缘的距离不应小于 5.0m。

（6）消防电梯前室应设置室内消火栓，并应计入消火栓使用数量。

（7）室内消火栓的布置应满足同一平面有 2 支消防水枪的 2 股充实水柱同时达到任何部位的要求，但建筑高度小于或等于 24.0m 且体积小于或等于 5000m。的多层仓库、建筑高度小于或等于 54m 且每单元设置一部疏散楼梯的住宅，以及表 2-13 中规定可采用 1 支消防水枪的场所，可采用 1 支消防水枪的 1 股充实水柱到达室内任何部位。

（8）建筑室内消火栓的设置位置应满足火灾扑救要求，并应符合下列规定：

1）室内消火栓应设置在楼梯间及其休息平台和前室、走道等明显易于取用，以及便于火灾扑救的位置；

2）住宅的室内消火栓宜设置在楼梯间及其休息平台；

3）汽车库内消火栓的设置不应影响汽车的通行和车位的设置，并应确保消火栓的开启；

4）同一楼梯间及其附近不同层设置的消火栓，其平面位置宜相同；

5）冷库的室内消火栓应设置在常温穿堂或楼梯间内。

（9）建筑室内消火栓栓口的安装高度应便于消防水龙带的连接和使用，其距地面高度宜为 1.1m；其出水方向应便于消防水带的敷设，并宜与设置消火栓的墙面成 90°角或向下。

（10）设有室内消火栓的建筑应设置带有压力表的试验消火栓，其设置位置应符合下列规定：

1）多层和高层建筑应在其屋顶设置，严寒、寒冷等冬季结冰地区可设置在顶层出口处或水箱间内等便于操作和防冻的位置；

2）单层建筑宜设置在水力最不利处，且应靠近出入口。

（11）室内消火栓宜按直线距离计算其布置间距，并应符合下列规定：

1）消火栓按 2 支消防水枪的 2 股充实水柱布置的建筑物，消火栓的布置间距不应大于 30.0m；

2）消火栓按 1 支消防水枪的 1 股充实水柱布置的建筑物，消火栓的布置间距不应大于 50.0m。

（12）消防软管卷盘和轻便水龙的用水量可不计入消防用水总量。

（13）室内消火栓栓口压力和消防水枪充实水柱，应符合下列规定：

1）消火栓栓口动压力不应大于 0.50MPa；当大于 0.70MPa 时必须设置减压装置；

2）高层建筑、厂房、库房和室内净空高度超过 8m 的民用建筑等场所，消火栓栓口动压不应小于 0.35MPa，且消防水枪充实水柱应按 13m 计算；其他场所，消火栓栓口动压不应小于 0.25MPa，且消防水枪充实水柱应按 10m 计算。

（14）建筑高度不大于 27m 的住宅，当设置消火栓时，可采用干式消防竖管，并应符合下列规定：

1）干式消防竖管宜设置在楼梯间休息平台，且仅应配置消火栓栓口；

2）干式消防竖管应设置消防车供水接口；

3）消防车供水接口应设置在首层便于消防车接近和安全的地点；

4）竖管顶端应设置自动排气阀。

（15）住宅户内宜在生活给水管道上预留一个接 DN15 消防软管或轻便水龙的接口。

（16）跃层住宅和商业网点的室内消火栓应至少满足一股充实水柱到达室内任何部位，并宜设置在户门附近。

（17）城市交通隧道室内消火栓系统的设置应符合下列规定：

1）隧道内宜设置独立的消防给水系统；

2）管道内的消防供水压力应保证用水量达到最大时，最低压力不应小于 0.30MPa，但当消火栓栓口处的出水压力超过 0.70MPa 时，应设置减压设施；

3）在隧道出入口处应设置消防水泵接合器和室外消火栓；

4）消火栓的间距不应大于 50m，双向同行车道或单行通行但大于 3 车道时，应双面间隔设置；

5）隧道内允许通行危险化学品的机动车，且隧道长度超过 3000m 时，应配置水雾或泡沫消防水枪。

2.3　消防给水及消火栓系统管网设计

2.3.1　管道设计

（1）消防给水系统中采用的设备、器材、管材管件、阀门和配件等系统组件的产品工作压力等级，应大于消防给水系统的系统工作压力，且应保证系统在可能最大运行压力时安全可靠。

（2）低压消防给水系统的系统工作压力应根据市政给水管网和其他给水管网等的系统工作压力确定，且不应小于 0.60MPa。

（3）高压和临时高压消防给水系统的系统工作压力应根据系统在供水时，可能的最大运行压力确定，并应符合下列规定：

1）高位消防水池、水塔供水的高压消防给水系统的系统工作压力，应为高位消防水池、水塔最大静压；

2）市政给水管网直接供水的高压消防给水系统的系统工作压力，应根据市政给水管网的工作压力确定；

3）采用高位消防水箱稳压的临时高压消防给水系统的系统工作压力，应为消防水泵零流量时的压力与水泵吸水口最大静水压力之和；

4）采用稳压泵稳压的临时高压消防给水系统的系统工作压力，应取消防水泵零流量时的压力、消防水泵吸水口最大静压二者之和与稳压泵维持系统压力时两者其中的较大值。

（4）埋地管道宜采用球墨铸铁管、钢丝网骨架塑料复合管和加强防腐的钢管等管材，室内外架空管道应采用热浸锌镀锌钢管等金属管材，并应按下列因素对管道的综合影响选择管材和设计管道：

1）系统工作压力；

2）覆土深度；

3）土壤的性质；

4）管道的耐腐蚀能力；

5）可能受到土壤、建筑基础、机动车和铁路等其他附加荷载的影响；

6）管道穿越伸缩缝和沉降缝。

（5）埋地管道当系统工作压力不大于 1.20MPa 时，宜采用球墨铸铁管或钢丝网骨架塑料复合管给水管道；当系统工作压力大于 1.20MPa 小于 1.60MPa 时，宜采用钢丝网骨架塑料复合管、加厚钢管和无缝钢管；当系统工作压力大于 1.60MPa 时，宜采用无缝钢管。钢管连接宜采用沟槽连接件（卡箍）和法兰，当采用沟槽连接件连接时，公称直径小于等于 DN250 的沟槽式管接头系统工作压力不应大于 2.50MPa，公称直径大于或等于 DN300 的沟槽式管接头系统工作压力不应大于 1.60MPa。

（6）埋地金属管道的管顶覆土应符合下列规定：

1）管道最小管顶覆土应按地面荷载、埋深荷载和冰冻线对管道的综合影响确定；

2）管道最小管顶覆土不应小于 0.70m；但当在机动车道下时管道最小管顶覆土应经计算确定，并不宜小于 0.90m；

3）管道最小管顶覆土应至少在冰冻线以下 0.30m。

（7）埋地管道采用钢丝网骨架塑料复合管时应符合下列规定：

1）钢丝网骨架塑料复合管的聚乙烯（PE）原材料不应低于 PE80；

2）钢丝网骨架塑料复合管的内环向应力不应低于 8.0MPa；

3）钢丝网骨架塑料复合管的复合层应满足静压稳定性和剥离强度的要求；

4）钢丝网骨架塑料复合管及配套管件的熔体质量流动速率（MFR），应按现行国家标准《热塑性塑料熔体质量流动速率和熔体体积流动速率的测定》GB/T 3682—2000 规定的试验方法进行试验时，加工前后：MFR 变化不应超过±20%；

5）管材及连接管件应采用同一品牌产品，连接方式应采用可靠的电熔连接或机械连接；

6）管材耐静压强度应符合现行行业标准《埋地聚乙烯给水管道工程技术规程》CJJ

101—2016 的有关规定和设计要求；

7) 钢丝网骨架塑料复合管道最小管顶覆土深度，在人行道下不宜小于 0.80m，在轻型车行道下不应小于 1.0m，且应在冰冻线下 0.30m；在重型汽车道路或铁路、高速公路下应设置保护套管，套管与钢丝网骨架塑料复合管的净距不应小于 100mm；

8) 钢丝网骨架塑料复合管道与热力管道间的距离，应在保证聚乙烯管道表面温度不超过 40℃ 的条件下计算确定，但最小净距不应小于 1.50m。

(8) 架空管道当系统工作压力小于等于 1.20MPa 时，可采用热浸锌镀锌钢管；当系统工作压力大于 1.20MPa 时，应采用热浸镀锌加厚钢管或热浸镀锌无缝钢管；当系统工作压力大于 1.60MPa 时，应采用热浸镀锌无缝钢管。

(9) 架空管道的连接宜采用沟槽连接件（卡箍）、螺纹、法兰、卡压等方式，不宜采用焊接连接。当管径小于或等于 DN50 时，应采用螺纹和卡压连接，当管径大于 DN50 时，应采用沟槽连接件连接、法兰连接，当安装空间较小时应采用沟槽连接件连接。

(10) 架空充水管道应设置在环境温度不低于 5℃ 的区域，当环境温度低于 5℃ 时，应采取防冻措施；室外架空管道当温差变化较大时应校核管道系统的膨胀和收缩，并应采取相应的技术措施。

(11) 埋地管道的地基、基础、垫层、回填土压实密度等的要求，应根据刚性管或柔性管管材的性质，结合管道埋设处的具体情况，按现行国家标准《给水排水管道工程施工及验收规范》GB 50268—2008 和《给水排水工程管道结构设计规范》GB 50332—2002 的有关规定执行。

当埋地管直径不小于 DN100 时，应在管道弯头、三通和堵头等位置设置钢筋混凝土支墩。

(12) 消防给水管道不宜穿越建筑基础，当必须穿越时，应采取防护套管等保护措施。

(13) 埋地钢管和铸铁管，应根据土壤和地下水腐蚀性等因素确定管外壁防腐措施；海边、空气潮湿等空气中含有腐蚀性介质的场所的架空管道外壁，应采取相应的防腐措施。

2.3.2 阀门及其他设置

(1) 消防给水系统的阀门选择应符合下列规定：

1) 埋地管道的阀门宜采用带启闭刻度的暗杆闸阀，当设置在阀门井内时可采用耐腐蚀的明杆闸阀；

2) 室内架空管道的阀门宜采用蝶阀、明杆闸阀或带启闭刻度的暗杆闸阀等；

3) 室外架空管道宜采用带启闭刻度的暗杆闸阀或耐腐蚀的明杆闸阀；

4) 埋地管道的阀门应采用球墨铸铁阀门，室内架空管道的阀门应采用球墨铸铁或不锈钢阀门，室外架空管道的阀门应采用球墨铸铁阀门或不锈钢阀门。

(2) 消防给水系统管道的最高点处宜设置自动排气阀。

(3) 消防水泵出水管上的止回阀宜采用水锤消除止回阀，当消防水泵供水高度超过 24m 时，应采用水锤消除器。当消防水泵出水管上设有囊式气压水罐时，可不设水锤消除设施。

(4) 减压阀的设置应符合下列规定：

1）减压阀应设置在报警阀组入口前，当连接两个及以上报警阀组时，应设置备用减压阀；

2）减压阀的进口处应设置过滤器，过滤器的孔网直径不宜小于4～5目/cm²，过流面积不应小于管道截面积的4倍；

3）过滤器和减压阀前后应设压力表，压力表的表盘直径不应小于100mm，最大量程宜为设计压力的2倍；

4）过滤器前和减压阀后应设置控制阀门；

5）减压阀后应设置压力试验排水阀；

6）减压阀应设置流量检测测试接口或流量计；

7）垂直安装的减压阀，水流方向宜向下；

8）比例式减压阀宜垂直安装，可调式减压阀宜水平安装；

9）减压阀和控制阀门宜有保护或锁定调节配件的装置；

10）接减压阀的管段不应有气堵、气阻。

（5）室内消防给水系统由生活、生产给水系统管网直接供水时，应在引入管处设置倒流防止器。当消防给水系统采用有空气隔断的倒流防止器时，该倒流防止器应设置在清洁卫生的场所，其排水口应采取防止被水淹没的技术措施。

（6）在寒冷、严寒地区，室外阀门井应采取防冻措施。

（7）消防给水系统的室内外消火栓、阀门等设置位置，应设置永久性固定标识。

2.3.3 消防给水系统水力计算

1. 水力计算

（1）消防给水的设计压力应满足所服务的各种水灭火系统最不利点处水灭火设施的压力要求。

（2）消防给水管道单位长度管道沿程水头损失应根据管材、水力条件等因素选择，可按下列公式计算：

1）消防给水管道或室外塑料管可采用下列公式计算：

$$i = 10^{-6} \frac{\lambda}{d_i} \frac{\rho v^2}{2} c \tag{2-2}$$

$$\frac{1}{\sqrt{\lambda}} = -2.0 \log\left(\frac{2.51}{Re\sqrt{\lambda}} + \frac{\varepsilon}{3.71 d_i}\right) \tag{2-3}$$

$$Re = \frac{v d_i \rho}{\mu} \tag{2-4}$$

$$\mu = \rho v \tag{2-5}$$

$$v = \frac{1.775 \times 10^{-6}}{1 + 0.0337T + 0.000221T^2} \tag{2-6}$$

式中　i——单位长度管道沿程水头损失（MPa/m）；

　　　d_i——管道的内径（m）；

　　　v——管道内水的平均流速（m/s）；

　　　ρ——水的密度（kg/m³）；

λ——沿程损失阻力系数；

ε——当量粗糙度，可按表 2-15 取值（m）；

Re——雷诺数，无量纲；

μ——水的动力黏滞系数（Pa/s）；

υ——水的运动黏滞系数（m²/s）；

T——水的温度，宜取 10℃。

2）内衬水泥砂浆球墨铸铁管可按下列公式计算：

$$i=10^{-2}\frac{v^2}{C_v^2 R}$$ (2-7)

$$C_v=\frac{1}{n_\varepsilon}R^y$$ (2-8)

$0.1 \leqslant R \leqslant 3.0$ 且 $0.011 \leqslant n_\varepsilon \leqslant 0.040$ 时：

$$y=2.5\sqrt{n_\varepsilon}-0.13-0.75\sqrt{R}(\sqrt{n_\varepsilon}-0.1)$$ (2-9)

式中　R——水力半径（m）；

C_v——流速系数；

n_ε——管道粗糙系数，可按表 2-15 取值；

y——系数，管道计算时可取 $\frac{1}{6}$。

3）室内外输配水管道可按下式计算：

式中　C——海澄—威廉系数，可按表 2-15 取值；

q——管段消防给水设计流量（L/s）。

各种管道水头损失计算参数 ε、n_ε、C　　　　表 2-15

管材名称	当量粗糙度 ε(m)	管道粗糙系数	海澄—威廉系数 C
球墨铸铁管(内衬水泥)	0.0001	0.011~0.012	130
钢管(旧)	0.0005~0.001	0.014~0.018	100
镀锌钢管	0.00015	0.014	120
铜管/不锈钢管	0.00001	—	140
钢丝网骨架 PE 塑料管	0.000010~0.00003	—	140

（3）管道速度压力可按下式计算：

$$P_v=8.11\times10^{-10}\frac{q^2}{d_i^4}$$ (2-10)

式中　P_v——管道速度压力（MPa）。

（4）管道压力可按下式计算：

$$P_n=P_t-P_v$$ (2-11)

式中　P_n——管道某一点处压力（MPa）；

P_t——管道某一点处总压力（MPa）。

（5）管道沿程水头损失宜按下式计算：

$$P_f=iL$$ (2-12)

式中　P_f——管道沿程水头损失（MPa）；

　　　L——管道直线段的长度（m）。

（6）管道局部水头损失宜按下式计算。当资料不全时，局部水头损失可按根据管道沿程水头损失的10%～30%估算，消防给水干管和室内消火栓可按10%～20%计，自动喷水等支管较多时可按30%计。

$$P_p = iL_p \tag{2-13}$$

式中　P_p——管件和阀门等局部水头损失（MPa）；

　　　L_p——管件和阀门等当量长度，可按表2-16取值（m）。

管件和阀门当量长度（m）　　　　表 2-16

管件名称	管件直径 DN(mm)											
	25	32	40	50	70	80	100	125	150	200	250	300
45°弯头	0.3	0.3	0.6	0.6	0.9	0.9	1.2	1.5	2.1	2.7	3.3	4.0
90°弯头	0.6	0.9	1.2	1.5	1.8	2.1	3.1	3.7	4.3	5.5	5.5	8.2
三通四通	1.5	1.8	2.4	3.1	3.7	4.6	6.1	7.6	9.2	10.7	15.3	18.3
蝶阀	—	—	—	1.8	2.1	3.1	3.7	2.7	3.1	3.7	5.8	6.4
闸阀	—	—	0.3	0.3	0.3	0.3	0.6	0.6	0.9	1.2	1.5	1.8
止回阀	1.5	2.1	2.7	3.4	4.3	4.9	6.7	8.3	9.8	13.7	16.8	19.8
异径弯头	32	40	50	70	80	100	125	150	200	—	—	—
	25	32	40	50	70	80	100	125	150			
	0.2	0.3	0.3	0.5	0.5	0.8	1.1	1.3	1.6			
U型过滤器	12.3	15.4	18.5	24.5	30.8	36.8	49	61.2	73.5	98	122.5	
Y型过滤器	11.2	14	16.8	22.4	28	33.6	46.2	57.4	68.6	91	113.4	—

注：1. 当异径接头的出口直径不变而入口直径提高1级时，其当量长度应增大0.5倍；提高2级或2级以上时，其当量长度应增加1.0倍；

　　2. 表中当量长度是在海澄威廉系数 $C=120$ 的条件下测得，当选择的管材不同时，当量长度应根据下列系数作调整：$C=100$，$k_1=0.713$；$C=120$，$k_1=1.0$；$C=130$，$k_1=1.16$；$C=140$，$k_1=1.33$；$C=150$，$k_1=1.51$；

　　3. 表中没有提供管件和阀门当量长度时，可按表2-17提供的参数经计算确定。

各种管件和阀门的当量长度折算系数　　　　表 2-17

管件或阀门名称	折算系数(L_p/d_i)	管件或阀门名称	折算系数(L_p/d_i)
45°弯头	16	止回阀	70～140
90°弯头	30	异径弯头	10
三通四通	60	U型过滤器	500
蝶阀	30	Y型过滤器	410
闸阀	13		

（7）消防水泵或消防给水所需要的设计扬程或设计压力，宜按下式计算：

$$P = k_2\left(\sum P_f + \sum P_p\right) + 0.01H + P_0 \tag{2-14}$$

式中　P——消防水泵或消防给水系统所需要的设计扬程或设计压力（MPa）；

k_2——安全系数，可取 1.20～1.40；宜根据管道的复杂程度和不可预见发生的管道变更所带来的不确定性；

H——当消防水泵从消防水池吸水时，H 为最低有效水位至最不利水灭火设施的几何高差；当消防水泵从市政给水管网直接吸水时，H 为火灾时市政给水管网在消防水泵入口处的设计压力值的高程至最不利水灭火设施的几何高差（m）；

P_0——最不利点水灭火设施所需的设计压力（MPa）。

（8）市政给水管网直接向消防给水系统供水时，消防给水入户引入管的工作压力应根据市政供水公司确定值进行复核计算。

（9）消火栓系统管网的水力计算应符合下列规定：

1）室外消火栓系统的管网在水力计算时不应简化，应根据枝状或事故状态下环状管网进行水力计算；

2）室内消火栓系统管网在水力计算时，可简化为枝状管网。

室内消火栓系统的竖管流量应按《消防给水及消火栓系统技术规范》GB 50974—2014 第 8.1.6 条第 1 款规定可关闭竖管数量最大时，剩余一组最不利的竖管确定该组竖管中每根竖管平均分摊室内消火栓设计流量，且不应小于《消防给水及消火栓系统技术规范》GB 50974—2014 表 3.5.2 规定的竖管流量。室内消火栓系统供水横干管的流量应为室内消火栓设计流量。

2. 消火栓

（1）室内消火栓的保护半径可按下式计算：

$$R_0 = k_3 L_d + L_s \tag{2-15}$$

式中　R_0——消火栓保护半径（m）；

k_3——消防水带弯曲折减系数，宜根据消防水带转弯数量取 0.8～0.9；

L_d——消防水带长度（m）；

L_s——水枪充实水柱长度在平面上的投影长度。按水枪倾角为 45°时计算，取 0.71S_k（m）；

S_k——水枪充实水柱长度，按《消防给水及消火栓系统技术规范》GB 50974—2014 第 7.4.12 条第 2 款和第 7.4.16 条第 2 款的规定取值（m）。

3. 减压计算

（1）减压孔板应符合下列规定：

1）应设在直径不小于 50mm 的水平直管段上，前后管段的长度均不宜小于该管段直径的 5 倍；

2）孔口直径不应小于设置管段直径的 30%，且不应小于 20mm；

3）应采用不锈钢板材制作。

（2）节流管应符合下列规定：

1）直径宜按上游管段直径的 1/2 确定；

2）长度不宜小于 1m；

3）节流管内水的平均流速不应大于 20m/s。

（3）减压孔板的水头损失，应按下列公式计算：

$$H_k = 0.01 \zeta_1 \frac{V_k^2}{2g} \tag{2-16}$$

$$\zeta_1 = \left(1.75 \frac{d_i^2}{d_k^2} \cdot \frac{1.1 - \frac{d_k^2}{d_i^2}}{1.175 - \frac{d_k^2}{d_i^2}} - 1 \right) \tag{2-17}$$

式中　H_k——减压孔板的水头损失（MPa）；

　　　V_k——减压孔板后管道内水的平均流速（m/s）；

　　　g——重力加速度（m/s²）；

　　　ζ_1——减压孔板的局部阻力系数，也可按表 2-18 取值；

　　　d_k——减压孔板孔口的计算内径；取值应按减压孔板孔口直径减 1mm 确定（m）；

　　　d_i——管道的内径（m）。

减压孔板局部阻力系数　　　　　　　　　　表 2-18

d_k/d_i	0.3	0.4	0.5	0.6	0.7	0.8
ζ_1	292	83.3	29.3	11.7	4.75	1.83

（4）节流管的水头损失，应按下式计算：

$$H_g = 0.01 \zeta_2 \frac{V_g^2}{2g} + 0.0000107 \frac{V_g^2}{d_g^{1.3}} L_j \tag{2-18}$$

式中　H_g——节流管的水头损失（MPa）；

　　　ζ_2——节流管中渐缩管与渐扩管的局部阻力系数之和，取值 0.7；

　　　V_g——节流管内水的平均流速（m/s）；

　　　d_g——节流管的计算内径，取值应按节流管内径减 1mm 确定（m）；

　　　L_j——节流管的长度（m）。

（5）减压阀的水头损失计算应符合下列规定：

1）应根据产品技术参数确定；当无资料时，减压阀阀前后静压与动压差应按不小于 0.10MPa 计算；

2）减压阀串联减压时，应计算第一级减压阀的水头损失对第二级减压阀出水动压的影响。

2.4　自动喷水灭火系统

自动喷水灭火系统是由洒水喷头、报警阀组、水流报警装置（水流指示器或压力开关）等组件，以及管道、供水设施组成，并能在发生火灾时喷水的自动灭火系统。

2.4.1　应设置自动喷水灭火系统的场所

（1）除《建筑设计防火规范》GB 50016—2014 另有规定和不宜用水保护或灭火的场所外，下列厂房或生产部位应设置自动灭火系统，并宜采用自动喷水灭火系统：

1）不小于 50000 纱锭的棉纺厂的开包、清花车间，不小于 5000 锭的麻纺厂的分级、梳麻车间。火柴厂的烤梗、筛选部位；

2）占地面积大于1500m²或总建筑面积大于3000m²的单、多层制鞋、制衣、玩具及电子等类似生产的厂房；

3）占地面积大于1500m²的木器厂房；

4）泡沫塑料厂的预发、成型、切片、压花部位；

5）高层乙、丙类厂房；

6）建筑面积大于500m²的地下或半地下丙类厂房。

（2）除《建筑设计防火规范》GB 50016—2014另有规定和不宜用水保护或灭火的仓库外。下列仓库应设置自动灭火系统。并宜采用自动喷水灭火系统：

1）每座占地面积大于1000m²的棉、毛、丝、麻、化纤、毛皮及其制品的仓库；

注：单层占地面积不大于2000m²的棉花库房，可不设置自动喷水灭火系统。

2）每座占地面积大于600m²的火柴仓库；

3）邮政建筑内建筑面积大于500m²的空邮袋库；

4）可燃、难燃物品的高架仓库和高层仓库；

5）设计温度高于0℃的高架冷库。设计温度高于0℃且每个防火分区建筑面积大于1500m²的非高架冷库；

6）总建筑面积大于500m²的可燃物品地下仓库；

7）每座占地面积大于1500m²或总建筑面积大于3000m²的其他单层或多层丙类物品仓库。

（3）除《建筑设计防火规范》GB 50016—2014另有规定和不宜用水保护或灭火的场所外，下列高层民用建筑或场所应设置自动灭火系统。并宜采用自动喷水灭火系统：

1）一类高层公共建筑（除游泳池、溜冰场外）及其地下、半地下室；

2）二类高层公共建筑及其地下、半地下室的公共活动用房、走道、办公室和旅馆的客房、可燃物品库房、自动扶梯底部；

3）高层民用建筑内的歌舞娱乐放映游艺场所；

4）建筑高度大于100m的住宅建筑。

（4）除《建筑设计防火规范》GB 50016—2014另有规定和不宜用水保护或灭火的场所外，下列单、多层民用建筑或场所应设置自动灭火系统。并宜采用自动喷水灭火系统：

1）特等、甲等剧场，超过1500个座位的其他等级的剧场。超过2000个座位的会堂或礼堂，超过3000个座位的体育馆，超过5000人的体育场的室内人员休息室与器材间等；

2）任一层建筑面积大于1500m²或总建筑面积大于3000m²的展览、商店、餐饮和旅馆建筑以及医院中同样建筑规模的病房楼、门诊楼和手术部；

3）设置送回风道（管）的集中空气调节系统且总建筑面积大于3000m²的办公建筑等；

4）藏书量超过50万册的图书馆；

5）大、中型幼儿园。总建筑面积大于500m²的老年人建筑；

6）总建筑面积大于500m²的地下或半地下商店；

7）设置在地下或半地下或地上四层及以上楼层的歌舞娱乐放映游艺场所（除游泳场所外）。设置在首层、二层和三层且任一层建筑面积大于300m²的地上歌舞娱乐放映游艺场所（除游泳场所外）。

（5）根据《建筑设计防火规范》GB 50016—2014 要求难以设置自动喷水灭火系统的展览厅、观众厅等人员密集的场所和丙类生产车间、库房等高大空间场所，应设置其他自动灭火系统，并宜采用固定消防炮等灭火系统。

（6）下列部位宜设置水幕系统：

1）特等、甲等剧场、超过 1500 个座位的其他等级的剧场、超过 2000 个座位的会堂或礼堂和高层民用建筑内超过 800 个座位的剧场或礼堂的舞台口及上述场所内与舞台相连的侧台、后台的洞口；

2）应设置防火墙等防火分隔物而无法设置的局部开口部位；

3）需要防护冷却的防火卷帘或防火幕的上部。

注：舞台口也可采用防火幕进行分隔，侧台、后台的较小洞口宜设置乙级防火门、窗。

（7）下列建筑或部位应设置雨淋自动喷水灭火系统：

1）火柴厂的氯酸钾压碾厂房，建筑面积大于 100m² 且生产或使用硝化棉、喷漆棉、火胶棉、赛璐珞胶片、硝化纤维的厂房；

2）乒乓球厂的轧坯、切片、磨球、分球检验部位；

3）建筑面积大于 60m² 或储存量大于 2t 的硝化棉、喷漆棉、火胶棉、赛璐珞胶片、硝化纤维的仓库；

4）日装瓶数量大于 3000 瓶的液化石油气储配站的灌瓶间、实瓶库；

5）特等、甲等剧场、超过 1500 个座位的其他等级剧场和超过 2000 个座位的会堂或礼堂的舞台葡萄架下部；

6）建筑面积不小于 400m² 的演播室，建筑面积不小于 500m² 的电影摄影棚。

（8）下列场所应设置自动灭火系统，并宜采用水喷雾灭火系统：

1）单台容量在 40MV·A 及以上的厂矿企业油浸变压器，单台容量在 90MV·A 及以上的电厂油浸变压器。单台容量在 125MV·A 及以上的独立变电站油浸变压器；

2）飞机发动机试验台的试车部位；

3）充可燃油并设置在高层民用建筑内的高压电容器和多油开关室。

注：设置在室内的油浸变压器、充可燃油的高压电容器和多油开关室，可采用细水雾灭火系统。

（9）下列场所应设置自动灭火系统，并宜采用气体灭火系统：

1）国家、省级或人口超过 100 万的城市广播电视发射塔内的微波机房、分米波机房、米波机房、变配电室和不间断电源（UPS）室；

2）国际电信局、大区中心、省中心和一万路以上的地区中心内的长途程控交换机房、控制室和信令转接点室；

3）两万线以上的市话汇接局和六万门以上的市话端局内的程控交换机房、控制室和信令转接点室；

4）中央及省级公安、防灾和网局级及以上的电力等调度指挥中心内的通信机房和控制室；

5）A、B 级电子信息系统机房内的主机房和基本工作间的已记录磁（纸）介质库；

6）中央和省级广播电视中心内建筑面积不小于 120m² 的音像制品库房；

7）国家、省级或藏书量超过 100 万册的图书馆内的特藏库；中央和省级档案馆内的珍藏库和非纸质档案库；大、中型博物馆内的珍品库房；一级纸绢质文物的陈列室；

8）其他特殊重要设备室。

注：（1）第1）、4）、5）、8）款规定的部位，可采用细水雾灭火系统。

（2）当有备用主机和备用已记录磁（纸）介质。且设置在不同建筑内或同一建筑内的不同防火分区内时，5）规定的部位可采用预作用自动喷水灭火系统。

（10）甲、乙、丙类液体储罐的灭火系统设置应符合下列规定：

1）单罐容量大于1000m³的固定顶罐应设置固定式泡沫灭火系统；

2）罐壁高度小于7m或容量不大于200m³的储罐可采用移动式泡沫灭火系统；

3）其他储罐宜采用半固定式泡沫灭火系统；

4）石油库、石油化工、石油天然气工程中甲、乙、丙类液体储罐的灭火系统设置，应符合现行国家标准《石油库设计规范》GB 50074—2014等标准的规定。

（11）餐厅建筑面积大于1000m²的餐馆或食堂，其烹饪操作间的排油烟罩及烹饪部位应设置自动灭火装置，并应在燃气或燃油管道上设置与自动灭火装置联动的自动切断装置。

食品工业加工场所内有明火作业或高温食用油的食品加工部位宜设置自动灭火装置。

2.4.2 自动喷水灭火系统的分类

自动喷水灭火系统依照采用的喷头可分为两类：采用闭式洒水喷头的为闭式系统；采用开式洒水喷头的为开式系统。采用闭式洒水喷头的自动喷水灭火系统包括：湿式系统、干式系统、预作用系统等。开式系统有雨淋系统和水幕系统。

1. 湿式灭火系统

湿式自动喷水灭火系统由湿式报警阀组、闭式喷头、水流指示器、控制阀门、末端试水装置、管道和供水设施等组成，如图2-4所示。系统的管道内充满有压水，一旦发生火灾，喷头动作后立即喷水。

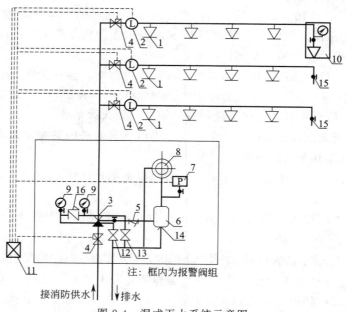

图2-4 湿式灭火系统示意图

火灾发生的初期，建筑物的温度随之不断上升，当温度上升到以闭式喷头温感元件爆破或熔化脱落时，喷头即自动喷水灭火，湿式自动喷水灭火系统图式，如图2-5所示。该系统结构简单，使用方便、可靠，便于施工，容易管理，灭火速度快，控火效率高，比较经济，适用范围广，占整个自动喷水灭火系统的 75% 以上，适合安装在能用水灭火的建筑物、构筑物内。

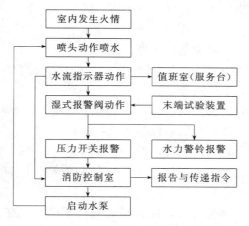

图 2-5　湿式自动喷水灭火系统图式（工作原理流程图）

　　湿式自动喷水灭火系统适用于环境温度不低于 4℃、不高于 70℃ 的建筑物和场所（不能用水扑救的建筑物和场所除外）都可以采用湿式系统。该系统局部应用时，适用于室内最大净空高度不超过 8m、总建筑面积不超过 1000m² 的民用建筑中的轻危险级或中危险级 I 级需要局部保护的区域。

2. 干式灭火系统

　　干式自动喷水灭火系统是在准工作状态时配水管道内充满用于启动系统的有压气体的闭式系统，干式灭火系统示意图，如图 2-6 所示。

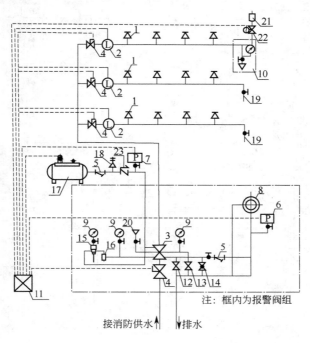

图 2-6　干式灭火系统示意图

81

干式系统与湿式系统只是控制信号阀的结构和作用原理不同，配水管网与供水管间设置干式控制信号阀将它们隔开，而在配水管网中平时充满着有压力气体用于系统的启动。发生火灾时，喷头首先喷出气体，致使管网中压力降低，供水管道中的压力水打开控制信号阀而进入配水管网，接着从喷头喷出灭火。不过该系统需要多增设一套充气设备，一次性投资高、平时管理较复杂、灭火速度较慢。

　　干式系统适用于环境温度低于 4℃ 和高于 70℃ 的建筑物和场所，如不采暖的地下车库、冷库等。干式系统有如下特点：

　　（1）干式系统在报警阀后的管网内无水，故可避免冻结和水汽化的危险，不受环境温度的制约，可用于一些无法使用湿式系统的场所；

　　（2）比湿式系统投资高，因需充气，增加了一套充气设备而提高了系统造价；

　　（3）干式系统的施工和维护管理较复杂，对管道的气密性有较严格的要求，管道平时的气压应保持在一定的范围，当气压下降到一定值时，就需进行充气；

　　（4）比湿式系统喷水灭火速度慢，因为喷头受热开启后，首先要排出管道中的气体，然后再出水，这就延误了时机。

3. 预作用系统

　　准工作状态时配水管道内不充水，由火灾自动报警系统自动开启雨淋报警阀后，转换为湿式系统的闭式系统。

　　预作用系统示意图，如图 2-7 所示。预作用系统适于如下场所：

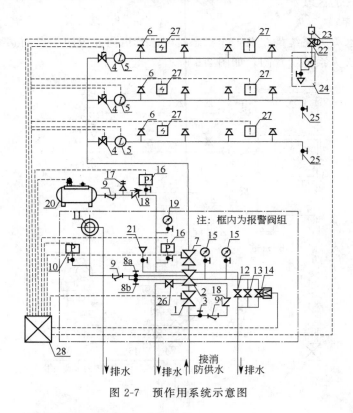

图 2-7　预作用系统示意图

　　（1）系统处于准工作状态时严禁管道漏水；

（2）严禁系统误喷；

（3）替代干式系统。

4. 雨淋系统

由火灾自动报警系统或传动管控制，自动开启雨淋报警阀和启动供水泵后，向开式洒水喷头供水的自动喷水灭火系统，亦称开式系统。应采用雨淋系统的场所详见《自动喷水灭火系统设计规范》GB 50084—2001（2005 版）。雨淋式灭火系统示意图，如图 2-8 所示。

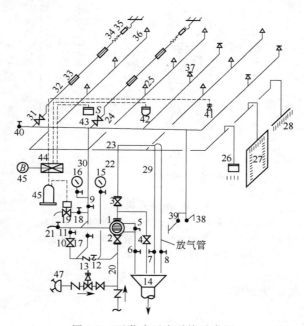

图 2-8　雨淋式灭火系统示意图

5. 水幕系统

水幕系统是由开式洒水喷头或水幕喷头、雨淋报警阀组或感温雨淋阀，以及水流报警装置（水流指示器或压力开关）等组成，是用于挡烟阻火和冷却分隔物的喷水系统。水幕系统示意图，如图 2-9 所示。

2.4.3　自动喷水灭火系统的系统选型

（1）环境温度不低于 4℃，且不高于 70℃的场所应采用湿式系统。

（2）环境温度低于 4℃，或高于 70℃的场所应采用干式系统。

（3）具有下列要求之一的场所应采用预作用系统：

1）系统处于准工作状态时，严禁管道漏水；

2）严禁系统误喷；

3）替代干式系统。

（4）灭火后必须及时停止喷水的场所，应采用重复启闭预作用系统。

（5）具有下列条件之一的场所，应采用雨淋系统：

1）火灾的水平蔓延速度快、闭式喷头的开放不能及时使喷水有效覆盖着火区域；

2）室内净空高度超过《自动喷水灭火系统设计规范》GB 50084—2001 第 6.1.1 条的

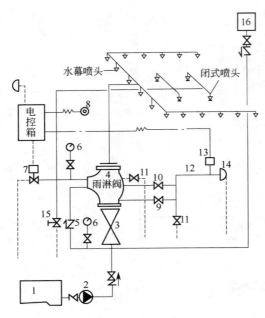

图 2-9　水幕系统示意图

1—水池；2—水泵；3—闸阀；4—雨淋阀；5—止回阀；6—压力表；7—电磁阀；

8—按钮；9—试警铃阀；10—警铃管阀；11—放水阀；12—过滤器；13—压力开关；

14—警铃；15—手动快开阀；16—高位水箱

规定，且必须迅速扑救初期火灾；

　　3）严重危险级Ⅱ级。

　　（6）符合《自动喷水灭火系统设计规范》GB 50084—2001第5.0.6条规定条件的仓库，当设置自动喷水灭火系统时，宜采用早期抑制快速响应喷头，并宜采用湿式系统。

　　（7）存在较多易燃液体的场所，宜按下列方式之一采用自动喷水-泡沫联用系统：

　　1）采用泡沫灭火剂强化闭式系统性能；

　　2）雨淋系统前期喷水控火，后期喷泡沫强化灭火效能；

　　3）雨淋系统前期喷泡沫灭火，后期喷水冷却防止复燃。

　　系统中泡沫灭火剂的选型、储存及相关设备的配置，应符合现行国家标准《泡沫灭火系统设计规范》GB 50151—2010的规定。

　　（8）建筑物中保护局部场所的干式系统、预作用系统、雨淋系统、自动喷水—泡沫联用系统，可串联接入同一建筑物内湿式系统，并应与其配水干管连接。

　　（9）自动喷水灭火系统应有下列组件、配件和设施：

　　1）应设有洒水喷头、水流指示器、报警阀组、压力开关等组件和末端试水装置，以及管道、供水设施；

　　2）控制管道静压的区段宜分区供水或设减压阀，控制管道动压的区段宜设减压孔板或节流管；

　　3）应设有泄水阀（或泄水口）、排气阀（或排气口）和排污口；

　　4）干式系统和预作用系统的配水管道应设快速排气阀。有压充气管道的快速排气阀入口前应设电动阀。

（10）防护冷却水幕应直接将水喷向被保护对象；防火分隔水幕不宜用于尺寸超过15m(宽)×8m(高)的开口（舞台口除外）。

2.4.4 自动喷水灭火系统设计基本参数

（1）民用建筑和工业厂房的自动喷水灭火系统设计基本参数不应低于表2-19的规定。

民用建筑和工业厂房的系统设计参数   表 2-19

火灾危险等级		净空高度(m)	喷水强度[L/(min·m²)]	作用面积(m²)
轻危险级		≤8	4	160
中危险级	Ⅰ		6	160
	Ⅱ		8	160
严重危险级	Ⅰ		12	260
	Ⅱ		16	260

注：系统最不利点处喷头的工作压力不应低于0.05MPa。

（2）非仓库类高大净空场所设置湿式自动喷水灭火系统时，其设计参数不应低于表2-20的规定。

非仓库类高大净空场所设置湿式自动喷水灭火系统设计参数   表 2-20

适用场所	净空高度(m)	喷水强度[L/(min·m²)]	作用面积(m²)	喷头选型	喷头最大间距(m)
中庭、影剧院、音乐厅、单一功能体育馆等	8~12	6	260	$K=80$	3
会展中心、多功能体育馆、自选商场等	8~12	12	300	$K=115$	3

注：（1）喷头溅水盘与顶板的距离应符合规范的规定。

（2）最大储物高度超过3.5m的自选商场应按16L/(min·m²)确定喷水强度。

（3）表中"~"两侧的数据，左侧为"大于"、右侧为"不大于"。

（3）干式系统的作用面积应取表2-19规定值的1.3倍。

（4）雨淋系统中每个雨淋阀控制的喷水面积不宜大于表2-19规定的作用面积。

（5）设置自动喷水灭火系统的仓库，设计参数应符合下列规定：

1）堆垛储物仓库不应低于表2-21、表2-22的规定。

2）货架储物仓库不应低于表2-23～表2-25的规定。

堆垛储物仓库的系统设计基本参数   表 2-21

火灾危险等级	储物高度(m)	喷水强度[L/(min·m²)]	作用面积(m²)	持续喷水时间(h)
仓库危险级Ⅰ级	3.0~3.5	8	160	1.0
	3.5~4.5	8	200	1.5
	4.5~6.0	10	200	1.5
	6.0~7.5	14	200	1.5

火灾危险等级	储物高度 （m）	喷水强度 [L/(min·m²)]	作用面积 （m²）	持续喷水时间 （h）
仓库危险级 Ⅱ级	3.0～3.5	10	200	2.0
	3.5～4.5	12		
	4.5～6.0	16		
	6.0～7.5	22		

注：本表适用于室内最大净空高度不超过 9.0m 的仓库。

分类堆垛储物的Ⅲ级仓库的系统设计基本参数　　　　　　　　　表 2-22

最大储物高度 （m）	最大净空高度 （m）	喷水强度（L/min·m²）			
		A	B	C	D
1.5	7.5	8.0			
3.5	4.5	16.0	16.0	12.0	12.0
	6.0	24.5	22.0	20.5	16.5
	9.5	32.5	28.5	24.5	18.5
4.5	6.0	20.5	18.5	16.5	12.0
	7.5	32.5	28.5	24.5	18.5
6.0	7.5	24.5	22.5	18.5	14.5
	9.0	36.5	34.5	28.5	22.5
7.5	9.0	30.5	28.5	22.5	18.5

注：（1）A—袋装与无包装的发泡塑料橡胶；B—箱装的发泡塑料橡胶；

　　　　C—箱装与袋装的不发泡塑料橡胶；D—无包装的不发泡塑料橡胶。

（2）作用面积不应小于 240m²。

单、双排货架储物仓库的系统设计基本参数　　　　　　　　　表 2-23

火灾危险等级	储物高度（m）	喷水强度[L/(min·m²)]	作用面积（m²）	持续喷水时间（h）
仓库危险级 Ⅰ级	3.0～3.5	8	200	1.5
	3.5～4.5	12		
	4.5～6.0	18		
仓库危险级 Ⅱ级	3.0～3.5	12	240	1.5
	3.5～4.5	15	280	2.0

多排货架储物仓库的系统设计基本参数　　　　　　　　　表 2-24

火灾危险等级	储物高度（m）	喷水强度[L/(min·m²)]	作用面积（m²）	持续喷水时间（h）
仓库危险级 Ⅰ级	3.5～4.5	12	200	1.5
	4.5～6.0	18		
	6.0～7.5	12+1J		
仓库危险级 Ⅱ级	3.0～3.5	12	200	1.5
	3.5～4.5	18		
	4.5～6.0	12+1J		2.0
	6.0～7.5	12+2J		

注：表中字母"J"表示货架内喷头，"J"前的数字表示货架内喷头的层数。

货架储物Ⅲ级仓库的系统设计基本参数　　　　　　　　　　　　　　　表 2-25

序号	室内最大净高(m)	货架类型	储物高度(m)	货顶上方净空(m)	顶板下喷头喷水强度(L/min·m²)	货架内置喷头		
						层数	高度(m)	流量系数
1	—	单、双排	3.0~6.0	<1.5	24.5	—	—	—
2	≤6.5	单、双排	3.0~4.5	—	18.0	—	—	—
3	—	单、双、多排	3.0	<1.5	12.0	—	—	—
4	—	单、双、多排	3.0	1.5~3.0	18.0	—	—	—
5	—	单、双、多排	3.0~4.5	1.5~3.0	12.0	1	3.0	80
6	—	单、双、多排	4.5~6.0	<1.5	24.5	—	—	—
7	≤8.0	单、双、多排	4.5~6.0	—	24.5	—	—	—
8	—	单、双、多排	4.5~6.0	1.5~3.0	18.0	1	3.0	80
9	—	单、双、多排	6.0~7.5	<1.5	18.5	1	4.5	115
10	≤9.0	单、双、多排	6.0~7.5	—	32.5	—	—	—

注：1. 持续喷水时间不应低于 2h，作用面积不应小于 200m²。

　　2. 序号 5 与序号 8：货架内设置一排货架内置喷头时，喷头的间距不应大于 3.0m；设置两排或多排货架内置喷头时，喷头的间距不应大于 3.0×2.4(m)。

　　3. 序号 9：货架内设置一排货架内置喷头时，喷头的间距不应大于 2.4m；设置两排或多排货架内置喷头时。喷头的间距不应大于 2.4×2.4(m)。

　　4. 设置两排和多排货架内置喷头时。喷头应交错布置。

　　5. 货架内置喷头的最低工作压力不应低于 0.1MPa。

　　6. 表中字母"J"表示货架内喷头，"J"前的数字表示货架内喷头的层数。

（6）仓库采用早期抑制快速响应喷头的系统设计基本参数不应低于表 2-26 的规定。

仓库采用早期抑制快速响应喷头的系统设计基本参数　　　　　　　　表 2-26

储物类别	最大净空高度(m)	最大储物高度(m)	喷头流量系数 K	喷头最大间距(m)	作用面积内开放的喷头数(只)	喷头最低工作压力(MPa)
Ⅰ级、Ⅱ级、沥青制品、箱装不发泡塑料	9.0	7.5	200	3.7	12	0.35
			360			0.10
	10.5	9.0	200		12	0.50
			360			0.15
	12.0	10.5	200	3.0	12	0.50
			360			0.20
	13.5	12.0	360		12	0.30
袋装不发泡塑料	9.0	7.5	200	3.7	12	0.35
			240			0.25
	9.5	7.5	200		12	0.40
			240			0.30
	12.0	10.5	200	3.0	12	0.50
			240			0.35

储物类别	最大净空高度（m）	最大储物高度（m）	喷头流量系数 K	喷头最大间距（m）	作用面积内开放的喷头数（只）	喷头最低工作压力（MPa）
箱装发泡塑料	9.0	7.5	200	3.7	12	0.35
	9.5	7.5	200		12	0.40
			240			0.30

注：快速响应早期抑制喷头在保护最大高度范围内。如有货架应为通透性层板。

（7）闭式自动喷水—泡沫联用系统的设计基本参数，除执行表 2-19 的规定外，尚应符合下列规定：

1）湿式系统自喷水至喷泡沫的转换时间，按 4L/s 流量计算，不应大于 3min；

2）泡沫比例混合器应在流量等于和大于 4L/s 时符合水与泡沫灭火剂的混合比规定；

3）持续喷泡沫的时间不应小于 10min。

（8）雨淋自动喷水—泡沫联用系统应符合下列规定：

1）前期喷水后期喷泡沫的系统，喷水强度与喷泡沫强度均不应低于表 2-19、《自动喷水灭火系统设计规范》GB 50084—2001 表 5.0.5-1～表 5.0.5-6 的规定；

2）前期喷泡沫后期喷水的系统，喷泡沫强度与喷水强度均应执行现行国家标准《泡沫灭火系统设计规范》GB 50151—2010 的规定；

3）持续喷泡沫时间不应小于 10min。

（9）水幕系统的设计基本参数应符合表 2-27 的规定：

水幕系统的设计基本参数　　　　　　　　　　　　　　　　　**表 2-27**

水幕类别	喷水点高度（m）	喷水强度（L/s·m）	喷头工作压力（MPa）
防火分隔水幕	≤12	2	0.1
防护冷却水幕	≤4	0.5	

注：防护冷却水幕的喷水点高度每增加 1m，喷水强度应增加 0.1L/s·m，但超过 9m 时喷水强度仍采用 1.0L/s·m。

2.4.5　自动喷水灭火系统的组件

1. 喷头

（1）采用闭式系统场所的最大净空高度不应大于表 2-28 的规定，仅用于保护室内钢屋架等建筑构件和设置货架内置喷头的闭式系统，不受此表规定的限制。

采用闭式系统场所的最大净空高度（m）　　　　　　　　　**表 2-28**

设置场所	采用闭式系统场所的最大净空高度
民用建筑和工业厂房	8
仓库	9
采用早期抑制快速响应喷头的仓库	13.5
非仓库类高大净空场所	12

（2）闭式系统的喷头，其公称动作温度宜高于环境最高温度 30℃。

（3）湿式系统的喷头选型应符合下列规定：

1）不做吊顶的场所，当配水支管布置在梁下时，应采用直立型喷头；

2）吊顶下布置的喷头，应采用下垂型喷头或吊顶型喷头；

3）顶板为水平面的轻危险级、中危险级Ⅰ级居室和办公室，可采用边墙型喷头；

4）自动喷水—泡沫联用系统应采用洒水喷头；

5）易受碰撞的部位，应采用带保护罩的喷头或吊顶型喷头。

（4）干式系统、预作用系统应采用直立型喷头或干式下垂型喷头。

（5）水幕系统的喷头选型应符合下列规定：

1）防火分隔水幕应采用开式洒水喷头或水幕喷头；

2）防护冷却水幕应采用水幕喷头。

（6）下列场所宜采用快速响应喷头：

1）公共娱乐场所、中庭环廊；

2）医院、疗养院的病房及治疗区域，老年、少儿、残疾人的集体活动场所；

3）超出水泵接合器供水高度的楼层；

4）地下的商业及仓储用房。

（7）同一隔间内应采用相同热敏性能的喷头。

（8）雨淋系统的防护区内应采用相同的喷头。

（9）自动喷水灭火系统应有备用喷头，其数量不应少于总数的1%，且每种型号均不得少于10只。

2. 报警阀组

（1）自动喷水灭火系统应设报警阀组。保护室内钢屋架等建筑构件的闭式系统，应设独立的报警阀组。水幕系统应设独立的报警阀组或感温雨淋阀。

（2）串联接入湿式系统配水干管的其他自动喷水灭火系统，应分别设置独立的报警阀组，其控制的喷头数计入湿式阀组控制的喷头总数。

（3）一个报警阀组控制的喷头数应符合下列规定：

1）湿式系统、预作用系统不宜超过800只；干式系统不宜超过500只。

2）当配水支管同时安装保护吊顶下方和上方空间的喷头时，应只将数量较多一侧的喷头计入报警阀组控制的喷头总数。

（4）每个报警阀组供水的最高与最低位置喷头，其高程差不宜大于50m。

（5）雨淋阀组的电磁阀，其入口应设过滤器。并联设置雨淋阀组的雨淋系统，其雨淋阀控制腔的入口应设止回阀。

（6）报警阀组宜设在安全及易于操作的地点，报警阀距地面的高度宜为1.2m。安装报警阀的部位应设有排水设施。

（7）连接报警阀进出口的控制阀应采用信号阀。当不采用信号阀时，控制阀应设锁定阀位的锁具。

（8）水力警铃的工作压力不应小于0.05MPa，并应符合下列规定：

1）应设在有人值班的地点附近；

2）与报警阀连接的管道，其管径应为20mm，总长不宜大于20m。

3. 水流指示器

（1）除报警阀组控制的喷头只保护不超过防火分区面积的同层场所外，每个防火分区、每个楼层均应设水流指示器。

（2）仓库内顶板下喷头与货架内喷头应分别设置水流指示器。

（3）当水流指示器入口前设置控制阀时，应采用信号阀。

4. 压力开关

（1）雨淋系统和防火分隔水幕，其水流报警装置宜采用压力开关。

（2）应采用压力开关控制稳压泵，并应能调节启停压力。

5. 末端试水装置

（1）每个报警阀组控制的最不利点喷头处，应设末端试水装置。其他防火分区、楼层均应设直径为 25mm 的试水阀。末端试水装置和试水阀应便于操作，且应有足够排水能力的排水设施。

（2）末端试水装置应由试水阀、压力表以及试水接头组成。试水接头出水口的流量系数，应等同于同楼层或防火分区内的最小流量系数喷头。末端试水装置的出水，应采取孔口出流的方式排入排水管道。

2.4.6 自动喷水灭火系统喷头的布置

1. 一般规定

（1）喷头应布置在顶板或吊顶下易于接触到火灾热气流并有利于均匀布水的位置。当喷头附近有障碍物时，应符合《自动喷水灭火系统设计规范》GB 50084—2001 第 7.2 节的规定或增设补偿喷水强度的喷头。

（2）直立型、下垂型喷头的布置，包括同一根配水支管上喷头的间距及相邻配水支管的间距，应根据系统的喷水强度、喷头的流量系数和工作压力确定，并不应大于表 2-29 的规定，且不宜小于 2.4m。

同一根配水支管上喷头的间距及相邻配水支管的间距　　　　表 2-29

喷水强度 （L/min·m²）	正方形布置的边长 （m）	矩形或平行四边形布置 的长边边长（m）	一只喷头的最大 保护面积（m²）	喷头与端墙的最大 距离（m）
4	4.4	4.5	20.0	2.2
6	3.6	4.0	12.5	1.8
8	3.4	3.6	11.5	1.7
≥12	3.0	3.6	9.0	1.5

注：1. 仅在走道设置单排喷头的闭式系统，其喷头间距应按走道地面不留漏喷空白点确定。

　　2. 喷水强度大于 8L/min·m³ 时，宜采用流量系数 K＞80 的喷头。

　　3. 货架内置喷头的间距均不应小于 2m，并不应大于 3m。

（3）除吊顶型喷头及吊顶下安装的喷头外，直立型、下垂型标准喷头。其溅水盘与顶板的距离，不应小于 75mm，不应大于 150mm。

1）当在梁或其他障碍物底面下方的平面上布置喷头时。溅水盘与顶板的距离不应大于 300mm，同时溅水盘与梁等障碍物底面的垂直距离不应小于 25mm，不应大于 100mm。

2）当在梁间布置喷头时。应符合《自动喷水灭火系统设计规范》GB 50084—2001 第 7.2.1 条的规定。确有困难时。溅水盘与顶板的距离不应大于 550mm。梁间布置的喷头，喷头溅水盘与顶板距离达到 550mm 仍不能符合 7.2.1 条规定时。应在梁底面的下方增设喷头。

3）密肋梁板下方的喷头，溅水盘与密肋梁板底面的垂直距离。不应小于 25mm。不应大于 100mm。

4 净空高度不超过 8m 的场所中，间距不超过 4×4(m) 布置的十字梁，可在梁间布置 1 只喷头。但喷水强度仍应符合表 2-19 的规定。

（4）早期抑制快速响应喷头的溅水盘与顶板的距离，应符合表 2-30 的规定：

早期抑制快速响应喷头的溅水盘与顶板的距离（mm）　　　　表 2-30

喷头安装方式	直立型		下垂型	
	不应小于	不应大于	不应小于	不应大于
溅水盘与顶板的距离	100	150	150	360

（5）图书馆、档案馆、商场、仓库中的通道上方宜设有喷头。喷头与被保护对象的水平距离，不应小于 0.3m；喷头溅水盘与保护对象的最小垂直距离不应小于表 2-31 的规定：

喷头溅水盘与保护对象的最小垂直距离（m）　　　　表 2-31

喷头类型	最小垂直距离
标准喷头	0.45
其他喷头	0.90

（6）货架内置喷头宜与顶板下喷头交错布置，其溅水盘与上方层板的距离，应符合《自动喷水灭火系统设计规范》GB 50084—2001 第 7.1.3 条的规定，与其下方货品顶面的垂直距离不应小于 150mm。

（7）货架内喷头上方的货架层板，应为封闭层板。货架内喷头上方如有孔洞、缝隙，应在喷头的上方设置集热挡水板。集热挡水板应为正方形或圆形金属板，其平面面积不宜小于 0.12m³，周围弯边的下沿，宜与喷头的溅水盘平齐。

（8）净空高度大于 800mm 的闷顶和技术夹层内有可燃物时，应设置喷头。

（9）当局部场所设置自动喷水灭火系统时，与相邻不设自动喷水灭火系统场所连通的走道或连通门窗的外侧，应设喷头。

（10）装设通透性吊顶的场所，喷头应布置在顶板下。

（11）顶板或吊顶为斜面时，喷头应垂直于斜面，并应按斜面距离确定喷头间距。

尖屋顶的屋脊处应设一排喷头。喷头溅水盘至屋脊的垂直距离，屋顶坡度≥1/3 时，不应大于 0.8m；屋顶坡度＜1/3 时，不应大于 0.6m。

（12）边墙型标准喷头的最大保护跨度与间距，应符合表 2-32 的规定：

边墙型标准喷头的最大保护跨度与间距（m）　　　　表 2-32

设置场所火灾危险等级	轻危险级	中危险级Ⅰ级
配水支管上喷头的最大间距	3.6	3.0
单排喷头的最大保护跨度	3.6	3.0
两排相对喷头的最大保护跨度	7.2	6.0

注：1. 两排相对喷头应交错布置。

2. 室内跨度大于两排相对喷头的最大保护跨度时，应在两排相对喷头中间增设一排喷头。

（13）边墙型扩展覆盖喷头的最大保护跨度、配水支管上的喷头间距、喷头与两侧端墙的距离，应按喷头工作压力下能够喷湿对面墙和邻近端墙距溅水盘 1.2m 高度以下的墙面确定，且保护面积内的喷水强度应符合表 2-14 的规定。

（14）直立式边墙型喷头，其溅水盘与顶板的距离不应小于 100mm，且不宜大于 150mm，与背墙的距离不应小于 50mm，并不应大于 100mm。

水平式边墙型喷头溅水盘与顶板的距离不应小于 150mm，且不应大于 300mm。

（15）防火分隔水幕的喷头布置，应保证水幕的宽度不小于 6m。采用水幕喷头时，喷头不应少于 3 排；采用开式洒水喷头时，喷头不应少于 2 排。防护冷却水幕的喷头宜布置成单排。

2. 喷头与障碍物的距离

（1）直立型、下垂型喷头与梁、通风管道的距离宜符合表 2-33 的规定（图 2-10）。

喷头与梁、通风管道的距离（m）　　　　　　　　　表 2-33

喷头溅水盘与梁或通风管道的底面的最大垂直距离 b		喷头与梁、通风管道的水平距离 a
标准喷头	其他喷头	
0	0	$a<0.3$
0.06	0.04	$0.3 \leqslant a<0.6$
0.14	0.14	$0.6 \leqslant a<0.9$
0.24	0.25	$0.9 \leqslant a<1.2$
0.35	0.38	$1.2 \leqslant a<1.5$
0.45	0.55	$1.5 \leqslant a<1.8$
>0.45	>0.55	$a=1.8$

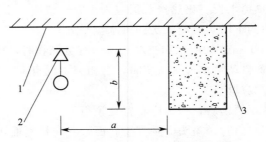

图 2-10　喷头与梁、通风管道的距离
1—顶板；2—直立型喷头；3—梁（或通风管道）

（2）直立型、下垂型标准喷头的溅水盘以下 0.45m、其他直立型、下垂型喷头的溅水盘以下 0.9m 范围内，如有屋架等间断障碍物或管道时，喷头与邻近障碍物的最小水平距离宜符合表 2-34 的规定（图 2-11）。

喷头与邻近障碍物的最小水平距离（m）　　　　　　　表 2-34

喷头与邻近障碍物的最小水平距离 a	
c、e 或 $d \leqslant 0.2$	c、e 或 $d>0.2$
$3c$ 或 $3e$（c 与 e 取大值）或 $3d$	0.6

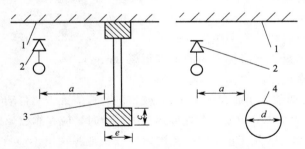

图 2-11　喷头与邻近障碍物的最小水平距离

1—顶板；2—直立型喷头；3—屋架等间断障碍物；4—管道

（3）当梁、通风管道、成排布置的管道、桥架等障碍物的宽度大于 1.2m 时，其下方应增设喷头（图 2-12）。增设喷头的上方如有缝隙时应设集热板。

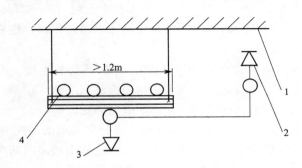

图 2-12　障碍物下方增设喷头

1—顶板；2—直立型喷头；3—下垂型喷头；4—排管（或梁、通风管道、桥架等）

（4）直立型、下垂型喷头与不到顶隔墙的水平距离，不得大于喷头溅水盘与不到顶隔墙顶面垂直距离的 2 倍（图 2-13）。

（5）直立型、下垂型喷头与靠墙障碍物的距离，应符合下列规定（图 2-14）：

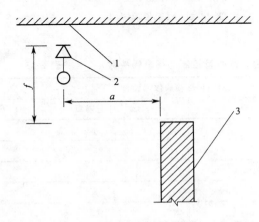

图 2-13　喷头与不到顶隔墙的水平距离

1—顶板；2—直立型喷头；3—不到顶隔墙

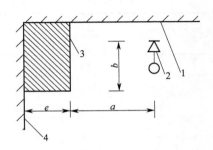

图 2-14　喷头与靠墙障碍物的距离

1—顶板；2—直立型喷头；3—靠墙障碍物；4—墙面

1）障碍物横截面边长小于 750mm 时，喷头与障碍物的距离，应按公式（2-19）确定：

$$a \geqslant (e-200)+b \tag{2-19}$$

式中　a——喷头与障碍物的水平距离（mm）；

　　　b——喷头溅水盘与障碍物底面的垂直距离（mm）；

　　　e——障碍物横截面的边长（mm），$e<750$。

2）障碍物横截面边长等于或大于 750mm 或 a 的计算值大于《自动喷水灭火系统设计规范》GB 50084—2001 表 7.1.2 中喷头与端墙距离的规定时，应在靠墙障碍物下，增设喷头。

边墙型喷头的两侧 1m 及正前方 2m 范围内，顶板或吊顶下不应有阻挡喷水的障碍物。

2.4.7　自动喷水灭火系统的管道

（1）配水管道的工作压力不应大于 1.20MPa，并不应设置其他用水设施。

（2）配水管道应采用内外壁热镀锌钢管或符合现行国家或行业标准。并同时符合《自动喷水灭火系统设计规范》GB 50084—2001 第 1.0.4 条规定的涂覆其他防腐材料的钢管。以及铜管、不锈钢管。当报警阀入口前管道采用不防腐的钢管时，应在该段管道的末端设过滤器。

（3）镀锌钢管应采用沟槽式连接件（卡箍）、丝扣或法兰连接。报警阀前采用内壁不防腐钢管时，可焊接连接。铜管、不锈钢管应采用配套的支架、吊架。除镀锌钢管外，其他管道的水头损失取值应按检测或生产厂提供的数据确定。

（4）系统中直径等于或大于 100mm 的管道，应分段采用法兰或沟槽式连接件（卡箍）连接。水平管道上法兰间的管道长度不宜大于 20m；立管上法兰间的距离，不应跨越 3 个及以上楼层。净空高度大于 8m 的场所内，立管上应有法兰。

（5）管道的直径应经水力计算确定。配水管道的布置，应使配水管入口的压力均衡。轻危险级、中危险级场所中各配水管入口的压力均不宜大于 0.40MPa。

（6）配水管两侧每根配水支管控制的标准喷头数，轻危险级、中危险级场所不应超过 8 只，同时在吊顶上下安装喷头的配水支管，上下侧均不应超过 8 只。严重危险级及仓库危险级场所均不应超过 6 只。

（7）轻危险级、中危险级场所中配水支管、配水管控制的标准喷头数，不应超过表 2-35 的规定。

轻危险级、中危险级场所中配水支管、配水管控制的标准喷头数　　　　表 2-35

公称管径（mm）	控制的标准喷头数（只）	
	轻危险级	中危险级
25	1	1
32	3	3
40	5	4
50	10	8
65	18	12
80	48	32
100	—	64

（8）短立管及末端试水装置的连接管，其管径不应小于 25mm。

（9）干式系统的配水管道充水时间，不宜大于 1min；预作用系统与雨淋系统的配水管道充水时间，不宜大于 2min。

（10）干式系统、预作用系统的供气管道，采用钢管时，管径不宜小于 15mm；采用铜管时，管径不宜小于 10mm。

（11）水平安装的管道宜有坡度，并应坡向泄水阀。充水管道的坡度不宜小于 2‰，准工作状态不充水管道的坡度不宜小于 4‰。

2.4.8 自动喷水灭火系统水力计算

1. 水力计算步骤

（1）判断保护对象的性质、划分危险等级和选择系统；

（2）确定作用面积和喷水强度；

（3）确定喷头的形式和保护面积；

（4）确定作用面积内的喷头数；

（5）确定作用面积的形状；

（6）确定第一个喷头的压力和流量；

（7）计算第一根支管上各喷头流量、支管各管段的水头损失，以及支管流量和压力，计算出相同支管的流量系数；

（8）根据支管流量系数计算出配水干管各支管的流量、水头损失；并计算出作用面积的流量、压力和作用面积流量系数；

（9）计算系统供水压力或水泵扬程，以及灭火剂的用量等；

（10）确定系统水源和减压措施。

2. 系统的设计流量

（1）喷头的流量应按下式计算：

$$q = K\sqrt{10P} \tag{2-20}$$

式中　q——喷头出流量（L/min）；

　　　P——喷头工作压力（MPa）；

　　　K——喷头流量系数。

（2）系统的设计流量，应按最不利点处作用面积内喷头同时喷水的总流量确定：

$$Q_s = \frac{1}{60}\sum_{i=1}^{n} q_i \tag{2-21}$$

式中　Q_s——系统设计流量（L/s）；

　　　q_i——最不利点处作用面积内各喷头节点的流量（L/min）；

　　　n——最不利点处作用面积内的喷头数。

3. 管道水力计算

（1）每米管道的水头损失应按下式计算：

$$i = 0.0000107\frac{V^2}{d_j^{1.3}} \tag{2-22}$$

式中　i——每米管道的水头损失（MPa/m）；

V——管道内的平均流速（m/s）；

d_j——管道的计算内径（m），取值应按管道的内径减 1mm 确定。

（2）自动喷水灭火系统水泵扬程或系统入口的供水压力应按下式计算：

$$H=\sum h+P_0+Z \tag{2-23}$$

式中　H——系统所需水压或水泵扬程（MPa）；

$\sum h$——管道沿程和局部水头损失的累计值（MPa）；湿式报警阀取值 0.04MPa 或按检测数据确定，水流指示器取值 0.02MPa，雨淋阀取值 0.07MPa；

P_0——最不利点处喷头的工作压力（MPa）；

Z——最不利点处喷头与消防水池的最低水位或系统入口管水平中心线之间的高程差（MPa）。

4. 管道系统的减压措施

自动喷水灭火系统分支多，每个喷头位置不同，喷头出口压力也不同。为了使各分支管段水压均衡，可采用减压孔板、节流管或减压阀消除多余水压。减压孔板、节流管的结构示意图如图 2-15 所示。

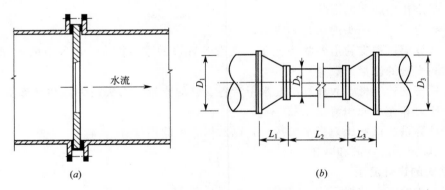

图 2-15　减压孔板、节流管的结构示意图

（a）减压孔板结构示意图；（b）节流管的结构示意图（技术要求：$L_1=D_1$；$L_3=D_3$）

（1）减压孔板。减压孔板应设在直径不小于 50mm 的水平直管段上，前后管段的长度不宜小于该管段直径的 5 倍。孔口直径不应小于管段直径的 30%，且不应小于 20mm。减压孔板应采用不锈钢板材制作。

减压孔板的水头损失应按下式计算：

$$H_k=\xi\frac{V_k^2}{2g} \tag{2-24}$$

式中　H_k——减压孔板的水头损失，（10^{-2}MPa）；

V_k——减压孔板后管道内水的平均流速（m/s）；

ξ——减压孔板局部阻力系数，见表 2-36。

减压孔板的局部阻力系数　　　　　　　　　　　　　　　　表 2-36

d_k/d_j	0.3	0.4	0.5	0.6	0.7	0.8
ξ	292	83.3	29.5	11.7	4.75	1.83

注：d_k——减压孔板的孔口直径（m）。

（2）节流管。节流管直径宜按上游管段直径的 1/2 确定，且节流管内水平均流速不大于 20m/s，长度不宜小于 1m。

节流管的水头损失应按下式计算：

$$H_g = \xi \frac{V_k^2}{2g} + 0.00107L \frac{V_g^2}{d_g^{1.3}}$$ （2-25）

式中　H_g——节流管的水头损失，（10^{-2}MPa）；

　　　V_g——节流管内水的平均流速（m/s）；

　　　ξ——节流管中渐缩管与渐扩管的局部阻力系数之和，取值 0.7；

　　　d_g——节流管的计算内径（m），取值应按节流管内径减 1mm 确定；

　　　L——节流管的长度（m）。

（3）减压阀。减压阀应设在报警阀组入口前，为了防止堵塞，在入口前应装设过滤器。垂直安装的减压阀，水流方向宜向下。

第3章 建筑热水供应系统设计

3.1 建筑热水供应系统概述

3.1.1 建筑热水供应系统的任务

建筑热水供应系统的任务就是把符合所需要的水质、水温、水量、水压的水通过管道系统输送到用水设备处，满足人们盥洗、淋浴、洗涤等对热水的要求。在设计热水系统时，对水的水质、水温、水量、水压要保证，而且对管道系统的布置、敷设以及其水力状态等均要保证。

3.1.2 建筑热水供应系统的分类

1. 按热水供应范围分类

（1）局部热水供应系统。采用各种小型加热器在用水场所就地加热，供局部范围内的一个或几个用水点使用。其优点为：设备、系统简单，造价低；维护管理容易、灵活；热损失较小；改装、增设较容易。其缺点为：通常加热设备热效率较低，热水成本较高；使用不够方便舒适；占用建筑面积较大。

（2）集中热水供应系统。在锅炉房、热交换站或加热间将水集中加热，通过热水管网输送至整栋或几栋建筑。其优点为：设备集中便于管理，加热设备热效率较高，热水成本较低。其缺点为：设备、系统较复杂，建筑投资较大，需有专门维护管理人员。

（3）区域热水供应系统。水在热电厂、区域锅炉房或热交换站集中加热，通过市政热水管网输送至整个建筑群、居民区、城市街坊或整个工业企业。其优点为：便于统一维护管理和热能的综合利用；有利于减少环境污染，设备热效率和自动化程度高，制热水成本低。其缺点为：设备、系统复杂、投资高，需有较高维护管理技术水平的专门人员。

2. 按热水管网的循环方式分类

（1）全循环热水供应系统。所有配水干管、立管和分支管都设有相应的用水管道，可以确保配水管网中的任意用水点的水温，适于对水温有较高要求的建筑。

（2）半循环热水供应系统。热水干管设有回水管道，只能保证干管中的设计温度，适于对水温要求不高的建筑。

（3）不循环热水供应系统。无循环管道，适用于连续用水的建筑。

3. 按热水管网的运行方式分类

（1）全日循环热水供应系统：全天任何时刻，管网中均维持有不低于循环流量的流量。

（2）定时循环热水供应系统：在集中用热水之前，利用水泵和用水管道使管网中已经冷却的水强制循环加热，在热水管道中的热水达到规定的温度后再使用。

4. 按热水管网循环动力分类

（1）自然循环方式：利用热水管网中配水管和回水管内的温度差所形成的压力差，使管网内维护一定的循环流量。

由于一般配水管与回水管内的水温差仅为10～15℃，自然循环的作用水头很小，在实际的工程中已很少采用。

（2）机械循环方式：利用水泵强制水在热水管网内循环流动补偿管网热损失，以维持一定水温。

5. 按热水供应系统是否敞开分类

（1）闭式热水供应系统：当配水点关闭后，整个系统与大气隔绝，水质不易受污染。但系统中必须设温度或是压力安全阀。

（2）开式热水供应系统：当配水点关闭之后，系统内的水仍与大气相通。系统中需设高位热水箱、开式膨胀水箱或膨胀管，无需设安全阀。

此外，按照热水管网布置方式分类（与给水管网相似），热水供应系统可以分为上行下给式、下行上给式、分区供水式。

3.1.3 建筑热水供应系统的组成

热水供应系统的组成受建筑类型、热源情况、用水要求等因素的影响，局部热水供应系统所用加热器、管路等较为简单。区域热水供应系统管网复杂、设备多。集中热水供应系统应用普遍，如图3-1所示。

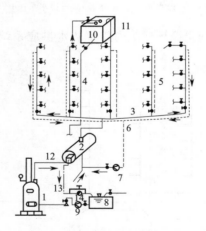

图 3-1　热媒为蒸汽的集中热水系统

1—锅炉；2—水加热器；3—配水干管；4—配水立管；5—回水立管；6—回水干管；
7—循环泵；8—凝结水池；9—冷凝水泵；10—给水水箱；11—透气管；
12—热媒蒸汽管；13—凝水管；14—疏水器

1. 热媒系统（第一循环系统）

热媒系统主要由热源、水加热器和热媒管网组成。锅炉产生的蒸汽，经热媒管网送到水加热器，与冷水进行热交换，将冷水加热，蒸汽（或过热水）释放热量以后，变成冷凝水，靠余压回到冷凝水池，冷凝水和新补充的软化水经冷凝循环水泵再送回锅炉，加热为蒸汽。如采用热水锅炉直接加热冷水，直接送入热水管网，不需要热媒和热媒管道。

2. 热水供水系统（第二循环系统）

热水供水系统主要由热水配水管网和回水管网组成。被加热到一定温度的热水，从水加热器中出来经配水管网送至各个热水配水点，而水加热中的冷水由屋顶的水箱或给水管网补给。为了保证用水点的水温，在立管和水平干管甚至支管处设置回水管，使部分热水经过循环水泵流回水加热器再加热。

3.1.4 建筑集中热水供应系统的组成和供水方式

（1）以蒸汽间接加热的建筑内集中热水供应系统的组成和供水方式，如图3-2所示。

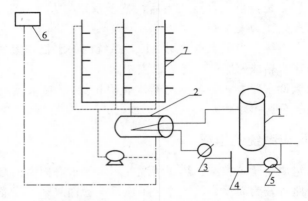

图3-2 以蒸汽间接加热的建筑集中热水供应系统组成和供水方式

1—蒸汽锅炉；2—换热器；3—疏水阀；4—凝水箱；5—凝水泵；6—冷水箱；7—热水配水管

（2）以高温水直接加热的全循环建筑内集中热水供应系统组成和供水方式，如图3-3所示。

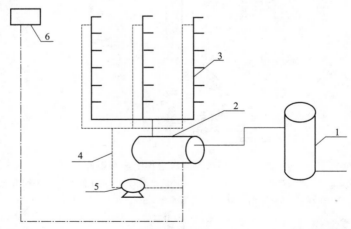

图3-3 以高温水直接加热的建筑集中热水供应系统的组成和供水方式

1—热水锅炉；2—换热器；3—热水配水管；4—回水管；5—回水泵；6—冷水箱

（3）以蒸汽直接加热上行下给无循环热水供应系统的组成和供水方式，如图3-4所示。

（4）下行上给无循环开式热水供应系统的组成和供水方式，如图3-5所示。

（5）下行上给全循环开式热水供应系统组成和供水方式，如图3-6所示。

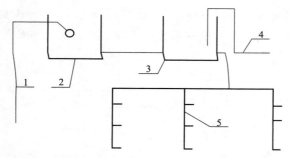

图 3-4　蒸汽直接加热上行下给无循环热水供应系统的组成和供水方式

1—冷水管；2—冷水箱；3—热水箱；4—蒸汽管；5—热水管道系统

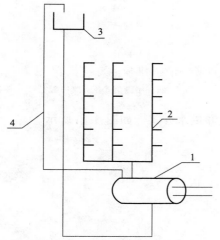

图 3-5　下行上给无循环开式热水供应
系统组成和供水方式

1—换热器；2—配水管网；
3—冷水箱；4—膨胀管

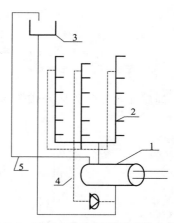

图 3-6　下行上给全循环开式热水供应
系统组成和供水方式

1—换热器；2—配水管网；3—冷水箱；
4—回水管；5—膨胀管

（6）下行上给全循环闭式式热水供应系统组成和供水方式，如图 3-7 所示。

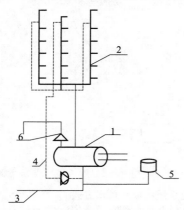

图 3-7　下行上给全循环闭式热水
供应系统和供水方式

1—换热器；2—配水管网；3—冷水管；
4—回水管；5—隔膜式压力膨胀罐；6—安全阀

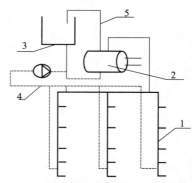

图 3-8　上行下给全循环开式热水
供应系统的组成和供水方式

1—配水管网；2—换热器；3—冷水箱；
4—回水管；5—膨胀管

101

（7）上行下给全循环开式热水供应系统组成和供水方式，如图 3-8 所示。

（8）上行下给全循环闭式热水供应系统组成和供水方式，如图 3-9 所示。

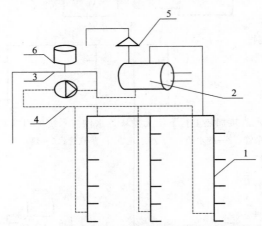

图 3-9　上行下给全循环闭式热水供应系统组成和供水方式

1—配水管网；2—换热器；3—冷水管；4—回水管；5—安全阀；6—隔膜式压力膨胀罐

（9）高层建筑并联分区开式热水供应系统组成和供水方式，如图 3-10 所示。

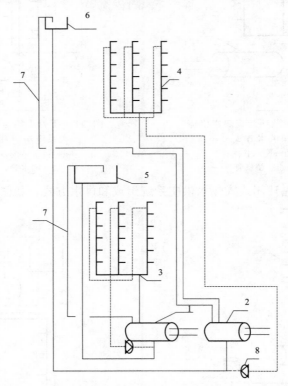

图 3-10　高层建筑并联分区开式热水供应系统组成和供水方式

1—下区换热器；2—上区换热器；3—下区配水管网；4—上区配水管网；5—下区冷水箱；
6—上区冷水箱；7—膨胀管；8—循环水泵

（10）高层建筑并联分区闭式热水供应系统组成和供水方式，如图 3-11 所示。

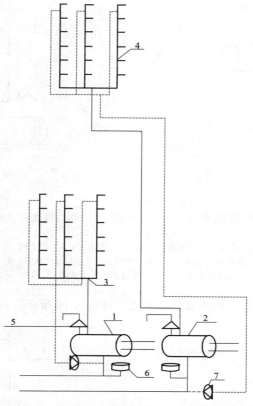

图 3-11　高层建筑并联分区闭式热水供应系统组成和供水方式
1—下区换热器；2—上区换热器；3—下区配水管网；
4—上区配水管网；5—安全阀；6—隔膜式压力膨胀罐；7—循环水泵

（11）高层建筑分散式分区开式全循环热水供应系统的组成和供水方式，如图 3-12 所示。

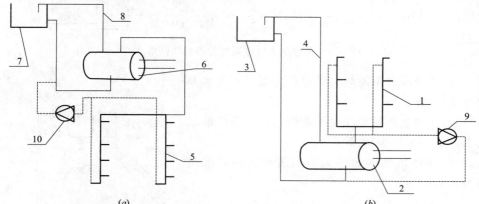

(a)　　　　　　　　　　　　　　　　　　　*(b)*

图 3-12　高层建筑分散式分区开式全循环热水供应系统的组成和供水方式
（*a*）上区；（*b*）下区
1—下区热水管道系统；2—下区换热器；3—下区水箱；4—膨胀管；5—上区热水管道系统；
6—上区换热器；7—上区水箱；8—膨胀管；9—下区循环水泵；10—上区循环水泵

（12）高层建筑分散式分区闭式全循环热水供应系统的组成和供水方式，如图 3-13 所示。

103

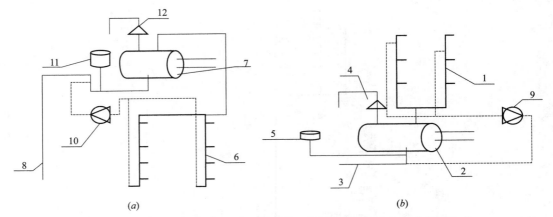

图 3-13　高层建筑分散式分区闭式全循环热水供应系统的组成和供水方式

(a) 上区；(b) 下区

1—下区热水管道系统；2—下区换热器；3—下区冷水管；4—安全阀；5—下区隔膜式压力
膨胀罐；6—上区热水管道系统；7—上区换热器；8—上区冷水管；9—下区循环水泵；
10—上区循环水泵；11—上区隔膜式压力膨胀罐；12—安全阀

（13）热泵热水供应系统组成和供水方式，如图 3-14 所示。

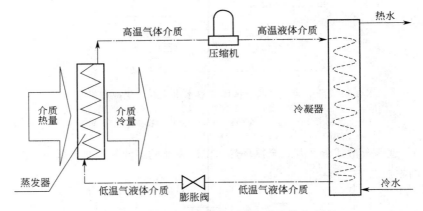

图 3-14　热泵热水供应系统的组成和供水方式

（14）自然循环太阳能热水供应系统组成和供水方式，如图 3-15 所示。

（15）直接加热机械循环太阳能热水供应系统的组成和供水方式，如图 3-16 所示。

（16）间接加热机械循环太阳能热水供应系统组成，如图 3-17 所示。

3.1.5　建筑热水供应方式的选择

（1）热水供应系统的选择，应当根据使用要求、耗热量及用水点分布情况，结合热源条件确定。

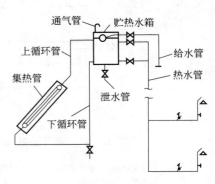

图 3-15　自然循环太阳能热水
供应系统的组成和供水方式

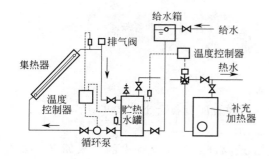

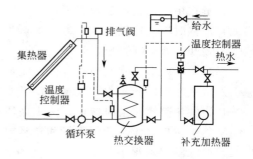

图 3-16 直接加热机械循环太阳能
热水供应系统组成和供水方式

图 3-17 间接加热机械循环太阳能
热水供应系统组成和供水方式

（2）集中热水供应系统的热源，宜首先利用工业余热、废热、地热。

注：（1）利用废热锅炉制备热媒时，引入其内的废气、烟气温度不宜低于400℃；

　　（2）当以地热为热源时，应按照地热水的水温、水质和水压，采取相应的技术措施。

（3）当日照时数大于1400h/年且年太阳辐射量大于4200MJ/m²及年极端最低气温不低于－45℃的地区，宜优先采用太阳能作为热水供应热源。

（4）具备可再生低温能源的下列地区可以采用热泵热水供应系统：

1）在夏热冬暖地区，宜采用空气源热泵热水供应系统；

2）在地下水源充沛、水文地质条件适宜，并能保证回灌的地区，宜采用地下水源热泵热水供应系统；

3）在沿江、沿海、沿湖、地表水源充足，水文地质条件适宜，及有条件利用城市污水、再生水的地区，宜采用地表水源热泵热水供应系统。

注：当采用地下水源和地表水源时，应经当地水务主管部门批准，必要时应进行生态环境，水质卫生方面的评估。

（5）当没有条件利用工业余热、废热、地热或太阳能等自然热源时，宜优先采用能够保证全年供热的热力管网作为集中热水供应的热媒。

（6）当区域性锅炉房或附近的锅炉房能充分供给蒸汽或高温水时，宜采用蒸汽或高温水作集中热水供应系统的热媒。

（7）当上述第2～6条热源无可利用时，可设燃油（气）热水机组或电蓄热设备等供给集中热水供应系统的热源或直接供给热水。

（8）局部热水供应系统的热源宜采用太阳能及电能、燃气、蒸汽等。

（9）升温后的冷却水，当其水质符合现行国家标准《生活饮用水卫生标准》GB 5749—2006规定的要求时，可作为生活用热水。

（10）利用废热（废气、烟气、高温无毒废液等）作为热媒时，应当采取下列措施：

1）加热设备应当防腐，其构造应便于清理水垢和杂物；

2）应当采取措施防止热媒管道渗漏而污染水质；

3）应采取措施消除废气压力波动和除油。

（11）采用蒸汽直接通入水中或采取汽水混合设备的加热方式时，宜用于开式热水供应系统，并应当符合下述要求：

1）蒸汽中不得含油质及有害物质；

2）加热时应采用消声混合器，所产生的噪声应当符合现行国家标准《声环境质量标准》GB 3096—2008 的要求；

3）当不回收凝结水经技术经济比较合理时；

4）应当采取防止热水倒流至蒸汽管道的措施。

（12）集中热水供应系统应设热水循环管道，其设置应当符合下述要求：

1）热水供应系统应确保干管和立管中的热水循环；

2）要求随时取得不低于规定温度的热水的建筑物，应确保支管中的热水循环，或有保证支管中热水温度的措施；

3）循环系统应设循环泵，并应采取机械循环。

（13）设有 3 个或 3 个以上卫生间的住宅、别墅的局部热水供应系统当采用共用水加热设备时，宜设热水回水管及循环泵。

（14）建筑物内集中热水供应系统的热水循环管道宜采用同程布置的方式；当采用同程布置困难时，应当采取保证干管和立管循环效果的措施。

（15）居住小区内集中热水供应系统的热水循环管道宜根据建筑物的布置、各单位建筑物内热水循环管道布置的差异等，采取保证循环效果的适宜措施。

（16）设有集中热水供应系统的建筑物中，用水量较大的浴室、洗衣房、厨房等，宜设单独的热水管网。热水为定时供应且个别用户对热水供应时间有特殊要求时，宜设置单独的热水管网或局部加热设备。

（17）高层建筑热水系统的分区，应当遵循下述原则：

1）应当与给水系统的分区一致，各区水加热器、贮水罐的进水均应由同区的给水系统专管供应；当不能满足时，应采取保证系统冷、热水压力平衡的措施；

2）当采用减压阀分区时，除了应满足《建筑给水排水设计规范》GB 50015—2003（2009 年版）有关减压阀的要求外，尚应保证各分区热水的循环。

（18）当给水管道的水压变化较大且用水点要求水压稳定时，宜采用开式热水供应系统或采取稳压措施。

（19）当卫生设备设有冷热水混合器或混合龙头时，冷、热水供应系统在配水点处应有相近的水压。

（20）公共浴室淋浴器出水水温应稳定，并宜采取下述措施：

1）采用开式热水供应系统；

2）给水额定流量较大的用水设备的管道，应当与淋浴配水管道分开；

3）多于 3 个淋浴器的配水管道，宜布置成环形；

4）成组淋浴器的配水管的沿程水头损失，当淋浴器少于或等于 6 个时，可采用每米不大于 300Pa；当淋浴器多于 6 个时，可采用每米不大于 350Pa。配水管不宜变径，且其最小管径不得小于 25mm；

5）工业企业生活间和学校的淋浴室，宜采用单管热水供应系统。单管热水供应系统应当采取保证热水水温稳定的技术措施。

（21）养老院、精神病医院、幼儿园、监狱等建筑的淋浴和浴盆设备的热水管道应当采取防烫伤措施。

3.2 热源及加热设备的选择

3.2.1 热源

1. 建筑集中热水供应系统的热源

建筑集中热水供应系统的热源，可按下列顺序选择：

（1）当条件许可时，宜首先利用工业余热、废热、地热、可再生低温能源热泵和太阳能作为热源。利用烟气、废气作热源时，烟气、废气的温度不宜低于400℃。利用地热水作热源时，应按地热水的水温、水质、水量和水压，采取相应的升温、降温、去除有害物质、选用合适的设备及管材、设置贮存调节容器、加压提升等技术措施，以保证地热水的安全合理利用。采用空气、水等可再生低温热源的热泵热水器需经当地主管部门批准，并进行生态环境、水质卫生方面的评估及配备质量可靠的热泵机组。利用太阳能作热源时，宜附设一套电热或其他热源的辅助加热装置。

（2）选择能保证全年供热的热力管网为热源。为保证热水不间断供应，宜设热网检修期用的备用热源。在只能有采暖期供热的热力管网时，应考虑其他措施（如设锅炉）以保证热水的供应。

（3）选择区域锅炉房或附近能充分供热的锅炉房的蒸汽或高温热水作热源。

（4）当无上述热源可利用时，可采用专用的蒸汽或热水锅炉制备热源，也可采用燃油、燃气热水机组或电蓄热设备制备热源来直接供给生活热水。

2. 局部热水供应系统的热源

局部热水供应系统的热源，宜因地制宜，优先采用太阳能、电能、燃气、蒸汽等。当采用电能为热源时，宜采用贮热式电热水器以降低耗电功率。

3. 利用废热（废气、烟气、高温无毒废液等）作为热媒

利用废热（废气、烟气、高温无毒废液等）作为热媒时，应采取下列措施：

（1）加热设备应防腐，其构造便于清理水垢和杂物。

（2）防止热媒管道渗漏而污染水质。

（3）消除废气压力波动和除油。

4. 采用蒸汽直接通入水中或采取汽水混合设备的加热方式

采用蒸汽直接通入水中或采取汽水混合设备的加热方式时，宜用于开式热水供应系统，并应符合下列要求：

（1）蒸汽中不含油质及有害物质。

（2）当不回收凝结水经技术经济比较合理时。

（3）应采用消声混合器，加热时产生的噪声应符合现行的《声环境质量标准》GB 3096—2008 的要求。

（4）应采取防止热水倒流至蒸汽管道的措施。

3.2.2 加热设备

1. 热水锅炉

集中热水供应系统采用的热水锅炉主要有燃煤、燃油和燃气三种。热水锅炉设备、管道简单，投资较省；热效率较高，运行费用较低；运行稳定、安全、噪声低、维修管理简单。但当给水水质较差时结垢（或腐蚀）较严重，当煤质较差时炉膛腐蚀较严重，而且运行卫生条件较差，劳动强度较大；若不设热水箱则供水温度波动较大。

这种加热方式适用于用水较均匀，耗热量不大（一般小于380kW，即小于 20 个淋浴器的耗热量）的单层和多层建筑，常用于小型浴室、饮食店、理发馆等。燃油燃煤热水锅炉加热如图 3-18 所示。

2. 容积式加热器

容积式加热器是内部设有热媒导管的热水贮存容器，有立式和卧式之分。比较常见的有 U 形管型容积式水加热器和导流式容积式水加热器。加热器具有一定贮存容积，出水温度稳定；设备可承受一定水压、噪声低，因此可设在任何位置，布置方便、灵活；蒸汽凝结水和热媒热水可以回收，水质不受热媒污染；供水一般是通过壳程，水头损失较少。但其热效率低，传热系数较小，体积大，占地面积大；设备、管道较复杂，投资较高，维修管理较麻烦。适用条件：

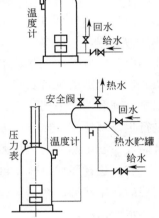

图 3-18　燃油燃煤热水锅炉加热

（1）要求供水温度稳定，噪音低的建筑，如旅馆、医院、住宅、办公楼等；

（2）耗热量较大（一般大于 380kW）的工业企业、公共浴室、洗衣房等；

（3）在有市政热力网的热水或蒸汽作热媒时，各类建筑均可采用。

3. 快速式加热器

快速式加热器（图 3-20）是使热媒与被加热水以较大速度流动来进行快速换热的一种间接加热设备。根据热媒的不同，快速式加热器分为汽—水和水—水两种；根据加热导管

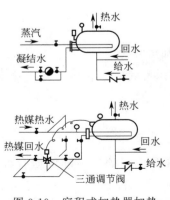

图 3-19　容积式加热器加热

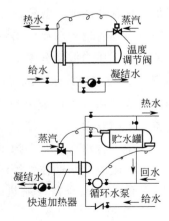

图 3-20　快速加热器加热

108

不同，有单管式、多管式、板式、管壳式等多种形式。这种加热方式热效率较高，传热系数较大，结构紧凑，占地面积小；热媒可回收，可减少锅炉给水处理的负担，且水质不受热媒的污染。但在水质较差时，加热器结垢较严重；而且用水不均匀或热媒压力不稳定时，水温不易调节；一般是通过管程，水头损失较大；设备、管道较复杂，投资较高，维修管理较麻烦。适用于以下场所：

（1）热水用水量加大且较均匀的工业企业和大型公共建筑；

（2）热力网容量较大，可充分保证热媒供应的建筑；

（3）水质较好，加热器结垢不严重时。

4. 燃气热水器

燃气热水器的热源有天然气、焦炉煤气、液化石油气和混合煤气四种。其设备、管道简单，使用方便，不需专人管理；热效率较高，噪声低；烟尘少、无炉灰，比较清洁卫生。但是，若安全措施不完善或使用不当，宜发生烫伤和煤气事故；当水质较差时，易产生结垢（或腐蚀）；若没有自动调节装置，则出水温度波动较大。

适用于耗量较小的用户，常用于住宅、公共建筑和工业企业的局部热水供应。燃气加热器加热如图3-21所示。

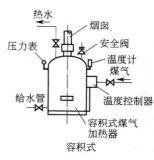

图 3-21　燃气加热器加热

5. 电加热器

电加热器，是将电能转换为热能来加热冷水的设备。这种加热方式使用方便、卫生、安全，热损失小，效率高，不产生二次污染等优点，但电耗大，尤其在一些缺电地区使用受到限制。电热水器适合家庭、工业和公共建筑的局部供水使用。

6. 太阳能加热器

太阳能加热器是将太阳能转换成热能并将水加热的装置。太阳能加热器加热运行经济、节省能源消耗；不存在二次污染问题；设备、管道简单，维护运行简单，安全。但是其基建投资较贵，钢材耗量较多；而且我国绝大多数地区不能全年应用，必须与其他加热方式结合使用；集热面积大，受天气影响，应用范围受到一定限制。

太阳能热水器按热水循环方式分自然循环和机械循环两种。自然循环太阳能热水器是靠水温差产生的热虹吸作用进行水的循环加热，该种热水器运行安全可靠，不需用电和专人管理，但贮热水箱必须装在集热器上面，同时使用的热水会受到时间和天气的影响，如图3-22所示。机械循环太阳能热水器是利用水泵强制水进行循环的系统。该种热水器贮热水箱和水泵可放置在任何部位，系统制备热水效率高，产水量大。为克服天气对热水加热的影响，可增加辅助加热设备，如燃气加热、电加热和蒸汽加热等措施，适用于大面积和集中供应热水场所，如图3-23和图3-24所示。

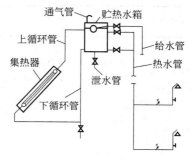

图 3-22　自然循环太阳能热水器

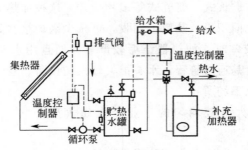

图 3-23　直接加热机械循环太阳能热水器

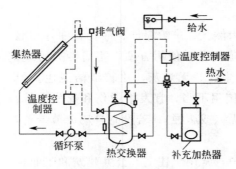

图 3-24　间接加热机械循环太阳能热水器

3.3　建筑热水供应系统方式设计计算

3.3.1　热水用水定额、水质及水温

1. 热水用水定额

生活热水用水定额在集中供水时有两种确定方法，一种是根据建筑物的使用性质和内部卫生器具的完善程度和地区条件，用单位数来确定，见表 3-1。二是根据建筑物使用性质和内部卫生器具的单位用水量来确定，即卫生器具 1 次和小时热水用水定额，其水温随卫生器具的功用不同，水温要求也不同，见表 3-2。

热水用水定额　　　　　　　　　　　　　表 3-1

序号	建筑物名称	单位	最高日用水定额（L）	使用时间（h）
1	住宅 　有自备热水供应和沐浴设备 　有集中热水供应和沐浴设备	 每人每日 每人每日	 40～80 60～100	 24 24
2	别墅	每人每日	70～110	24
3	酒店式公寓	每人每日	80～100	24
4	宿舍 　Ⅰ类、Ⅱ类 　Ⅲ类、Ⅳ类	 每人每日 每人每日	 70～100 40～80	24 或定时供应

序号	建筑物名称	单位	最高日用水定额（L）	使用时间（h）
5	招待所、培训中心、普通旅馆 　设公用盥洗室 　设公用盥洗室、淋浴室 　设公用盥洗室、淋浴室、洗衣室 　设单独卫生间、公用洗衣室	 每人每日 每人每日 每人每日 每人每日	 25～40 40～60 50～80 60～100	24 或定时供应
6	宾馆客房 　旅客 　员工	 每床位每日 每人每日	 120～160 40～50	24
7	医院住院部 　设公用盥洗室 　设公用盥洗室、淋浴室 　设单独卫生间	 每床位每日 每床位每日 每床位每日	 60～100 70～130 110～200	24
	医务人员 门诊部、诊疗所	每人每班 每病人每次	70～130 7～13	8
	疗养院、休养所住房部	每床位每日	100～160	24
8	养老院	每床位每日	50～70	24
9	幼儿园、托儿所 　有住宿 　无住宿	 每儿童每日 每儿童每日	 20～40 10～15	24 10
10	公共浴室 　淋浴 　淋浴、浴盆 　桑拿浴（淋浴、按摩池）	 每顾客每次 每顾客每次 每顾客每次	 40～60 60～80 70～100	12
11	理发室、美容院	每顾客每次	10～15	12
12	洗衣房	每千克干衣	15～30	8
13	餐饮业 　营业餐厅 　快餐店、职工及学生食堂 　酒吧、咖啡厅、茶座、卡拉 OK 房	 每顾客每次 每顾客每次 每顾客每次	 15～20 7～10 3～8	 10～12 12～16 8～18
14	办公楼	每人每班	5～10	8
15	健身中心	每人每次	15～25	12
16	体育场（馆） 　运动员淋浴	 每人每次	17～26	4
17	会议厅	每座位每次	2～3	4

注：1. 热水温度按 60℃计。

　　2. 表内所列用水定额均已包括在《建筑给水排水设计规范》GB 50015—2003 表 3.1.9、表 3.1.10 中。

　　3. 本表以 60℃热水水温为计算温度，卫生器具的使用水温见表 3-2。

生产用热水定额应根据生产工艺要求确定。

2. 水温

（1）热水使用温度。生活用热水水温应满足生活使用的各种需要。各种卫生器具使用水温，按表 3-2 确定。其中淋浴器使用水温，应根据气候条件、使用对象和使用习惯确定。

餐厅厨房用热水温度与水的用途有关，洗衣机用热水温度与洗涤衣物的材质有关，其热水使用温度见表 3-3。生产热水使用温度应根据工艺要求或同类型生产实践数据确定。

卫生器具的 1 次和小时热水用水定额及水温　　　　　　　　　　　　　　　　　　　　表 3-2

序号	卫生器具名称	一次用水量(L)	小时用水量(L)	使用水温(℃)
1	住宅、旅馆、别墅、宾馆、酒店式公寓			
	带有淋浴器的浴盆	150	300	40
	无淋浴器的浴盆	125	250	40
	淋浴器	70～100	140～200	37～40
	洗脸盆、盥洗槽水嘴	3	30	30
	洗涤盆(池)	—	180	50
2	宿舍、招待所、培训中心			
	淋浴器:有淋浴小间	70～100	210～300	37～40
	无淋浴小间	—	450	37～40
	盥洗槽水嘴	3～5	50～80	30
3	餐饮业			
	洗涤盆(池)		250	50
	洗脸盆工作人员用	3	60	30
	顾客用	—	120	30
	淋浴器	40	400	37～40
4	幼儿园、托儿所			
	浴盆:幼儿园	100	400	35
	托儿所	30	120	35
	淋浴器:幼儿园	30	180	35
	托儿所	15	90	35
	盥洗槽水嘴	15	25	30
	洗涤盆(池)		180	50
5	医院、疗养院、休养所			
	洗手盆	—	15～25	35
	洗涤盆(池)	—	300	50
	淋浴器	—	200～300	37～40
	浴盆	125～150	250～300	40
6	公共浴室			
	浴盆	125	250	40
	淋浴器:有淋浴小间	100～150	200～300	37～40
	无淋浴小间	—	450～540	37～40
	洗脸盆	5	50～80	35
7	办公楼　洗手盆	—	50～100	35
8	理发室　美容院　洗脸盆		35	35
9	实验室			
	洗脸盆	—	60	50
	洗手盆	—	15～25	30
10	剧场			
	淋浴器	60	200～400	37～40
	演员用洗脸盆	5	80	35
11	体育场馆　淋浴器	30	300	35
12	工业企业生活间			
	淋浴器:一般车间	40	360～540	37～40
	脏车间	60	180～480	40
	洗脸盆或盥洗槽水嘴:一般车间	3	90～120	30
	脏车间	5	100～150	35
13	净身器	10～15	120～180	30

　　注：一般车间指现行国家标准《工业企业设计卫生标准》GBZ 1—2010 中规定的 3、4 级卫生特征的车间，脏车间
　　　　指该标准中规定的 1、2 级卫生特征的车间。

餐厅厨房、洗衣机热水使用温度表　　　　　　　　　　　　　表 3-3

用水对象	用水温度（℃）	用水对象	用水温度（℃）
餐厅厨房：	—	洗衣机：	—
一般洗涤	50	棉麻织物	50～60
洗碗机	60	丝绸织物	35～45
餐具过清	70～80	毛料织物	35～40
餐具消毒	100	人造纤维织物	30～35

（2）热水供水温度。热水供水温度，是指热水供应设备（如热水锅炉、水加热器）的出口温度。

最低供水温度，应保证热水管网最不利配水点的水温不低于使用水温要求。最高供水温度，应便于使用，过高的供水温度虽可增加蓄热量，较少热水供应量，但也会增大加热设备和管道的热损失，增加管道腐蚀和结垢的可能性，并易引发烫伤事故。考虑水质处理情况、病菌滋生温度情况等因素，加热设备出口的最高水温和配水点最低水温可按表 3-4 采用。

直接供应热水的热水锅炉、热水机组或
水加热器出口的最高水温和配水点的最低水温　　　　　　表 3-4

水质处理情况	热水锅炉、热水机组或水加热器出口最高水温（℃）	配水点最低水温（℃）
原水水质无需软化处理，原水水质需水质处理且有水质处理	75	50
原水水质需水质处理但未进行水质处理	60	50

注：当热水供应系统只供淋浴和盥洗用水，不供洗涤盆（池）洗涤用水时，配水点最低水温不低于40℃。

（3）冷水计算温度。热水供应系统所用冷水的计算温度，应以当地最冷月平均水温确定。当无资料时，可按表 3-5 采用。

冷水计算温度　　　　　　　　　　　　　　　　表 3-5

区域	省、市、自治区		地面水（℃）	地下水（℃）
东北	黑龙江		4	6～10
	吉林		4	6～10
	辽宁	大部	4	6～10
		南部	4	10～15
华北	北京		4	10～15
	天津		4	10～15
	河北	北部	4	6～10
		大部	4	10～15
	山西	北部	4	6～10
		大部	4	10～15
	内蒙古		4	6～10

区域	省、市、自治区		地面水（℃）	地下水（℃）
西北	陕西	偏北	4	6～10
		大部	4	10～15
		秦岭以南	7	15～20
	甘肃	南部	4	10～15
		秦岭以南	7	15～20
	青海	偏东	4	10～15
	宁夏	偏东	4	6～10
		南部	4	10～15
	新疆	北疆	5	10～11
		南疆	—	12
		乌鲁木齐	8	12
东南	山东		4	10～15
	上海		5	15～20
	浙江		5	15～20
	江苏	偏北	4	10～15
		大部	5	15～20
	江西	大部	5	15～20
东南	安徽	大部	5	15～20
	福建	北部	5	15～20
		南部	10～15	20
	台湾		10～15	20
中南	河南	北部	4	10～15
		南部	5	15～20
	湖北	东部	5	15～20
		西部	7	15～20
	湖南	东部	5	15～20
		西部	7	15～20
	广东、港澳		10～15	20
	海南		15～20	17～22
西南	重庆		7	15～20
	贵州		7	15～20
	四川	大部	7	15～20
	云南	大部	7	15～20
		南部	10～15	20
	广西	大部	10～15	20
		偏北	7	15～20
	西藏		—	5

（4）冷热水比例计算。在冷热水混合时，应以配水点要求的热水水温、当地冷水计算水温和冷热水混合后的使用水温求出所需热水量和冷水量的比例。

若以混合水量为 100％，则所需热水量占混合水量的百分数，按式（3-1）计算：

$$K_r = \frac{t_h - t_1}{t_r - t_1} \times 100\%$$ （3-1）

式中 K_r——热水混合系数；

　　　t_h——混合水水温（℃）；

　　　t_1——冷水水温（℃）；

　　　t_r——热水水温（℃）。

所需冷水量占混合水量的百分数 K_l，按式（3-2）计算：

$$K_l = 1 - K_r$$ （3-2）

3. 热水水质

（1）热水使用的水质要求。生活用热水的水质应符合我国现行国家标准《生活饮用水卫生标准》GB 5749—2006 的要求。

生产用热水的水质应根据生产工艺要求确定。

（2）集中热水供应系统被加热水的水质要求。水集中热水供应系统的被加热水在加热后钙镁离子受热析出，易在设备和管道内结垢，应根据水量、水质、使用要求、水加热设备构造、工程投资、管理制度及设备维修和设备折旧率计算标准等因素，来确定是否需要进行水质处理。

1）洗衣房日用热水量（按 60℃计）大于或等于 10m³ 且原水总硬度（以碳酸钙计）大于 300mg/L 时，应进行水质软化处理；原水总硬度（以碳酸钙计）为 150～300mg/L 时，宜进行水质软化处理。经软化处理后，洗衣房用热水的水质总硬度宜为 50～100mg/L。

2）其他生活日用热水量（按 60℃计）大于或等于 10m³ 且原水总硬度（以碳酸钙计）大于 300mg/L 时，宜进行水质软化或阻垢缓蚀处理。其他生活用热水的水质总硬度宜为 75～150mg/L。

水质处理包括原水软化处理与原水稳定处理。生活热水的原水软化处理，一般采用离子交换法，可按比例将部分软化水与原水混合后使用，也可对原水全部进行软化处理。适用于对热水水质要求高、维护管理水平高的高级旅馆等场所。原水的稳定处理有物理处理和化学稳定剂处理两种方法。物理处理可采用磁水器、电子水处理器、静电水处理器、碳铝离子水处理器等装置；化学稳定剂处理可使用聚磷酸盐、聚硅酸盐等稳定剂。

3.3.2 耗热量计算

（1）设有集中热水供应系统的居住小区的设计小时耗热量应按下列规定计算：

1）当居住小区内配套公共设施的最大用水时时段与住宅的最大用水时时段一致时，应按两者的设计小时耗热量叠加计算；

2）居住小区内配套公共设施的最大用水时时段与住宅的最大用水时时段不一致时，应按住宅的设计小时耗热量加配套公共设施的平均小时耗热量叠加计算。

（2）全日供应热水的宿舍（Ⅰ、Ⅱ类）、住宅、别墅、酒店式公寓、招待所、培训中心、旅馆、宾馆的客房（不含员工）、医院住院部、养老院、幼儿园、托儿所（有住宿）、办公楼等建筑的集中热水供应系统的设计小时耗热量按下式计算：

$$Q_\mathrm{h} = K_\mathrm{h} \frac{m q_\mathrm{r} C(t_\mathrm{r} - t_\mathrm{L}) \rho_r}{T}$$ (3-3)

式中　Q_h——设计小时耗热量（kJ/h）；

m——用水计算单位数，人数或床位数；

q_r——热水用水定额，L/(人·d)或L/(床·d)，按表3-1确定；

C——水的比热，$C = 4.187\mathrm{kJ/(kg \cdot ℃)}$[kJ/(kg·℃)]；

t_r——热水温度，$q_\mathrm{r} = 60℃$（℃）；

t_L——冷水温度（℃），按表3-5确定；

ρ_r——热水密度（kg/L）；

T——每日使用时间，h，按表3-1采用；

K_h——小时变化系数，可按表3-6采用。

热水小时变化系数 K_h 值 表3-6

类别	住宅	别墅	酒店式公寓	宿舍（Ⅰ、Ⅱ类）	招待所培训中心、普通旅馆	宾馆	医院、疗养院	幼儿园、托儿所	养老院
热水用水定额[L/(人床)·d)]	60～100	70～110	80～100	70～100	25～50 40～60 50～80 60～100	120～160	60～100 70～130 110～200 100～160	20～40	50～70
使用人（床）数	≤100～ ≥6000	≤100～ ≥6000	≤150～ ≥1200	≤150～ ≥1200	≤150～ ≥1200	≤150～ ≥1200	≤50～ ≥1000	≤50～ ≥1000	≤50～ ≥1000
K_h	4.8～ 2.75	4.21～ 2.47	4.00～ 2.58	4.80～ 3.20	3.84～ 3.00	3.33～ 2.60	3.63～ 2.56	4.80～ 3.20	3.20～ 2.74

注：1. K_h应根据热水用水定额高低、使用人（床）数多少取值，当热水用水定额高、使用人（床）数多时取低值，反之取高值，使用人（床）数小于等于下限值及大于等于上限值的，K_h就取下限值及上限值，中间值可用内插法求得；

2. 设有全日集中热水供应系统的办公楼、公共浴室等表中未列入的其他类建筑的 K_h 值按表3-6中热水小时变化系数选值。

（3）定时供应热水的住宅、旅馆、医院及工业企业生活问、公共浴室、宿舍（Ⅲ、Ⅳ类）、剧院化妆间、体育馆（场）运动员休息室等建筑的集中热水供应系统的设计小时耗热量按下式计算：

$$Q_\mathrm{h} = \sum q_\mathrm{h}(t_\mathrm{r} - t_\mathrm{L}) \rho_r n_\mathrm{o} b C$$ (3-4)

式中　Q_h——设计小时耗热量（kJ/h）；

q_h——卫生器具热水的用水定额（L/h）；

C——水的比热，kJ/(kg·℃)，$C = 4.187\mathrm{kJ/(kg \cdot ℃)}$；

ρ_r、t_r、t_L——同式(3-3)；

n_o——同类型卫生器具数；

b——卫生器具的同时使用百分数：住宅、旅馆、医院、疗养院病房，卫生间内浴盆或淋浴器可按70%～100%计，其他器具不计，但定时连续供水时间应大于等于2h；工业企业生活间、公共浴室、学校、剧院、体育馆（场）等的浴室内的淋浴器和洗脸盆均按100%计；住宅一户设有多个卫生间时，可按一个卫生间计算。

(4) 具有多个不同使用热水部门的单一建筑或具有多种使用功能的综合性建筑，当其热水由同一热水供应系统供应时，设计小时耗热量可按同一时间内出现用水高峰的主要用水部门的设计小时耗热量加其他用水部门的平均小时耗热量计算。

3.3.3 热水量计算

设计小时热水量按下式计算：

$$q_{rh} = \frac{Q_h}{(t_r - t_L)C\rho_r} \tag{3-5}$$

式中 q_{rh}——设计小时热水量（L/h）；

Q_h——设计小时耗热量（kJ/h）；

C、ρ_r、t_r、t_L——同式(3-3)。

3.3.4 供热量计算

全日集中热水供应系统中，锅炉水加热设备的设计小时供热量应根据日热水用量小时变化曲线、加热方式及锅炉、水加热设备的工作制度经积分曲线计算确定。当无条件时，按下列规定确定：

(1) 容积式水加热器或贮热容积与其相当的水加热器、燃油（气）热水机组按下式计算：

$$Q_R = Q_h - \frac{\eta V_r}{T}(t_r - t_L)C\rho_r \tag{3-6}$$

式中 Q_R——容积式水加热器（含导流型容积式水加热器）的设计小时供热量，kJ/h；

Q_h——设计小时耗热量，kJ/h；

η——有效贮热容积系数，容积式水加热器 $\eta=0.7\sim0.8$，导流型容积式水加热器 $\eta=0.8\sim0.9$；第一循环系统为自然循环时，卧式贮热水罐 $\eta=0.8\sim0.85$，立式贮热水罐 $\eta=0.85\sim0.90$；第一循环系统为机械循环时，卧、立式贮热水罐 $\eta=1.0$；

V_r——总贮热容积（L）；

T——设计小时耗热量持续时间（h），$T=2\sim4h$；

C、ρ_r、t_r、t_L——同式(3-3)。

当用公式(3-6)计算出的 Q_R 值小于平均小时耗热量时，Q_R 应取平均小时耗热量。

(2) 半容积式水加热器或贮热容积与其相当的水加热器、燃油（气）热水机组的设计小时供热量应按设计小时耗热量计算。

(3) 半即热式、快速式水加热器及其他无贮热容积的水加热设备的设计小时供热量应按设计秒流量所需耗热量计算。

3.3.5 热媒耗量计算

根据热水加热方式的不同,热媒耗量按下列方法计算。

（1）蒸汽直接加热时,蒸汽耗量按下列公式计算:

$$G_m = (1.1 \sim 1.2) \frac{Q_h}{i - Q_{hr}} \qquad (3-7)$$

式中　G_m——蒸汽直接加热时的蒸汽耗量（kg/h）;

　　　Q_h——设计小时耗热量（kJ/h）;

　　　i——蒸汽热焓（kJ/kg）,按蒸汽绝对压力查表 3-7 确定;

　　　Q_{hr}——蒸汽与冷水混合后的热焓,kJ/k,按 $Q_{hr} = C \cdot t_r$,计算;

　　　式中 C 为水的比热[kJ/(kg・℃)];t_r 为热水温度（℃）。

饱和水蒸气的性质 表 3-7

绝对压力	饱和水蒸气温度	热焓（kJ/kg）		水蒸气的汽化热
（MPa）	（℃）	液体	蒸汽	（kJ/kg）
0.1	100	419	2679	2260
0.2	119.6	502	2707	2205
0.3	132.9	559	2726	2167
0.4	142.9	601	2738	2137
0.5	151.1	637	2749	2112
0.6	158.1	667	2757	2090
0.7	164.2	694	2767	2073
0.8	169.6	718	2713	2055

（2）蒸汽通过热交换器间接加热时,蒸汽耗量按下列公式计算:

$$G_{mh} = (1.1 \sim 1.2) \frac{Q}{\gamma_h} \qquad (3-8)$$

式中　G_{mh}——蒸汽间接加热时,蒸汽耗量（kg/h）;

　　　Q——设计小时耗热量（kJ/h）;

　　　γ_h——蒸汽的汽化热（kJ/kg）,按蒸汽绝对压力表确定。

（3）热媒为热水通过热交换器间接加热时,热水耗量按下式计算:

$$G_{ms} = (1.1 \sim 1.2) \frac{Q}{C(t_{mc} - t_{mz})} \qquad (3-9)$$

式中　G_{ms}——热媒为热水的耗量（kg/h）;

　　　Q——设计小时耗热量（kJ/h）;

　　　C——同公式(3-3);

　　　t_{mc}——热媒为热水时进入热交换器的温度,分别按低温水 95℃ 或高温水 110～150℃ 采用;

　　　t_{mz}——热媒为热水时流出热交换器的温度,一般为 60～75℃。

公式(3-7)、(3-8)、(3-9)中的 1.1～1.2 为热媒系统的热损失系数,应根据系统的管线长度取值。

3.4 建筑热水供应系统的管材与附件

3.4.1 建筑热水供应系统管材和管件

（1）建筑热水供应系统管材的选择应慎重，应符合现行有关产品的国家标准和行业标准的要求。

（2）主要考虑耐腐蚀、保证水质、施工连接方便、安全可靠和经济，管道的工作压力和工作温度不得大于产品标准标定的允许工作压力和工作温度。

（3）热水系统管材应采用薄壁铜管、薄壁不锈钢管、热水塑料管、钢塑复合热水管等。这些管材能保证水质，质量轻，接头少，施工比较方便。

（4）不同种类的管材，相应有配套的管件，其型号规格与管材配合使用。但不同的管材、管件，有不同的连接方法。

3.4.2 建筑热水供应系统主要附件

1. 自动温度调节装置

热水供应系统中为实现节能节水、安全供水，在水加热设备的热媒管道上应装设自动调节装置来控制出水温度。

可根据有无贮热调节容积分别安装不同温级精度要求的直接式自动温度调节器或间接式自动温度调节器。直接式自动温度调节器的构造原理如图 3-25 所示，安装时必须直立安装，温包放置在水加热器出水口附近，把感受到的温度变化传导给安装在热媒管道上的调节阀，自动控制热媒质量而起到自动调温的作用，其安装方法如图 3-26（a）所示。

间接式自动温度调节器是由温包、电触点温度计、阀门电机控制箱等组成，如图 3-26（b）所示。温包把探测到的温度变化传导到电触点压力式温度计，电触点压力式温度计装有所需温度控制范围内的两个触点，当指针转到大于水加热器出口所规定温度触点时，即启动电机关小阀门，减少热媒质量，降低水加热器出口水温。当指针转到低于规定的温度触点时，即启动电机开大阀门，增加热媒质量，升

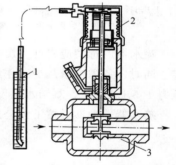

图 3-25　自动温度调节器构造
1—温包；2—感温元件；3—调压阀

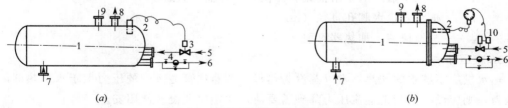

图 3-26　自动温度调节器安装示意图
（a）直接式自动温度调节；（b）间接式自动温度调节
1—加热设备；2—温包；3—自动调节器；4—疏水器；5—蒸汽；6—凝水；
7—冷水；8—热水；9—装设安全阀；10—齿轮传动变速开关阀门

高水加热器出口水温。

2. 疏水器

疏水器的作用是保证凝结水及时排放，同时又阻止蒸汽漏失，在蒸汽间接加热的凝结水管道上应装设疏水器。疏水器根据其工作压力可分为低压和高压，热水系统中常采用高压疏水器。

疏水器的种类较多，但常用的有机械型吊桶式疏水器，如图 3-27 所示；热动力型圆盘式疏水器，如图 3-28 所示。

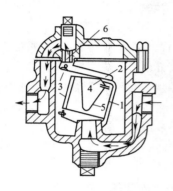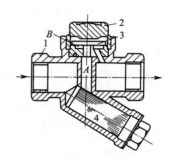

图 3-27　吊桶式疏水器

1—吊桶；2—杠杆；3—珠阀；4—快速排气孔；

5—双金属弹簧片；6—阀孔

图 3-28　热动力型圆盘式疏水器

1—阀体；2—阀盖；3—阀片；4—过滤器

疏水器的选型应先计算出安装疏水器的前后压差及排水量等参数，然后按产品样本确定。同时应考虑当蒸汽的工作压力 $P \leqslant 0.6$MPa 时，可采用吊桶式疏水器。当蒸汽的工作压力 $P \leqslant 1.6$MPa，凝结水温度 $t \leqslant 100℃$ 时，可选用圆盘式疏水器。

疏水器选型参数按下列公式计算：

$$G = KAd^2 \sqrt{\Delta P} \tag{3-10}$$

$$\Delta P = P_1 - P_2 \tag{3-11}$$

式中　ΔP——疏水器前后压差（Pa）；

P_1——疏水器进口压力，加热器进口蒸汽压力（Pa）；

P_2——疏水器出口压力，$P_2 = (0.4 \sim 0.6)P_1$（Pa）；

G——疏水器排水量（kg/h）；

A——排水系数，对于吊桶式和浮桶式疏水器可查表 3-8；

d——疏水器排水阀孔直径（mm）；

K——选择倍率，加热器可取 3。

3. 减压阀

热水供应系统中的加热器常以蒸汽为热媒，若蒸汽管道供应的压力大于水加热器的需求压力，则应设减压阀把蒸汽压力降到需要值，才能保证设备使用安全。

减压阀是利用流体通过阀瓣产生阻力而减压并达到所求值的自动调节阀，阀后压力可在一定范围内进行调整。减压阀按其结构形式分为薄膜式、活塞式和波纹管式三类。图 3-29 是 Y43H-6 型活塞式减压阀的构造示意图。

d(mm)	ΔP(kPa)									
	100	200	300	400	500	600	700	800	900	1000
	A									
2.6	25	24	23	22	21	20.5	20.5	20	20	19.8
3	25	23.7	22.5	21	21	20.4	20	20	20	19.5
4	24.2	23.5	21.6	20.6	19.6	18.7	17.8	17.2	16.7	16
4.5	23.8	21.3	19.9	18.6	18.3	17.7	17.3	16.9	16.6	16
5	23	21	19.4	18.5	18	17.3	16.8	16.3	16	15.5
6	20.8	20.4	18.8	17.9	17.4	16.7	16	15.5	14.9	14.3
7	19.4	18	16.7	15.9	15.2	14.8	14.2	13.8	13.5	13.5
8	18	16.4	15.5	14.5	13.8	13.2	12.6	11.7	11.9	11.5
9	16	15.3	14.2	13.6	12.9	12.5	11.9	11.5	11.1	10.6
10	14.9	13.9	13.2	12.5	12	11.4	10.9	10.4	10	10
11	13.6	12.6	11.8	11.3	10.9	10.6	10.4	10.2	10	9.7

减压阀的选择应根据蒸汽量计算出减压阀的工作孔口截面积，即可查产品样本确定所需型号。

减压阀工作孔口截面积 F 可按下列公式计算：

$$F = \frac{G_C}{\varphi q_c} \tag{3-12}$$

式中　F——孔口截面积，（cm^2）；

　　　G_C——蒸汽流量，（kg/h）；

　　　φ——减压阀流量系数，一般为 $0.45\sim0.6$；

　　　q_c——通过每平方厘米孔口截面的蒸汽理论流量，$kg/(cm^2 \cdot h)$，可按图 3-30 选用。

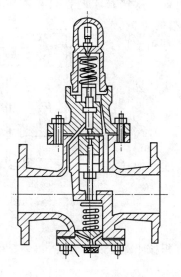

图 3-29　Y43H-6 型活塞式减压阀

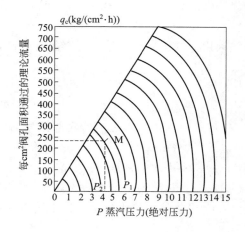

图 3-30　减压阀工作孔口面积选择用图

121

4. 自动排气阀

为排除热水管道中热水气化产生的气体（溶解氧和二氧化碳），以保证管内热水畅通，防止管道腐蚀，上行下给式系统的配水干管最高处应设自动排气阀。如图 3-31(a) 为自动排气阀的构造示意图，如图 3-31(b) 为其装设位置。

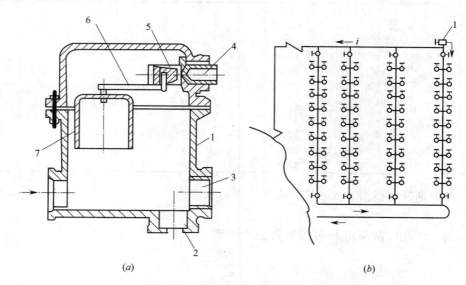

(a)   (b)

图 3-31 自动排气阀及其装置位置

（a）自动排气阀的构造示意图；（b）装设位置

1—排气阀体；2—直角安装出水口；3—水平安装出水口；

4—阀座；5—滑阀；6—杠杆；7—浮钟

5. 膨胀管、膨胀水罐和安全阀

（1）在开式热水供应系统中，当热水系统由生活饮用高位水箱补水时，可将膨胀管引至同一建筑物的除生活饮用水箱以外的消防、中水等水箱的上方，其膨胀管的设置如图 3-32 所示；当无此条件时，应设置专用膨胀水箱。

利用非饮用高位水箱设置膨胀管的设置高度按下列公式计算：

$$h = H\left(\frac{\rho_l}{\rho_r} - 1\right) \tag{3-13}$$

式中 h ——膨胀管高出生活饮用高位水箱水面的垂直高度（m）；

　　　H ——锅炉、水加热器底部至生活饮用高位水箱水面的高度（m）；

　　　ρ_l ——冷水的密度（kg/m³）；

　　　ρ_r ——热水的密度（kg/m³）。

（2）当建筑内热水供水系统上设置膨胀水箱时，其容积按下列公式计算：

$$V_P = 0.0006\Delta t V_s \tag{3-14}$$

式中 V_P ——膨胀水箱的有效容积（L）；

　　　Δt ——系统内水的最大温差（℃）；

122

V_s——系统内的水容量（L）。

同时，膨胀水箱水面高出系统冷水补给水箱水面的高度按公式(3-13)计算。

膨胀管上严禁装设阀门，且应防冻，以确保热水供应系统安全。其最小管径可按表3-9确定。

膨胀管最小管径 表 3-9

锅炉或水加热器的传热面积(m²)	＜10	≥10且＜15	≥15且＜20	≥20
膨胀管最小管径(mm)	25	32	40	50

注：对多台锅炉或水加热器，宜分设膨胀管。

（3）在闭式热水供应系统中，应设置压力式膨胀罐、泄压阀。当日用热水量小于等于30m³的热水供应系统可采用安全阀等泄压的措施；当日用热水量大于30m³的热水供应系统应设置压力式膨胀罐，如图3-33所示。膨胀罐宜设置在加热设备的热水循环回水管上，如图3-34所示。膨胀罐的总容积按下列公式计算：

$$V_e = \frac{(\rho_f - \rho_r)P_2}{(P_2 - P_1)\rho_r}V_s \tag{3-15}$$

式中 V_e——膨胀罐的总容积（m³）；

ρ_f——加热前加热、贮热设备内水的密度（kg/m³）；定时供应热水的系统宜按冷水温度确定，全日集中热水供应系统宜按热水回水温度确定；

ρ_r——热水密度（kg/m³）；

P_1——膨胀罐处管内水压力（MPa），绝对压力，为管内工作压力加0.1MPa；

P_2——膨胀罐处管内最大允许压力（MPa），绝对压力，其数值可取$1.10P_1$；

V_s——系统内热水总容积（m³）。

用上式计算后应校核P_2值，P_2不应大于水加热器的额定工作压力。

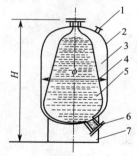

图 3-33　闭式膨胀罐
1—充气嘴；2—外壳；3—气室；4—隔膜；
5—水室；6—接管口；7—罐座

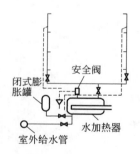

图 3-34　膨胀罐安装图

3.5　建筑热水管道的布置与敷设

3.5.1　建筑热水管道的布置

热水管网的布置是在设计方案已确定和设备选型后，在建筑图上对设备、管道、附件

123

进行定位。热水管网布置除满足给水要求外，还应注意因水温高而引起的体积膨胀、管道伸缩补偿、保温、防腐、排气等问题。

上行下给式配水干管的最高点应设排气装置（自动排气阀，带手动放气阀的集气罐和膨胀水箱），下行上给配水系统，可利用最高配水点放气。

下行上给热水供应系统的最低点应设泄水装置（泄水阀或丝堵等），有可能时也可利用最低配水点泄水。

当下行上给式热水系统设有循环管道时，其回水立管应在最高配水点以下约 0.5m 处与配水立管连接。上行下给式热水系统只需将循环管道与各立管连接。

热水立管与横管连接时，为避免管道伸缩应力破坏管网，应采用乙字弯的连接方式，如图 3-35 所示。

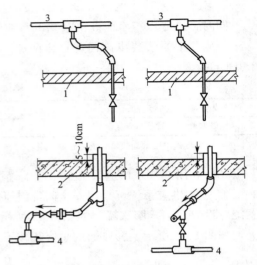

图 3-35　热水立管与水平干管的连接方式
1—吊顶；2—地板或沟盖板；
3—配水横管；4—回水管

热水管道应设固定支架，一般设于伸缩器或自然补偿管道的两侧，其间距长度应满足管段的热伸长量不大于伸缩器所允许的补偿量。固定支架之间宜设导向支架。

为调节平衡热水管网的循环流量和检修时缩小停水范围，在配水、回水干管连接的分干管上，配水立管和回水立管的端点，以及居住建筑和公共建筑中每一用户或单元的热水支管上，均应装设阀门，如图 3-36 所示。

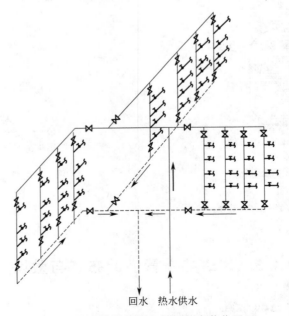

回水　热水供水

图 3-36　热水管网上阀门的安装位置

热水管网在下列管段上，应装设止回阀：

（1）设置在水加热器、贮水器的冷水供水管上，防止加热设备的升压或冷水管网水压降低时产生倒流，使设备内热水回流至冷水管网产生热污染和安全事故。

（2）设置在机械循环系统的第二循环回水管上，防止冷水进入热水系统，保证配水点的供水温度。

（3）设置在冷热水混合器的冷、热水供水管上，防止冷、热水通过混合器相互串水而影响其他设备的正常使用。

3.5.2 建筑热水管道的敷设

热水管网的敷设，根据建筑的使用要求，可采用明设和暗设两种形式。明设尽可能敷设在卫生间、厨房，沿墙、梁、柱敷设。暗设管道可敷设在管道竖井或预留沟槽内，塑料热水管宜暗设，明设时立管宜布置在不受撞击处，当不可避免时，应在管外加保护措施。

热水立管与横管连接处，为避免管道伸缩应力破坏管网，立管与横管相连应采用乙字弯管，如图 3-37 所示。

热水管道在穿楼板、基础和墙壁处应设套管，让其自由伸缩。穿楼板的套管应视其地面是否集水，若地面有集水可能时，套管应高出地面50～100mm，以防止套管缝隙向下流水。

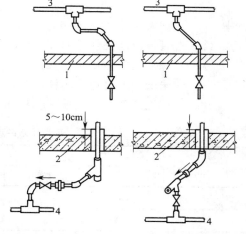

图 3-37　热水立管与水平干管的连接方式
1—吊顶；2—地板或沟盖板；
3—配水横管；4—回水管

热水管道的敷设要求如下：

（1）热水管道系统，应有补偿管道热胀冷缩的措施。

（2）上行下给式系统配水干管的最高点应设排气装置，下行上给式配水系统可利用最高配水点放气，系统最低点应设泄水装置。

（3）当下行上给式系统设有循环管道时，其回水立管可在最高配水点以下（约 0.5m）与配水立管连接，而上行下给式系统可将循环管道与各立管连接。

（4）热水横管的敷设坡度不宜小于 0.003。

（5）塑料热水管宜暗设，明设时立管宜布置在不受撞击处（当不能避免时，应在管外加保护措施）。

（6）热水锅炉、燃油（气）热水机组、水加热设备、储水器、分（集）水器、热水输（配）水、循环回水干（立）管应做保温，保温层的厚度需经计算确定。

（7）热水管道的敷设还应符合《建筑给水排水设计规范》GB 50015—2003（2009 年版）中有关建筑内给水管道的敷设的规定。

（8）用蒸汽作为热媒间接加热的水加热器，开水器的凝结水回水管上应在每台设备上设疏水器，当水加热器的换热能确保凝结水回水温度小于或等于 80℃时，可不装疏水器。蒸汽立管最低处、蒸汽管下凹处的下部宜设疏水器。疏水器的口径应经计算确定，其前应装过滤器，其旁不宜附设旁通阀。

3.5.3 建筑热水管道的保温

热水供应系统中的水加热设备，贮热水器，热水供水干、立管，机械循环的回水干、立管，有冰冻可能的自然循环回水干、立管，均应保温，其主要目的在于减少介质传送过程中无效的热损失。

热水供应系统保温材料应符合导热系数小、具有一定的机械强度、重量轻、无腐蚀性、易于施工成型及可就地取材等要求。

保温层的厚度可按式(3-16)计算：

$$\delta = 3.41 \frac{d_w^{1.2} \lambda^{1.35} \tau^{1.75}}{q^{1.5}} \tag{3-16}$$

式中　δ——保温层厚度（mm）；

　　　d_w——管道或圆柱设备的外径（mm）；

　　　λ——保温层的导热系数[kJ/(h·m·℃)]；

　　　τ——未保温的管道或圆柱设备外表面温度（℃）；

　　　q——保温后的允许热损失[kJ/(h·m)]，可按表3-10采用。

保温后允许热损失值 [kJ/(h·m)]　　　　　　　　　　表 3-10

管径 DN(mm)	流体温度(℃)					备注
	60	100	150	200	250	
15	46.1	—	—	—	—	
20	63.8	—	—	—	—	
25	83.7	—	—	—	—	
32	100.5	—	—	—	—	
40	104.7	—	—	—	—	
50	121.4	251.2	335.0	367.8		流体温度 60℃只适用 于热水管道
70	150.7	—	—	—	—	
80	175.5	—	—	—	—	
100	226.1	355.9	460.55	544.3		
125	263.8	—	—	—	—	
150	322.4	439.6	565.2	690.8	816.4	
200	385.2	502.4	669.9	816.4	983.9	
设备面	—	418.7	544.3	628.1	753.6	

热水配、回水管、热媒水管常用的保温材料为岩棉、超细玻璃棉、硬聚氨酯、橡塑泡沫等材料，其保温层厚度可参照表3-11采用。蒸汽管用憎水珍珠岩管壳保温时，其厚度见表3-12。水加热器、开水器等设备采用岩棉制品、硬聚氨酯发泡塑料等保温时，保温层厚度可为35mm。

热水配、回水管、热媒水管保温层厚度　　　　　　表 3-11

管道直径	热水配、回水管				热媒水、蒸汽凝结水管	
DN(mm)	15～20	25～50	65～100	＞100	≤50	＞50
保温层厚度(mm)	20	30	40	50	40	50

蒸汽管保温层厚度　　　　　　表 3-12

管道直径 DN(mm)	≤40	50～65	≥80
保温层厚度(mm)	50	60	70

不论采用何种保温材料，在施工保温前，均应将金属管道和设备进行防腐处理，常用防腐材料为油漆，它又分为底漆和面漆。底漆在金属表面打底，具有附着、防水和防锈功能，面漆起耐光、耐水和覆盖功能。将表面清除干净，刷防锈漆两遍。同时为增加保温结构的机械强度和防水能力，应视采用的保温材料在保温层外设保护层。

3.6　热水管网的水力计算

热水管网的水力计算是在完成热水供应系统布置，绘出热水管网系统图及选定加热设备后进行的。计算可按第一循环管网和第二循环管网进行，第一循环管网指热水锅炉或各类加热器至贮水罐之间供、回水管道系统，其水力计算的目的是：确定热媒供水管、热媒回水管的管径；计算热媒循环管路的总水头损失；计算自然循环所需的作用压力；确定循环方式。第二循环管网指贮水罐至配水点之间供、回水管道系统，需确定配水、回水管网中各管段的管径；确定热水循环管网的循环流量；计算热水循环管网的总水头损失；确定循环水泵的流量和扬程。

3.6.1　第一循环管网

1. 以热水为热媒

计算步骤如下：

（1）根据高温水耗量（G）和热水管中流速的规定值，确定热媒供水、回水管的管径。因热水管道容易结垢，热媒管道的计算内径 d_j 应考虑结垢和腐蚀引起的过水断面缩小的因素。

（2）热媒管道管径初步确定后，应确定其循环方式。按海澄-威廉公式确定热媒循环管网的沿程水头损失（同冷水计算公式）、用管（配）件当量长度法或管网沿程水头损失百分数法确定局部水头损失，据此计算出热媒管路的总水头损失（H_h）。

（3）热水锅炉或水加热器与贮水器连接如图 3-38、图 3-39 所示。第一循环管网（热媒循环管网）的自然循环压力致，H_{zr}，应按下式计算：

$$H_{zr} = 10 \cdot \Delta h (\rho_1 - \rho_2) \tag{3-17}$$

式中　　H_{zr}——第一循环管网的自然循环压力（Pa）；

　　　　Δh——热水锅炉或水加热器中心与贮水器中心的标高差（m）；

　　　　ρ_1——贮水器回水的密度（kg/m³）；

　　　　ρ_2——热水锅炉或水加热器出水的密度（kg/m³）。

（4）H_{zr} 值应大于热媒管路的总水头损失 H_h，热水锅炉或水加热器与贮水器的热水管道，一般采用自然循环。

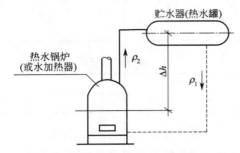

图 3-38　热媒循环管网的自然循环压力

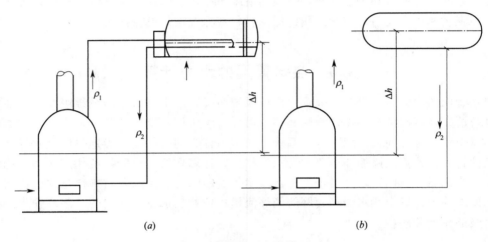

图 3-39　热媒管网自然循环压力

（a）热水锅炉与水加热器连接（间接加热）；（b）热水锅炉与贮水器连接（直接加热）

当 H_{zr} 不满足上式的要求时，应将管径适当放大，减少水头损失。

2. 以蒸汽为热媒

热媒为高压蒸汽时，需要确定出高压蒸汽管道的管径和凝结水管的管径。热媒高压蒸汽管道一般按管道的允许流速和相应的比压降确定管径和水头损失，查表 3-13～表 3-15 确定。

热媒管道水力计算（水温 $t=70\sim95℃$，$k=0.2mm$）　　　表 3-13

公称直径(mm)		15		20		25		32		40	
内径(mm)		15.75		21.25							
Q (kJ/h)	G (kg/h)	R (mm/m)	v (m/s)	R	v	R	v	R	v	R	v
1047	10	0.05	0.016	—	—						
1570	15	0.11	0.032	—	—						
2093	20	0.19	0.030	—	—						
2303	22	0.22	0.034	—	—	—					
2512	24	0.26	0.037	0.06	0.020						
2721	26	0.30	0.040	0.07	0.022						

公称直径(mm)		15		20		25		32		40	
内径(mm)		15.75		21.25							
Q (kJ/h)	G (kg/h)	R (mm/m)	υ (m/s)	R	υ	R	υ	R	υ	R	υ
2931	28	0.35	0.043	0.08	0.024	—	—	—	—	—	—
3140	30	0.39	0.046	0.09	0.025	—	—	—	—	—	—
3350	32	0.44	0.049	0.10	0.027	—	—	—	—	—	—
3559	34	0.49	0.052	0.11	0.029	—	—	—	—	—	—
3768	36	0.55	0.056	0.12	0.031	—	—	—	—	—	—
3978	38	0.60	0.059	0.13	0.032	—	—	—	—	—	—
4187	40	0.67	0.062	0.145	0.034	—	—	—	—	—	—
4396	42	0.73	0.065	0.160	0.035	—	—	—	—	—	—
4606	44	0.79	0.069	0.175	0.037	—	—	—	—	—	—
4815	46	0.86	0.071	0.19	0.039	—	—	—	—	—	—
5024	48	0.93	0.074	0.205	0.040	0.06	0.025	—	—	—	—
5234	50	1.00	0.077	0.22	0.042	0.065	0.026	—	—	—	—
5443	52	1.08	0.080	0.235	0.044	0.07	0.027	—	—	—	—
5652	54	1.16	0.083	0.250	0.046	0.075	0.028	—	—	—	—
6071	56	1.24	0.087	0.27	0.047	0.08	0.029	—	—	—	—
6280	60	1.40	0.093	0.31	0.051	0.09	0.031	—	—	—	—
7536	72	1.96	0.112	0.43	0.061	0.12	0.037	—	—	—	—
10467	100	3.59	0.154	0.79	0.084	0.23	0.051	0.055	0.029	—	—
14654	140	6.68	0.216	1.46	0.118	0.42	0.072	0.101	0.041	0.051	0.031

高压蒸汽管道常用流速 表 3-14

管径(mm)	15～20	25～32	40	50～80	100～150	≥200
流速(m/s)	10～15	15～20	20～25	25～35	30～40	40～60

蒸汽管道管径计算表（δ=0.2mm） 表 3-15

D (mm)	υ (m/s)	P(表压)(10kPa)											
		6.9		9.8		19.6		29.4		39.2		49		59	
		G(kg/h),R(mmH₂O/m)											
		G	R	G	R	G	R	G	R	G	R	G	R	G	R
15	10	6.7	11.4	7.8	13.4	11.3	19.3	14.9	25.6	18.4	31.7	21.8	37.4	25.3	43.5
	15	10.0	25.6	11.7	30.0	17.0	43.7	22.4	57.7	27.6	66.3	32.4	82.5	37.6	95.8
	20	13.4	44.6	15.0	53.5	22.7	78.0	29.8	102.0	30.8	126.0	43.7	150.0	50.5	173.0
20	10	12.2	7.8	11.1	8.0	20.7	18.4	27.1	17.4	33.5	21.6	39.8	25.6	46.0	29.5
	15	18.2	17.5	21.1	20.2	31.1	30.2	38.6	35.3	50.3	48.6	57.7	53.8	69.0	66.5
	20	24.3	31.0	28.2	36.9	41.4	53.5	54.2	69.5	67.0	86.2	79.6	102.4	92.0	118.0
25	15	29.4	13.1	34.4	15.4	50.2	32.5	65.8	29.4	81.2	36.2	96.2	43.9	111.0	49.7
	20	39.2	23.0	45.8	27.4	66.7	40.1	87.8	52.3	108.0	65.5	128.0	76.2	149.0	88.2
	25	49.0	35.6	57.3	42.6	83.3	61.8	110.0	81.7	136.0	102.0	161.0	119.0	186.0	138.0
32	15	51.6	9.2	60.2	10.8	88.0	15.8	115.0	20.6	142.0	24.8	169.0	27.0	195.0	35.7
	20	67.7	15.8	80.2	19.1	117.0	Z7.1	154.0	36.7	190.0	44.7	226.0	54.8	260.0	61.7
	25	85.6	25.0	100.0	29.6	147.0	44.3	193.0	57.4	238.0	69.7	282.0	83.2	325.0	96.4
	30	103.0	35.6	120.0	43.0	176.0	65.3	230.0	82.3	284.0	103.0	338.0	121.0	390.0	138.0

D (mm)	υ (m/s)	P (表压) (10kPa)												
		6.9		9.8		19.6		29.4		39.2		49		59
		G (kg/h)，R (mmH₂O/m)												
		G	R	G	R	G	R	G	R	G	R	G	R	G	R
40	20	90.6	13.8	105.0	16.0	154.0	23.3	202.0	30.8	249.0	35.9	283.0	41.5	343.0	52.4
	25	113.0	21.4	132.0	25.2	194.0	36.8	258.0	48.4	311.0	59.2	354.0	64.7	428.0	81.6
	30	136.0	31.2	158.0	36.1	232.0	53.0	306.0	68.0	374.0	85.5	444.0	102.0	514.0	118.0
	35	157.0	41.5	185.0	49.5	268.0	71.5	354.0	94.7	437.0	117.0	521.0	140.0	594.0	157.0
50	20	134.0	10.7	157.0	12.8	229.0	18.5	301.0	24.2	371.0	30.0	443.0	35.8	508.0	40.5
	25	168.0	16.9	197.0	19.7	287.0	28.7	377.0	37.0	465.0	47.0	554.0	56.1	636.0	63.7
	30	202.0	24.1	236.0	28.6	344.0	41.4	452.0	53.8	558.0	67.6	664.0	80.5	764.0	92.0
	35	234.0	32.7	270.0	39.0	400.0	56.5	530.0	93.9	650.0	93.0	776.0	110.0	885.0	124.0
70	20	257.0	7.1	299.0	8.5	437.0	12.3	572.0	16.2	706.0	19.6	838.0	23.6	970.0	27.1
	25	317.0	11.0	374.0	13.1	542.0	18.9	715.0	25.1	880.0	30.6	1052.0	37.0	1200.0	41.5
	30	380.0	15.7	448.0	18.8	650.0	27.4	858.0	36.0	1060.0	44.6	1262.0	53.2	1440.0	54.7
	35	445.0	21.6	525.0	25.8	762.0	37.4	1005.0	49.5	1240.0	60.7	1478.0	73.0	1685.0	81.6
80	25	454	9.1	528	10.6	773	15.5	1012	20.4	1297	27.0	1480	29.6	1713	34.2
	30	556	13.5	630	15.2	926	22.3	1213	29.1	1498	36.0	1776	42.5	2053	48.4
	35	634	17.7	738	20.6	1082	30.4	1415	39.6	1749	49.0	2074	58.0	2400	67.1
	40	726	23.2	844	27.0	1237	39.8	1620	52.0	1978	64.0	2370	75.7	2740	86.5
100	25	673	7.0	784	8.2	1149	12.1	1502	15.7	1856	18.5	2201	23.1	2547	26.7
	30	808	10.2	940	11.8	1377	17.4	1801	22.6	2220	28.0	2640	33.1	3058	38.4
	35	944	13.9	1099	16.1	1608	23.7	2108	31.0	2600	38.2	3083	45.2	3568	52.4
	40	1034	16.6	1250	20.8	1832	30.7	2396	40.0	2980	50.0	3514	58.7	4030	66.7

蒸汽在水加热器中进行热交换后，由于温度下降而形成凝结水，凝结水从水加热器出口至疏水器间的一段为 $a \sim b$ 段，如图 3-29 所示，在此管段中为汽水混合的两相流动，其管径常按通过的设计小时耗热量查表 3-16 确定。

由水加热器至疏水器间 $a \sim b$ 管段不同管径通过的小时耗热量（kJ/h）　　表 3-16

DN (mm)	15	20	25	32	40	50	70	80	100	125	150
热量 (kJ/h)	33494	108857	167472	355300	460548	887602	2101774	3089232	4814820	7871184	17835768

凝结水是利用通过疏水器后的余压，输送到凝结水箱，如图 3-40 中 $b \sim c$ 段，当余压凝结水箱为开式时，其 $b \sim c$ 管段通过的热量按下列公式计算：

$$Q_j = 1.25Q \tag{3-18}$$

式中　Q_j——余压凝结水管段中的计算热量（kJ/h）；

　　　Q——设计小时耗热量（kJ/h）；

　　1.25——考虑系统启动时凝结水的增大系数。

计算出 $b \sim c$ 管段通过的热量以后，可确定管径。

3. 太阳能集热系统

强制循环的太阳能集热系统应设循环泵。

（1）循环泵的流量，应按下式计算：

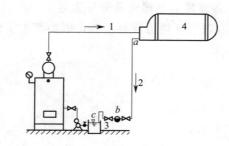

图 3-40 余压凝结水系统图式

1—蒸汽；2—凝结水；3—凝结水池；4—水加热器

a—凝水管；b—疏水器；c—凝水管出口

$$q_x = q_{gz} \cdot A_j \tag{3-19}$$

式中 　q_x——集热系统的循环流量（L/s）；

　　　q_{gz}——单位采光面积集热器对应的工质流量[L/(s·m²)]，按集热器产品实测数据确定。无条件时可取 0.015～0.02L/(s·m²)；

　　　A_j——集热器总面积（m²）。

（2）开式直接加热太阳能集热系统，其循环泵的扬程应按下式计算：

$$H_x = h_{jx} + h_j + h_z + h_f \tag{3-20}$$

式中 　H_x——循环泵的扬程（kPa）；

　　　h_{jx}——集热系统循环管道的沿程与局部阻力损失（kPa）；

　　　h_j——循环流量流经集热器的阻力损失（kPa）；

　　　h_z——集热器与贮热水箱最低水位之间的几何高差（kPa）；

　　　h_f——附加压力（kPa），取 20～50kPa。

（3）闭式间接加热太阳能集热系统，其循环泵的扬程应按下式计算：

$$H_x = h_{jx} + h_e + h_j + h_f \tag{3-21}$$

式中 　h_e——循环流量经集热水加热器的阻力损失（kPa）；

　　　其他符号同上。

3.6.2 第二循环管网

1. 确定热水配水、回水管网中各管段的管径

确定热水管网管径所采用的计算公式、方法与给水管网水力计算基本相同。

热水管网的设计秒流量可按冷水配水管网的设计秒流量公式来计算。热水管网的沿程及局部阻力计算公式的基本形式也与给水管路的计算公式相同，但由于热水水温高，其黏滞性和重度与冷水有所不同，且考虑到热水管网容易结垢、腐蚀常引起过水断面缩小的因素，热水管道水力计算时热水管道的流速，宜按表 3-17 选用。确定管径时应采用热水管道水力计算表。

热水管道的流速　　　　　　　　　　　　　　　　表 3-17

公称直径（mm）	15～20	25～40	≥50
流速（m/s）	≤0.8	≤1.0	≤1.2

2. 确定热水配水管网中各管段的热损失及循环流量

由于配水管网在充有热水时与环境温度有温差，因而产生了热损失，管网各管段的热损失可按下式计算：

$$q_s = \pi DLK (1-\eta) \left(\frac{t_c + t_z}{2} - t_j \right)$$ (3-22)

式中 q_s ——计算管段热损失（kJ/h）；

   D ——计算管段外径（m）；

   L ——计算管段长度（m）；

   K ——无保温时管道的传热系数[kJ/(m² · ℃ · h)]；

   η ——保温系数，无保温时 $\eta=0$，简单保温时 $\eta=0.6$，较好保温时 $\eta=0.7\sim0.8$；

   t_c ——计算管段的起点水温；

   t_z ——计算管段的终点水温；

   t_j ——计算管段周围的空气温度（℃），可按表 3-18 确定。

管道周围的空气温度   表 3-18

管道敷设情况	t_j(℃)
采暖房间内明管敷设	18～20
采暖房间内暗管敷设	30
敷设在不采暖房间的顶棚内	采用一月份室外平均温度
敷设在不采暖的地下室内	5～10
敷设在室内地下管沟内	35

该管网各管段的热损失之和是热水配水管网的总热损失 Q_s。

全日热水供应系统的热水循环流量，按下式计算：

$$q_x = \frac{Q_s}{C \rho_r \Delta t}$$ (3-23)

式中 q_x ——全日供应热水系统的总循环流量（L/h）；

   Q_s ——配水管网的热损失（kJ/h），经计算确定。单体建筑可取设计小时耗热量的 3%～5%；小区可取设计小时耗热量的 4%～6%；

   C ——水的比热，$C=4.187$kJ/(kg · ℃)；

   Δt ——配水管道的热水温度差，根据系统大小确定。对单体建筑可取 5～100℃；对小区可取 6～12℃；

   ρ_r ——热水密度（kg/L）。

定时热水供应系统中热水循环流量，可按循环管网中的水每小时循环 2～4 次计算。系统较大时取下限；反之取上限。即：

$$q_x \geq (2\sim4)V$$ (3-24)

式中 q_x ——循环水泵的流量（L/h）；

   V ——热水循环管网系统的水容积（L）。

3. 确定热水回水管的管径

热水供应系统的循环回水管管径，应按管路的循环流量经水力计算确定。

4. 确定管网计算管路中通过循环流量的总水头损失

计算管路中通过循环流量的总水头损失，可按下式计算：

$$H = h_p + h_x + h_j \tag{3-25}$$

式中　H——计算管路中通过循环流量的总水头损失（kPa）；

　　　h_p——循环流量通过配水管网的水头损失（kPa）；

　　　h_x——循环流量通过回水管网的水头损失（kPa）；

　　　h_j——循环流量通过加热设备的水头损失（kPa），只有采用半即热式、快速式水加热器时才需计入。

5. 循环水泵选型

循环水泵出水量应为循环流量。循环水泵扬程，应按下式计算：

$$H_b = h_p + h_x + h_j \tag{3-26}$$

式中符号同上。

第4章 建筑饮水供应系统设计

4.1 饮用水水质标准

4.1.1 水质

水质，水体质量的简称，是指水的物理、化学及生物学特征。饮用水是指可以不经处理、直接供给人体饮用的水，包括干净的天然泉水、井水、河水和湖水，也包括经过处理的矿泉水、纯净水等。

《生活饮用水卫生标准》GB 5749—2006 可包括两大部分：法定的量的限值，指为保证生活饮用水中各种有害因素不影响人群健康和生活质量的法定的量的限值；法定的行为规范，指为保证生活饮用水各项指标达到法定量的限值，对集中式供水单位生产的各个环节的法定行为规范。

《生活饮用水卫生标准》GB 5749—2006 标准中的指标数量不仅由 35 项增至 106 项，还对原标准的 8 项指标进行了修订，指标限量也与发达国家的饮用水标准具有可比性。根据《生活饮用水卫生标准》GB 5749—2006，生活饮用水需满足以下条件：

（1）生活饮用水中不得含有病原微生物。

（2）生活饮用水中化学物质不得危害人体健康。

（3）生活饮用水中放射性物质不得危害人体健康。

（4）生活饮用水的感官性状良好。

（5）生活饮用水应经消毒处理。

（6）生活饮用水水质应符合卫生要求。集中式供水出厂水中消毒剂限值、出厂水和管网末梢水中消毒剂余量均应符合相关要求。

（7）当发生影响水质的突发性公共事件时，经市级以上人民政府批准，感官性状和一般化学指标可适当放宽。

4.1.2 饮用水分类

饮用水可分为以下几类：

1. 纯净水

纯净水一般是蒸馏水，不含任何矿物质，没有细菌，杂质。纯净水只是水，是水分子的集合，pH 值为 7。主要是给微电子、宇航员等高端环境使用。对于人体来讲，饮用纯净水并非必要。

2. 矿物质水

加了矿物质的纯水通过在纯净水里人工添加矿物质的方法，已经被许多饮用水产家使用。但有些产家通过添加氢氧化钠等化学品来释放钠钾阳离子，这样的水，其 pH 值会比纯净水高，但是氢氧化钠的添加不符合安全饮水的要求，这是强碱性物质，不是食品也不属于食品添加剂。

3. 山泉水

山泉水是流经无污染的山区，经过山体自净化作用而形成的天然饮用水。水源可能来自雨水，或来自地下，暴露在地表或在地表浅层中流动，经山体和植被层层滤净与流动的同时，也溶入了对人体有益的矿物质成分，属于软水，是比较理想的饮用水，其矿物质的含量没有矿物质水高，适合各阶段人群饮用，特别是儿童由于体内需水量多，含矿量高的水不利于人体本身对水的吸收。

4. 白开水

白开水的来源是市政自来水，因当地的水质不同而有不同的 pH 值。建议在水烧开后要把壶盖打开再烧 3min 左右，让水中的酸性及有害物质随蒸气蒸发掉。而且烧开的水最好当天喝，不要隔夜。

5. 富氧水

富氧水是指在纯净水里加入更多的氧气。富氧水是一种医学研究用水，这种水中的氧分子到了体内，会破坏细胞的正常分裂作用，导致人类衰老。而纯净水加入氧气后，由于分子结构的原因，仍然是大分子团水，不易被细胞吸收。

6. 电解水（离子水）

所谓电解水，是通过电解作用，把水分解成阳离子水和阴离子水。阳离子水应作为医疗用水，必须在医生指导下饮用，而阴离子水用于消毒等方面。所以离子水不能作为正常人群的饮用水。

4.2 饮用水的设计计算

4.2.1 饮用水量定额

饮用水量定额、小时变化系数与建筑物的性质、供水系统的形式、当地的生活习惯等因素相关，可由表 4-1 确定。表中时变化系数为饮用供应时间内的时变化系数；饮用水量不包括制水用水量（如制备冷饮水时冷凝器的冷却用水量）。

饮用水量定额、小时变化系数　　　　　　　　　　　表 4-1

建筑物名称	单位	饮用水量定额(L)	时变化系数 K_h
热车间	每人每班	3～5	1.5
一般车间	每人每班	2～4	1.5
工厂生活间	每人每班	1～2	1.5
办公楼	每人每班	1～2	1.5
集体宿舍	每人每日	1～2	1.5
教学楼	每学生每日	1～2	2.0
医院	每病床每日	2～3	1.5
影剧院	每观众每场	0.2	1.0

建筑物名称	单位	饮用水量定额(L)	时变化系数 K_h
招待所、旅馆	每客人每日	2～3	1.5
体育馆(场)	每观众每日	0.2	1.0

4.2.2 饮用水的设计计算

饮用开水和冷饮水的用水量应按表 4-1 的饮水定额和小时变化系数计算。开水温度在集中开水供应系统中按 100℃计算。

设计最大时饮用水量的计算公式如式(4-1)：

$$q_{max} = K_h \frac{m \cdot q_E}{T} \tag{4-1}$$

式中　q_{max}——设计最大时饮用水量 (L/h)；

　　　K_h——小时变化系数，按表 4-1 选用；

　　　m——用水计算单位数，人数或床位数等；

　　　q_E——饮水定额，L/(人·d)或 L/(床·d)或 L/(观众·d)；

　　　T——供应饮用水时间 (h)。

制备开水所需的最大时耗热量按式(4-2) 计算：

$$Q_K = (1.05～1.10)(t_K - t_L) \cdot q_{max} \cdot Cs \tag{4-2}$$

式中　Q_K——制备开水所需的最大时耗热量，kJ/h；

　　　t_K——开水温度，℃，集中开水供应系统按 100℃计算，管道输送全循环系统按 105℃计算；

　　　t_L——冷水计算温度，按表 3-10 确定；

　　　Cs——水的质量热容，$Cs = 4.19$ kJ/(kg·℃)。

在冬季需把冷饮水加热到 35～40℃，制备冷饮水所需的最大时耗热量按式(4-3) 计算：

$$Q_K = (1.05～1.10)(t_E - t_L) \cdot q_{max} \cdot Cs \tag{4-3}$$

式中　t_E——冬季冷饮水的温度，一般取 40℃。

其他符号同式(4-2)。

4.2.3 开水供应系统设计

开水供应系统分集中供应和管道输送两种方式。

1. 集中供应

如图 4-1 所示。这种供应方式耗热量小，节约燃料，便于操作管理，投资省，但饮用不方便，饮用者需用保温容器到煮沸站打水，而且饮水点温度不易保证。这种方式适合于机关、学校等建筑，开水间应靠近锅炉房，食堂等有热源的地方。

2. 管道输送

集中制备管道输送供应系统是在锅炉房或开水间烧制开水，然后用管道输送至各饮用点，如图 4-2 所示。

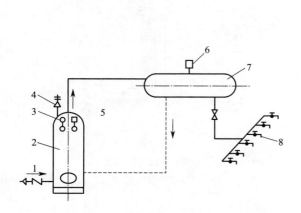

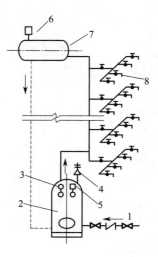

图 4-1　开水集中制备分散供应

1—给水；2—开水炉；3—压力表；4—安全阀；

5—温度计；6—自动排气阀；7—贮水罐；8—配水龙头

图 4-2　开水集中制备管道输送

1—给水；2—开水炉；3—压力表；4—安全阀；

5—温度计；6—自动排气阀；7—贮水罐；8—配水龙头

在大型多层或高层建中还常采用统一热源分散制备供应的方式。在建筑中把热媒输送至各层制备点制备开水，以满足各楼层的需要。

开水管道应选用工作温度大于 100℃ 的金属管材。开水系统的配水水嘴宜为旋塞式。

开水器应装设温度计和水位计，开水锅炉应装设温度计，必要时还应装设沸水箱或安全阀。开水器的通气管应引至室外。开水器的排水管道不宜采用塑料排水管。

开水间应设给水管和地漏。

4.2.4　冷饮水供应系统设计

冷饮水供应方法与开水供应方法基本相同，也有集中供应和管道输送等方式。我国多采用集中制备分装的方式，便于管理，节省投资，同时容易保证所需水质。

1. 集中供应

对于中小学校、体育场、游泳场、火车站等人员流动较集中的公共场所，可采用冷饮水供应系统，如图 4-4 所示。人们从饮水器中直接喝水，既方便又可防止疾病的传播。图 4-5 所示为较常见的一种饮水器。

冷饮水的供应水温可根据建筑物的性质按需要确定。一般在夏季不启用加热设备，冷饮水温度与自来水水温相同即可。在冬季，冷饮水温度一般取 35～45℃，要求与人体温度接近，饮用后无不适感觉。

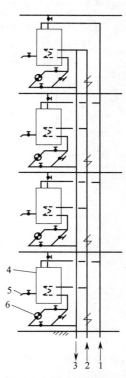

图 4-3　统一热源分散
制备分散供应

1—给水；2—供给热媒；

3—回流热媒；4—开水炉；

5—配水龙头；6—疏水器

137

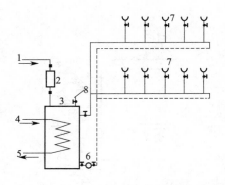

图 4-4　冷饮水供应系统

1—冷水；2—过滤器；3—水加热器（开水器）；4—蒸汽；

5—冷凝水；6—循环泵；7—饮水器；8—安全

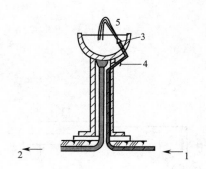

图 4-5　饮水器

1—供水管；2—排水管；

3—喷嘴；4—调节阀；5—水柱

2. 管道输送

根据制冷设备、饮水器循环水泵安装位置、管道布置情况等，冷饮水供应有：如图 4-6(*a*) 所示的制冷设备和循环水泵置于供、回水管下部，上行下给的全循环方式；如图 4-6(*b*) 所示的下行上给的全循环方式；如图 4-6(*c*) 所示的制冷设备和循环水泵置于建筑物上部的全循环方式。

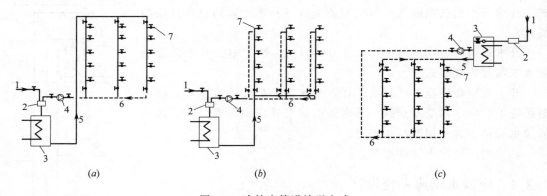

图 4-6　冷饮水管道输送方式

（*a*）上行下给全循环方式；（*b*）上行上给全循环方式；（*c*）设备置于建筑上部方式

1—给水；2—过滤器；3—冷饮水罐（箱）（接制冷设备）；4—循环泵；

5—冷饮水配水管；6—回水管；7—配水龙头

4.3　管道饮用净水供应系统设计

生活给水包括一般日常用水和饮用水两部分。

直接饮用的水与生活用水的水质、水量相差比较大，如将生活给水全部按直接饮用水的水质标准进行处理，则太不经济，也没有必要。而分质供水就是根据人们用水的不同水质需要而提出的，是解决供水水质问题的经济、有效的途径。

分质供水是根据用水水质的不同，在建筑内或小区内，组成不同的给水系统。

管道饮用净水系统（管道直饮水系统）是指在建筑物内部保持原有的自来水管道系统

不变,供应人们生活清洁、洗涤用水,同时对自来水中只占2%~5%用于直接饮用的水集中进行深度处理后,采用高质量无污染的管道材料和管道配件,设置独立于自来水管道系统的饮用净水管道系统至用户,用户打开水嘴即可直接饮用。

4.3.1 管道饮用净水的水质要求

直接饮用水应在符合国家《生活饮用水卫生标准》GB 5749—2006的基础上进行深度处理,系统中水嘴出水的水质指标不应低于建设部颁发的中华人民共和国城镇建设行业标准《饮用净水水质标准》CJ 94—2005,见表4-2。

《饮用净水水质标准》CJ 94—2005

表 4-2

项 目		限 值
感官性状	色度	5 度
	浑浊度	0.5NTU
	臭和味	无异臭异味
	肉眼可见物	无
一般化学指标	pH	6.0~8.5
	硬度(以碳酸钙计)	300mg/L
	铁	0.2mg/L
	锰	0.05mg/L
	铜	1.0mg/L
	锌	1.0mg/L
	铝	0.2mg/L
	挥发性酚类	0.002mg/L
	阴离子合成洗涤剂	0.20mg/L
	硫酸盐	100mg/L
	氯化物	100mg/L
	溶解性总固体	500mg/L
	耗氧量(COD$_{Mn}$,以 O$_2$ 计)	2.0mg/L
毒理学指标	氟化物	1.0mg/L
	硝酸盐氮(以 N 计)	10mg/L
	砷	0.01mg/L
	硒	0.01mg/L
	汞	0.001mg/L
	镉	0.003mg/L
	铬(六价)	0.05mg/L
	铅	0.01mg/L
	银(采用载银活性炭测定时)	0.05mg/L
	氯仿	0.03mg/L
	四氯化碳	0.002mg/L

项　　目		限　　值
毒理学指标	亚氯酸盐(采用 ClO₂ 消毒时测定)	0.70mg/L
	氯酸盐(采用 ClO₂ 消毒时测定)	0.70mg/L
	溴酸盐(采用 O₃ 消毒时测定)	0.01mg/L
	甲醛(采用 O₃ 消毒时测定)	0.90mg/L
细菌学指标	细菌总数	50cfu/mL
	总大肠菌群	每 100mL 水样中不得检出
	粪大肠菌群	每 100mL 水样中不得检出
	余氯	0.01mg/L(管网末梢水)
	臭氧(采用 O₃ 消毒时测定)	0.01mg/L(管网末梢水)
	二氧化氯(采用 ClO₂ 消毒时测定)	0.01mg/L(管网末梢水) 或余氯 0.01mg/L(管网末梢水)

注：表中带"＊"的限值为该项目的检出限，实测浓度应不小于检出限。

4.3.2　饮用水的深度处理

饮用净水深度处理常采用的方法有活性炭吸附过滤法和膜分离法。用于饮用水处理中的膜分离处理工艺通常分为微滤（MF）、超滤（UF）、纳滤（NF）和反渗透（RO）四类。管道优质饮用净水深度处理的工艺、技术和设备都已十分成熟。设计时应根据城市自来水或其他水源的水质情况、净化水质要求、当地条件等，选择饮用净水处理工艺。深度处理工艺如图 4-7 所示：

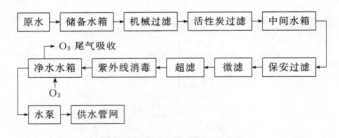

图 4-7　深度处理工艺

4.3.3　管道饮用净水系统的供水方式

管道饮用净水系统一般由供水水泵、循环水泵、供水管网、回水管网、消毒设备等组成。为了保证水质不受二次污染，饮用净水配水管网的设计应特别注意水力循环问题，配水管网应设计成密闭式，将循环管路设计成同程式，用循环水泵使管网中的水得以循环。常见的供水方式有：

1. 水泵和高位水罐（箱）供水方式（图 4-8）

管网为上供下回式，高位水箱出口处设置消毒器，并在回水管路中设置防回流器，以保证供水水质。

2. 变频调速泵供水方式（图 4-9）

净水车间设于管网的下部，管网为下供上回式，由变频调速泵供水，不设高位水箱。

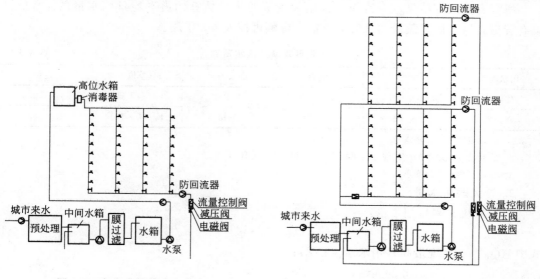

图 4-8　高位水箱供水方式　　　图 4-9　调速泵供水方式

3. 屋顶水池重力流供水方式（图 4-10）

净水车间设于屋顶，饮用净水池中的水靠重力供给配水管网，不设置饮用净水泵，但设置循环水泵，以保证系统的正常循环。

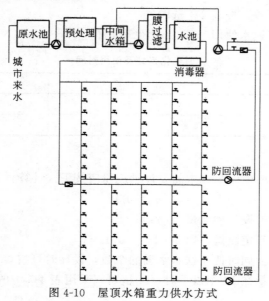

图 4-10　屋顶水箱重力供水方式

4.3.4　管道饮用净水系统的水力计算

1. 饮水定额

饮用净水（管道直饮水）主要用于居民饮用、煮饭、烹饪，也可用于淘米、洗涤蔬菜水果等，其用水量随经济水平、生活习惯、水嘴水流特性等因素而变化，特别是受水价的影响比较大。

根据有关研究结果，一般用于饮用和做饭的水量估算约占平均日用水量的4%左右。设有管道直饮水的建筑最高日管道直饮水定额可按表4-3采用。

最高日管道直饮水定额 表4-3

用水场所	单位	定额	用水场所	单位	定额
住宅楼	L/（人·日）	2.0～2.5	教学楼	L/（人·日）	1.0～2.0
办公楼	L/（人·班）	1.0～2.0	旅馆	L/（床·日）	2.0～3.0

注：1. 此定额仅为饮用水量。
2. 经济发达地区的居民住宅楼可提高至4～5L/（人·日）。
3. 也可根据用户要求确定。

2. 最大时用水量

（1）系统最高日用水量：

$$Q_d = N \cdot q_d \tag{4-4}$$

式中　Q_d——系统最高日用水量（L/d）；

　　　N——系统服务的人数；

　　　q_d——用水定额[L/（d·人）]。

（2）系统最大时用水量：

$$Q_h = K_h Q_d / T \tag{4-5}$$

式中　Q_h——系统最大时用水量（L/h）；

　　　K_h——时变化系数，按表4-4选取；

　　　T——系统中直饮水使用时间，h，见表4-4。

时变化系数及使用时间 表4-4

用水场所	住宅、公寓	办公楼
K_h	4～6	2.5～4.0
T	24	10

3. 设计秒流量

饮用净水供应系统的中配水管中的设计秒流量应按下式计算：

$$q_g = q_0 m \tag{4-6}$$

式中　q_g——计算管段的设计秒流量（L/s）；

　　　q_0——饮水水嘴额定流量，取0.04～0.06L/s；

　　　m——计算管段上同时使用饮水水嘴的个数，设计时可按表4-5或表4-6选用。

当管道中的水嘴数量在12个以下时，m值可以采用表4-5中的经验值。

m值经验值 表4-5

水嘴数量 n	1	2	3	4～8	9～12
使用数量 m	1	2	3	3	4

当管道中的水嘴数量多于12个时，m值按下式计算：

$$\sum_{k=0}^{m} p^k (1-p)^{n-k} \geqslant 0.99 \qquad (4-7)$$

式中　k——表示 $1 \sim m$ 个饮水水嘴数；

　　　n——饮水水嘴总数，个；

　　　p——饮水水嘴使用概率。

$$p = \alpha q_{\text{h}}/1800 n q_0 \qquad (4-8)$$

式中　α——经验系数，$0.6 \sim 0.9$；

　　　q_{h}——设计小时流量（L/h）；

　　　q_0——饮水水嘴额定流量（L/s）。

为简化计算，将式(4-7)计算结果列于表 4-6 中，设计时可以直接从表 4-6 中查出计算管段上同时使用饮水水嘴的个数 m 值。

水嘴设置数量 12 个以上时水嘴同时使用数量　　　　　　　　　　表 4-6

$\frac{P}{m}$ n	$P = \alpha q_{\text{h}}/1800 n q_0$　$\alpha = 0.6 \sim 0.9$；n——饮用净水嘴总数，个；q_{h}——设计小时流量，L/h；q_0——饮用水净水额定流量，L/s																		
	0.010	0.015	0.020	0.025	0.030	0.035	0.040	0.045	0.050	0.055	0.060	0.065	0.070	0.075	0.080	0.085	0.090	0.095	0.100
13~25	2	2	3	3	3	4	4	4	4	5	5	5	5	5	6	6	6	6	6
50	3	3	4	4	5	5	6	6	7	7	7	8	8	9	9	9	10	10	10
75	3	4		6	6	7	8	8	9	9	10	10	11	11	12	13	13	14	14
100	4	5	6	7	8	8	9	10	11	11	12	13	13	14	15	16	16	17	18
125	4	6	7	8	9	10	11	12	13	13	14	15	16	17	18	18	19	20	21
150	5	6	8	9	10	11	12	13	14	15	16	17	18	19	20	21	22	23	24
175	5	7	8	10	11	12	14	15	16	17	18	20	21	22	23	24	25	26	27
200	6	8	9	11	12	14	15	16	18	19	21	22	23	24	25	27	28	29	30
225	6	8	10	12	13	15	16	18	19	21	22	24	25	27	28	29	31	32	34
250	7	9	11	13	14	16	18	19	21	23	24	27	29	31	32	34	35	37
275	7	9	12	14	15	17	19	21	23	25	26	28	30	31	33	35	36	38	40
300	8	10	12	14	16	19	21	22	24	26	28	30	32	34	36	37	39	41	43
325	8	11	13	15	18	20	22	24	26	28	30	32	34	36	38	40	42	44	46
350	8	11	14	16	19	21	23	25	28	30	32	34	36	38	40	42	45	47	49
375	9	12	14	17	20	22	24	27	29	32	34	36	38	41	43	45	47	49	52
400	9	12	15	18	21	23	26	28	31	33	36	38	40	43	45	48	50	52	55
425	10	13	16	19	22	24	27	30	32	35	37	40	43	45	48	50	53	55	57

注：1. n 可用内插法。

　　2. m 小数点后四舍五入。

4. 管径计算

管道的设计流量确定后，选择合理的流速，即可根据水力学公式计算管径：

$$d = \frac{4 q_g}{\pi u} \qquad (4-9)$$

式中　d——管径（m）；

q_g——管段设计流量（m^3/s）；

u——流速（m/s）。

饮用净水管道的控制流速不宜过大，可按表 4-7 中的数值选用：

饮用净水管道中的流速

表 4-7

公称直径(mm)	15～20	25～40	≥50
流速(m/s)	≤0.8	≤1.0	≤1.2

5. 循环流量

系统的循环流量 q_x（L/s）一般可按下式计算：

$$q_x = V/T_1 \tag{4-10}$$

式中　q_x——循环流量（L/s）；

　　　V——为闭合循环回路上供水系统这部分的总容积，包括贮存设备的容积（L）；

　　　T_1——为饮用净水允许的管网停留时间（h），可取 4～6h。

6. 水头损失

当管径 $<DN32$ 时，管道流速取 0.6～1.0m/s，当管径 $\geqslant DN32$ 时，管道流速取 1.0～1.5m/s。

（1）塑料管的沿程水头损失

$$i = 0.000915Q^{1.774}/d_i^{4.774} \tag{4-11}$$

式中　i——塑料管的沿程水头损失；

　　　Q——计算管段的流量（m^3/s）；

　　　d_i——计算管段的内径（m）。

（2）不锈钢、铝塑管的沿程水头损失

$$i = 0.00246Q^{1.75}/d_i^{4.75} \tag{4-12}$$

式中　i——不锈钢、铝塑管的沿程水头损失；

　　　Q——计算管段的流量（m^3/s）；

　　　d_i——计算管段的内径（m）。

（3）局部水头损失

管道的局部水头损失可采用沿程水头损失的 20%～30%，也可将各种管件折算成当量长度，按沿程水头损失的公式计算。

7. 供水泵

变频调速水泵供水系统中，水泵流量计算公式：

$$Q_b = q_s \times 3600 + q_x \tag{4-13}$$

水泵扬程计算公式：

$$H_b = h_0 + 10z + \sum h \tag{4-14}$$

式中　Q_b——水泵流量（L/h）；

　　　q_s——瞬间高峰用水量（L/s）；

　　　q_x——循环流量（L/s）；

　　　H_b——供水泵扬程（kPa）；

　　　h_0——最不利点水嘴自由水头（kPa）；

z——最不利水嘴与净水箱的几何高度（m）；

Σh——最不利水嘴到净水箱的管路总水头损失（kPa）。

4.3.5 管道饮用净水系统设置

管道饮用净水系统应根据区域规划、区域内建筑物性质、规模、布置等确定，且独立设置。系统应为环状，保证用水点的水量、水压要求，设计中一般应注意以下几点：

（1）配水管网应设检修阀、采样口、最高处设排气装置、最远端设排水装置循环立管的上、下端部应设球阀。

（2）各用户从干管或立管上接出的支管应尽量短，宜设倒流防止器、隔菌器、带止水器的水表。管道附件宜避免内壁的凹凸不平，其材料应与管材配套，优先选用不锈钢材质。管件的密封圈应达到卫生食品级要求。

（3）系统内水罐、水箱应为常压，有泄空、溢流装置，优先选用无高位水箱的供水系统，宜选用变频给水机组直接供水的系统，另外应保证饮用净水在整个供水系统中各个部分的停留时间不超过 4～6h。

第5章 建筑排水系统设计

5.1 建筑排水系统概述

5.1.1 建筑排水系统的分类

建筑排水系统的任务是将人们日常生活和工业生产中使用过的、受到污染的水以及屋面的雨水、雪水收集起来，即使排到屋外。

根据污废水的来源，建筑排水系统可分为3类：

1. 生活排水系统

排除生活污水和生活废水。粪便污水为生活污水；盥洗、洗涤等排水为生活废水。

2. 工业废水排水系统

排除生产废水和生产污水。生产废水为工业建筑中污染较轻或经过简单处理后可循环或重复使用的废水；生产污水为生产过程中被化学杂质（有机物、重金属离子、酸、碱等）或机械杂质（悬浮物及胶体物）污染较重的污水。

3. 屋面雨水排水系统

排除建筑屋面雨水和冰、雪融化水。建筑物屋面雨水排水系统应单独设置。建筑物雨水管道是按当地暴雨强度公式和设计重现期进行设计，而生活污、废水管道是按卫生器具的排水流量进行设计，若将雨水与生活污水或生活废水合流，将会影响生活污、废水管道的正常运行。

5.1.2 建筑排水系统的组成

排水系统的基本要求是迅速通畅地排除建筑内部的污、废水，保证排水管道系统气压波动小，使水封不致破坏；管线布置力求简短顺直，造价低。排水系统如图5-1所示，由以下几部分组成：

1. 卫生器具或生产设备受水器

既是建筑内部给水终端，也是排水系统的起点，除了大便器外，其他卫生器具均应在排水口处设置格栅。

2. 排水管系

由器具排水管连接卫生器具和横支管之间的一段短管、除坐式大便器外，其间含存水弯，有一定坡度的横支管、立管；埋设在地下的总干管和排出到室外的排水管等组成。

3. 通气管系

有伸顶通气立管、专用通气内立管、环形通气管等几种类型，其主要作用是让排水管与大气相通，稳定管系中的气压波动，使水流畅通。

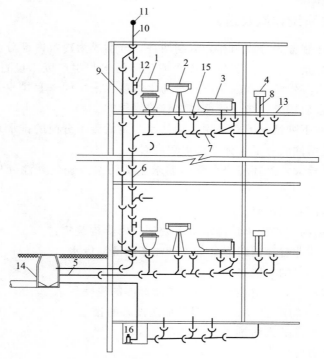

图 5-1　建筑内部排水系统的基本组成

1—坐便器；2—洗脸盆；3—浴盆；4—厨房洗涤盆；5—排水出户管；
6—排水立管；7—排水横支管；8—器具排水管（含存水弯）；
9—专用通气管；10—伸顶通气管；11—通风帽；12—检查口；
13—清扫口；14—排水检查井；15—地漏；16—污水泵

4. 清通设备

一般有检查口、清扫口、检查井以及带有清通门的弯头或三通等设备，作为疏通排水管道之用。

5. 提升设备

民用建筑中的地下室、人防建筑物、高层建筑的地下技术层、某些工业企业车间或半地下室、地下铁道等建筑物内的污、废水不能自流排至室外时必须设置污水抽升设备（如水泵、气压扬液器、喷射器等）将这些污废水抽升排放以保持室内良好的卫生环境。

6. 室外排水管道

自排水管接出的第一检查井后至城市下水道或工业企业排水主干管间的排水管段即为室外排水管道，其任务是将建筑内部的污、废水排送到市政或厂区管道中去。

7. 污水局部处理构筑物

当建筑内部污水未经处理不允许直接排入城市下水道或水体时，在建筑物内或附近应设置局部处理构筑物予以处理。我国目前多采用在民用建筑和有生活间的工业建筑附近设化粪池、使生活粪便污水经化粪池处理后排入城市下水道或水体。污水中较重的杂质如粪便、纸屑等在池中数小时后沉淀形成池底污泥，三个月后污泥经厌氧分解、酸性发酵等过程后脱水熟化便可清掏出来。化粪池容积的确定可参考《给水排水国家标准图集》。

建筑给排水也可分为民用建筑给排水和工业建筑给排水。

147

5.1.3　建筑排水系统体制及选择

建筑内部排水体制分为分流制和合流制两种，分别成为建筑内部分流排水和建筑内部合流排水。分流制是指生活污水与生活废水或生产污水与生产废水设置独立的管道系统；合流制是指生活污水与生活废水或生产污水与生产废水采用同一套排水管道系统排放或污废水在建筑物内汇合后用统一排水管网排之建筑物外。

（1）建筑物内在下列情况下宜采用生活污水与生活废水分流的排水系统：

1）建筑物的使用性质对卫生标准要求较高时。

2）生活废水量较大，且环境卫生部门要求生活污水需经化粪池处理后才能排入城镇排水管道时。

3）生活废水需回收利用时。

（2）下列建筑物的排水应单独排水至水处理或回收构筑物：

1）职工食堂与营业餐厅的厨房含有大量油脂的洗涤废水。

2）机械自动洗车台的冲洗水。

3）含有大量致病菌，放射性元素超过排放标准的医院污水。

4）水温超过 40％的锅炉、水加热器等加热设备的排水。

5）用于回用水水源的生活排水。

6）实验室有害有毒废水。

（3）建筑物雨水管道应单独设置，雨水回收利用可按现行国家标准《建筑与小区雨水利用工程技术规范》GB 50400—2006 执行。

5.1.4　建筑排水系统用类型及选用

1.建筑内排水系统类型

（1）伸顶通气管排水系统，如图 5-2 所示。

（2）底层单独直接排水，上层设排水系统，如图 5-3 所示。

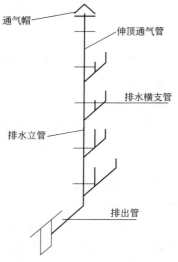

图 5-2　伸顶通气管排水系统

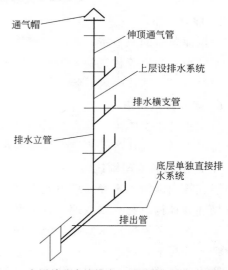

图 5-3　底层单独直接排水上层设伸顶通气管排水系统

（3）设有通气管的排水系统：

1）设有专用通气管、结合通气管和伸顶通气管的排水系统，如图 5-4 所示。

2）设有主通气管、结合通气管、环形通气管和伸顶通气管的排水系统，如图 5-5 所示。

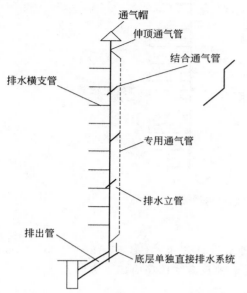

图 5-4 设有专用通气管、结合通气管和伸顶通气管的排水系统

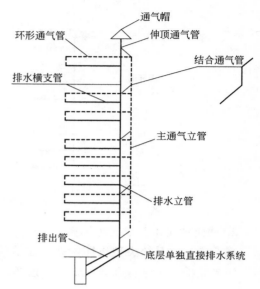

图 5-5 设有主通气管、结合通气管、环形通气管和伸顶通气管的排水系统

3）设有副通气立管、环形通气管和伸顶通气管的排水系统，如图 5-6 所示。

4）设环形通气管、主通气立管、器具通气管的排水系统，如图 5-7 所示。

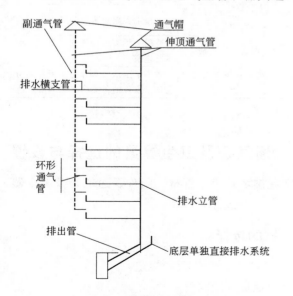

图 5-6 设有副通气管，环形通气管和伸顶通气管的排水系统

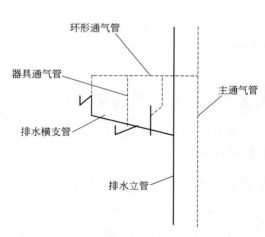

图 5-7 设环形通气管、主通气立管、器具通气管的排水系统

149

5）设自循环通气的排水系统，如图 5-8 所示。

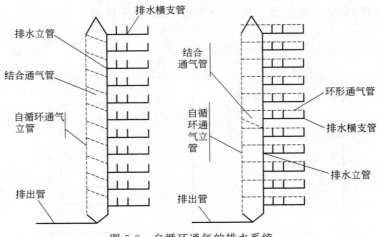

图 5-8　自循环通气的排水系统

2. 建筑内排水系统类型选择

建筑内排水系统类型选择依据《建筑给水排水设计规范》GB 50015—2003（2009 年版）中规定的系统选择和通气管进行选择。污废水排水系统选择应用见表 5-1。

污废水排水系统选择 表 5-1

序号	系统名称	系统特点	选择应用
1	无通气管的单立管排水系统	立管顶部不与大气相通	适用于立管短、卫生器具少、排水量小，立管顶端不便伸出屋面
2	普通单立管排水系统	立管顶部穿出屋顶与大气相通	适用于一般多层建筑
3	特制配件单立管排水系统	在横支管与立管连接处和在立管底部与横干管连接处或排出管上设有特制配件	适用于多层建筑和高层建筑
4	双立管排水系统	由一根排水立管和一根专用通气管组成	适用于污废水合流的各类多层和高层建筑
5	三立管排水系统	由生活污水立管、生活废水立管和通气立管组成	适用于生活污水和生活废水需分别排出室外的各类多层和高层建筑

5.2　建筑排水系统用管材、附件、通气管及卫生器具的选择与设置

初学者在进行建筑排水系统设计时，要掌握排水系统用管材、附件、通气管及卫生器具的选择与设置。

5.2.1　建筑外（小区）排水系统排水管材的选择

依《建筑给水排水设计规范》GB 50015—2003（2009 年版）规定：

（1）建筑外（小区）排水管道应优先采用埋地排水塑料管；

（2）当连续排水温度大于 40℃时，应采用金属排水管或耐热塑料排水管；

（3）压力排水管道可采用耐压塑料管、金属管或钢塑复合管。

5.2.2　建筑内排水系统排水管材的选择

依《建筑给水排水设计规范》GB 50015—2003（2009 年版）规定：

（1）建筑内部排水管道应采用建筑排水塑料管及管件或柔性接口机制排水铸铁管及相应管件；

（2）当连续排水温度大于 40℃时，应采用金属排水管或耐热塑料排水管；

（3）压力排水管道可采用耐压塑料管、金属管或钢塑复合管。

5.2.3　建筑外（小区）排水系统检查井的设置

依《建筑给水排水设计规范》GB 50015—2003（2009 年版）规定：

（1）建筑外（小区）排水管道的连接在下列情况下应采用检查井：

1）在管道转弯和连接处；

2）在管道的管径、坡度改变处。

（2）建筑外（小区）生活排水检查井应优先采用塑料排水检查井。

（3）建筑外（小区）生活排水管道管径小于等于 160mm 时，检查井间距不宜大于 30m。管径大于等于 200mm 时，检查井间距不宜大于 40m。

（4）生活排水管道的检查井内应有导流槽。

5.2.4　建筑内排水系统排水用附件的选择

1. 地漏的设置和选择

地漏是一种内有水封，用来排放地面水的特殊排水装置，设置在经常有水溅落的卫生器具附近地面（如浴盆、洗脸盆、小便器、洗涤盆等）、地面有水需要排除的场所（如淋浴间、水泵房）或地面需要清洗的场所（如食堂、餐厅），住宅还可用作洗衣机排水口。图 5-9 是几种类型地漏的构造图。

（1）普通地漏。仅用于收集排放地面水，普通地漏的水封深度较浅。若地漏仅担负排除地面的溅落水时，注意经常注水，以免地漏内的水蒸发，造成水封破坏。

（2）多通道地漏。有一通道、二通道、三通道等多种形式，不仅可以排除地面水，还有通道连接卫生间内洗脸盆、浴盆或洗衣机的排水，并设有防止卫生器具排水可能造成的地漏反冒水措施。但由于卫生器具排水时在多通道地漏处易产生排水噪声，在无安静要求和无设置环形通气管、器具通气管的场所，可采用多通道地漏。

（3）双算杯式地漏。双算杯式地漏内部水封盒用塑料制作，形如杯子，便于清洗，比较卫生，排泄量大，排水快，采用双算有利于拦截污物。这种地漏另附塑料密封盖，完工后去除，以避免施工时发生泥砂等物堵塞。

（4）防倒流地漏。防倒流地漏可以防止污水倒流。一般可在地漏内设塑料浮球，或在地漏后设防倒流阻止阀。防倒流地漏适用于标高较低的地下室、电梯井和地下通道排水。

（5）密封防涸地漏。具有密封和防干涸性能的新型地漏，尤以磁性密封较为新颖实用，地面有积水时能利用水的重力打开密封排水，排完积水后能自动恢复密封，且防涸性能好。

在选择地漏时，应优先采用具有防涸功能的地漏；在无安静要求和无须设置环形通气

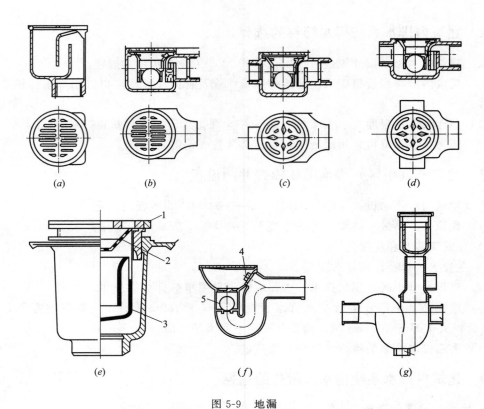

图 5-9 地漏

(a) 普通地漏；(b) 单通道地漏；(c) 双通道地漏；(d) 三通道地漏；
(e) 双箅杯式地漏；(f) 防倒流地漏；(g) 双接口多功能地漏
1—外箅；2—内箅；3—杯式水封；4—清扫口；5—浮球

管、器具通气管的场所，可采用多通道地漏；食堂、厨房和公共浴室等排水宜设置网框式地漏；严禁采用钟罩（扣碗）式地漏；淋浴室的淋浴水一般用地漏排除，当淋浴水沿地面径流流到地漏时，地漏直径按表 5-2 选用，当淋浴水沿排水沟流到地漏时，每 8 个淋浴器设 1 个管径为 100mm 的地漏。

淋浴室地漏管径 表 5-2

地漏管径(mm)	淋浴器数量(个)	地漏管径(mm)	淋浴器数量(个)
50	1～2	100	4～5
75	3		

2. 清扫口和检查口的设置

（1）清扫口。在排水横管上的清扫口宜设置在楼板或地坪上，与地面相平。排水横管起点的清扫口与其端部相垂直的墙面的距离不得小于 0.2m。当有困难时可用检查口替代清扫口；排水管起点设置堵头代替清扫口时，堵头与墙面的距离不应小于 0.4m。当有困难时可用带清扫口弯头配件替代清扫口；管径小于 100mm 的排水管道上的清扫口，应与管道同径；等于或大于 100mm 管段上的清扫口，应采用 100mm 直径的清扫口；排水横管连接清扫口的连接管及管件应与清扫口同径，并采用 45°斜三通和 45°弯头或由 2 个 45°

152

弯头组合的管件；设置在铸铁排水管道上的清扫口，其材质应为铜质；设置在硬聚氯乙烯管道上的清扫口应与管道的材质相同。

（2）检查口。立管上设置的检查口，应位于地（楼）面以上 1.0m 处，并应高于该层卫生器具上边缘 0.15m；地下室立管上的检查口，应设置在立管底部之上；埋地横管上设置的检查口，应敷设在砖砌的井内。也可采用密封塑料排水检查井替代检查口；立管上检查口的检查盖，应面向便于检查、清扫的方位，横干管上的检查口应垂直向上；铸铁排水立管上检查口之间的距离不宜大于 10m；排水横管的直线管段上检查口或清扫口之间的最大距离应符合表 5-3 的规定。

排水横管的直线管段上检查口或清扫口之间的最大距离　　　　　表 5-3

管道管径(mm)	清扫设备	距离(m)	
		生活废水	生活污水
50～70	检查口	15	12
	清扫口	10	8
100～150	检查口	20	15
	清扫口	15	10
200	检查口	25	20

5.2.5　建筑内排水系统通气管的设置要求

依《建筑给水排水设计规范》GB 50015—2003（2009 年版）规定：

（1）生活排水管道的立管顶端，应设置伸顶通气管。

（2）当遇特殊情况，伸顶通气管无法伸出屋面时，可设置下列通气方式：

1）当设置侧墙通气时，通气管口应符合规范的要求；

2）在室内设置成汇合通气管后应在侧墙伸出延伸至屋面以上；

3）当上述第 1）、2）款无法实施时，可设置自循环通气管道系统。

（3）下列情况下应设置通气立管或特殊配件单立管排水系统：

1）生活排水立管所承担的卫生器具排水设计流量，当超过表 5-8 中仅设伸顶通气管的排水立管最大设计排水能力时；

2）建筑标准要求较高的多层住宅、公共建筑、10 层及 10 层以上高层建筑卫生间的生活污水立管应设置通气立管。

（4）下列排水管段应设置环形通气管：

1）连接 4 个及 4 个以上卫生器具且横支管的长度大于 12m 的排水横支管；

2）连接 6 个及 6 个以上大便器的污水横支管；

3）对卫生、安静要求较高的建筑物内，生活排水管道宜设置器具通气管。

（5）建筑物内各层的排水管道上设有环形通气管时，应设置连接各层环形通气管的主通气立管或副通气立管。

（6）通气立管不得接纳器具污水、废水和雨水，不得与风道和烟道连接。

（7）在建筑物内不得设置吸气阀替代通气管。

（8）通气管和排水管的连接，应遵守下列规定：

1) 器具通气管应设在存水弯出口端；在横支管上设环形通气管时，应在其最始端的两个卫生器具之间接出，并应在排水支管中心线以上与排水支管呈垂直或45°连接；

2) 器具通气管、环形通气管应在卫生器具上边缘以上不小于0.15m处按不小于0.01的上升坡度与通气立管相连；

3) 专用通气立管和主通气立管的上端可在最高层卫生器具上边缘以上不小于0.15m或检查口以上与排水立管通气部分以斜三通连接；下端应在最低排水横支管以下与排水立管以斜三通连接；

4) 结合通气管宜每层或隔层与专用通气立管、排水立管连接，与主通气立管、排水立管连接不宜多于8层；结合通气管下端宜在排水横支管以下与排水立管以斜三通连接；上端可在卫生器具上边缘以上不小于0.15m处与通气立管以斜三通连接；

5) 当用H管件替代结合通气管时，H管与通气管的连接点应设在卫生器具上边缘以上不小于0.15m处；

6) 当污水立管与废水立管合用一根通气立管时，H管配件可隔层分别与污水立管和废水立管连接；但最低横支管连接点以下应装设结合通气管。

(9) 自循环通气系统，当采取专用通气立管与排水立管连接时，应符合下列要求：

1) 顶端应在卫生器具上边缘以上不小于0.15m处采用两个90°弯头相连；

2) 通气立管应每层按上述第8条第4)、5)款的规定与排水立管相连；

3) 通气立管下端应在排水横干管或排出管上采用倒顺水三通或倒斜三通相接。

(10) 自循环通气系统，当采取环形通气管与排水横支管连接时，应符合下列要求：

1) 通气立管的顶端应按上述第9条第1)款的要求连接；

2) 每层排水支管下游端接出环形通气管，应在高出卫生器具上边缘不小于0.15m与通气立管相接；横支管连接卫生器具较多且横支管较长并符合上述第4条设置环形通气管的要求时，应在横支管上按上述第8条第1)、2)款的要求连接环形通气管；

3) 结合通气管的连接应符合上述第8条第4)款的要求；

4) 通气立管底部应按上述第9条第3)款的要求连接。

(11) 建筑物设置自循环通气的排水系统时，宜在其室外接户管的起始检查井上设置管径不小于100mm的通气管。当通气管延伸至建筑物外墙时，通气管口应符合下述第12条第2)款的要求；当设置在其他隐蔽部位时，应高出地面不小于2m。

(12) 高出屋面的通气管设置应符合下列要求：

1) 通气管高出屋面不得小于0.3m，且应大于最大积雪厚度，通气管顶端应装设风帽或网罩；

注：屋顶有隔热层时，应从隔热层板面算起。

2) 在通气管口周围4m以内有门窗时，通气管口应高出窗顶0.6m或引向无门窗一侧；

3) 在经常有人停留的平屋面上，通气管口应高出屋面2m，当伸顶通气管为金属管材时，应根据防雷要求设置防雷装置；

4) 通气管口不宜设在建筑物挑出部分（如屋檐檐口、阳台和雨篷等）的下面。

(13) 通气管的最小管径不宜小于排水管管径的1/2，并可按表5-4确定。

通气管名称	排水管管径(mm)				
	50	75	100	125	150
器具通气管	32	—	50	50	—
环形通气管	32	40	50	50	—
通气立管	40	50	75	100	100

注：1. 表中通气立管系指专用通气立管、主通气立管、副通气立管。

    2. 自循环通气立管管径应与排水立管管径相等。

（14）通气立管长度在 50m 以上时，其管径应与排水立管管径相同。

（15）通气立管长度小于等于 50m 且两根及两根以上排水立管同时与一根通气立管相连，应以最大一根排水立管按表 5-4 确定通气立管管径，且其管径不宜小于其余任何一根排水立管管径。

（16）结合通气管的管径不宜小于与其连接的通气立管管径。

（17）伸顶通气管管径应与排水立管管径相同。但在最冷月平均气温低于-13℃的地区，应在室内平顶或吊顶以下 0.3m 处将管径放大一级。

（18）当两根或两根以上污水立管的通气管汇合连接时，汇合通气管的断面积应为最大 1 根通气管的断面积加其余通气管断面积之和的 0.25 倍。

（19）通气管用管材，可采用塑料管、柔性接口排水铸铁管等。

5.2.6　建筑排水卫生器具和存水弯的选择

1. 卫生器具的选择

卫生器具是供水并授受、排出污废水和污物的容器或装置，如洗面器、坐便器（图 5-10）、浴缸、洗涤槽等。卫生器具一般采用不透水、无气孔、表面光滑、耐腐蚀、耐磨损、耐冷热、便于清扫，有一定强度的材料制造，如陶瓷、陶瓷生铁、塑料、复合材料等。卫生器具的设置数量、材质应符合现行的有关设计标准、规范或规定的要求。

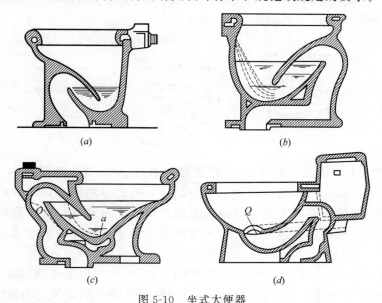

图 5-10　坐式大便器

（a）冲洗式；（b）虹吸式；（c）喷射虹吸式；（d）旋涡虹吸式

155

（1）便溺器具

1）大便器

分体坐便器：水箱与便体分为两部分组成的坐便器。

连体坐便器：水箱与便体一体成型的坐便器。

后排污式坐便器（图5-11）：排污口在便体后方连接在墙体预留排污口上的坐便器。后排污式坐便器按排污口距地面高度分有高位、低位两种尺寸。现在已经淘汰了。

下排污式坐便器：排污口在便体下方，连接在地面预留排污口上的坐便器。下排污式坐便器按墙距分有350mm、450mm两种尺寸。

冲洗式坐便器：在便体内沿布有冲水口，主要靠冲水时的水压将污物排净，排物速度快但排污时噪声稍大。

虹吸式坐便器：在便体内沿均匀分布有一圈冲水口，冲水时主要靠水流形成漩涡式下落利用水的负压力将污物排净。喷射虹吸式坐便器：在虹吸的基础在便体内另设有单独的冲水口增强了排污效果，且静音效果好。

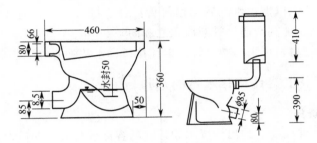

图5-11　后排式坐式大便器

蹲式大便器，一般用于普通住宅、集体宿舍、公共建筑物的公用厕所、防止接触传染的医院内厕所。蹲式大便器的压力冲洗水经大便器周边的配水孔，将大便器冲洗干净，如图5-12所示，蹲式大便器比坐式大便器的卫生条件好。

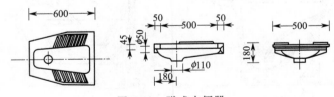

图5-12　蹲式大便器

2）大便槽。大便槽是可供多人同时使用的长条形沟槽，用隔板隔成若干小间，多用于学校、火车站、汽车站、码头、游乐场等人员较多的场所，代替成排的蹲式大便器。大便槽一般采用混凝土或钢筋混凝土浇筑而成，槽底有坡度，坡向排出口。为及时冲洗，防止污物粘附，散发臭气，大便槽采用集中自动冲洗水箱或红外线数控冲洗装置。

3）小便器。小便器，设于公共建筑的男厕所内，有的住宅卫生间内也需设置。小便器有挂式、立式和小便槽三类。其中立式小便器用于标准高的建筑，小便槽用于工业企业、公共建筑和集体宿舍等建筑的卫生间，如图5-14～图5-16所示。

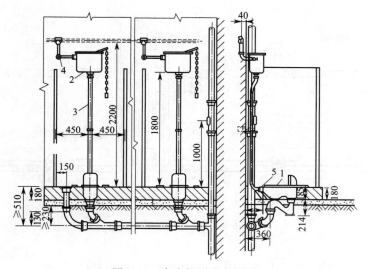

图 5-13　高水箱蹲式大便器

1—蹲式大便器；2—高水箱；3—冲水管；4—角阀；5—橡胶碗

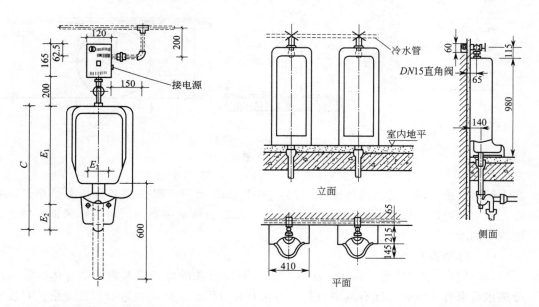

图 5-14　光控自动冲洗壁挂式小便器安装　　　　　图 5-15　立式小便器安装

（2）盥洗器具

1）洗脸盆。洗脸盆一般用于洗脸、洗手和洗头，设置在卫生间、盥洗室、浴室及理发室内。洗脸盆的高度及深度适宜，盥洗不用弯腰较省力，使用不溅水，用流动水盥洗比较卫生。洗脸盆有长方形、椭圆形、马蹄形和三角形，安装方式有挂式、立柱式和台式，如图 5-17 所示。

2）洗手盆。洗手盆设置在标准较高的公共卫生间，供人们洗手用的盥洗用卫生器具。形状和材质与洗脸盆相同，但比洗脸盆小而浅，且排水口不带塞封，水流随用随排。

3）盥洗槽。盥洗槽设在集体宿舍、车站候车室、工厂生活间等公共卫生间内，可供

157

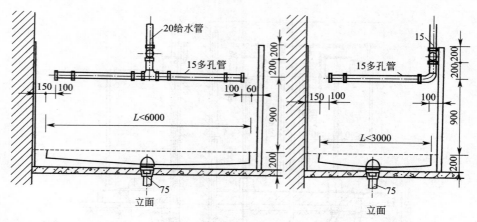

图 5-16　小便槽

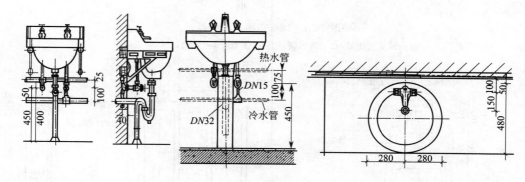

图 5-17　洗脸盆

(a) 挂式；(b) 柱式；(c) 台式

多人同时洗手、洗脸的盥洗用卫生器具，如图 5-18 所示。盥洗槽多为长方形布置，有单面、双面两种，一般为钢筋混凝土现场浇筑，水磨石或瓷砖贴面，也有不锈钢、搪瓷、玻璃钢等制品。

（3）沐浴器具

1）浴盆。设在住宅、宾馆、医院等卫生间或公共浴室，供人们清洁身体。浴盆配有冷热水或混合水嘴，并配有淋浴设备。浴盆有长方形、方形，斜边形和任意形；材质有陶瓷、搪瓷钢板、塑料、复合材料等，尤其材质为亚克力的浴盆与肌肤接触的感觉较舒适；根据功能要求有裙板式、扶手式、防滑式、坐浴式和普通式；浴盆的色彩种类很丰富，主要为满足卫生间装饰色调的需求，如图 5-19 所示。

2）淋浴器。多用于工厂、学校、机关、部队的公共浴室和体育场馆内。淋浴器占地面积小，清洁卫生，避免疾病传染，耗水量小，设备费用低。有成品淋浴器，也可现场制作安装。图 5-20 为现场制作安装的淋浴器。

（4）洗涤设备。常用的洗涤用卫生器具有洗涤盆（池）、化验盆、污水盆（池）、洗碗机等几种。

1）洗涤盆（池）。装设在厨房或公共食堂内，用来洗涤碗碟、蔬菜的洗涤用卫生器

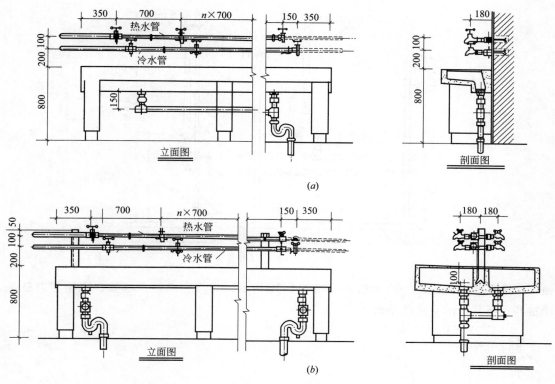

图 5-18　盥洗槽

（a）单面盥洗槽；（b）双面盥洗槽

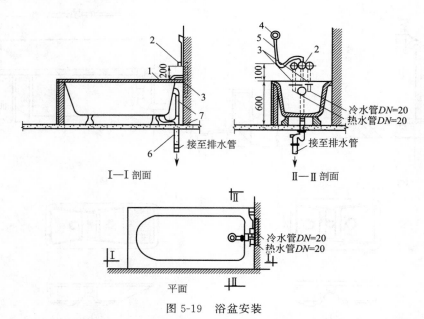

图 5-19　浴盆安装

1—浴盆；2—混合阀门；3—给水管；4—莲蓬头；5—蛇皮管；6—存水弯；7—溢水管

具。多为陶瓷、搪瓷、不锈钢和玻璃钢制品，有单格、双格和三格之分。有的还带搁板和背衬。双格洗涤盆的一格用来洗涤，另一格泄水。大型公共食堂内也有现场建造的洗涤

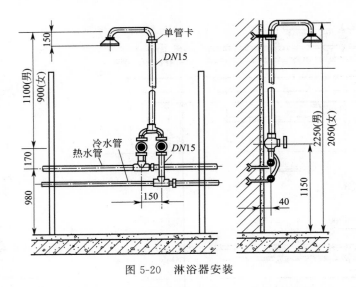

图 5-20　淋浴器安装

池，如洗菜池、洗碗池、洗米池等。如图 5-21 所示，为陶瓷单格洗涤盆、不锈钢双格洗涤盆和现场建造的双格洗涤池。

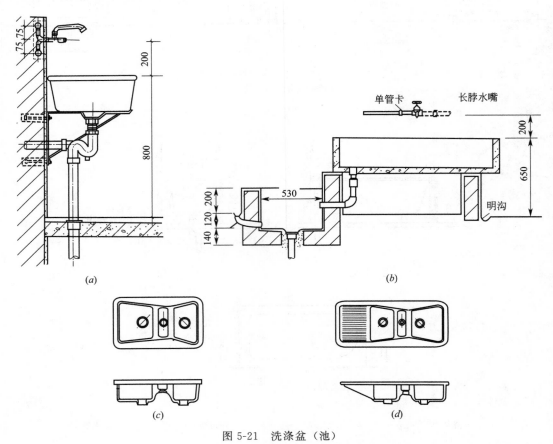

图 5-21　洗涤盆（池）

（a）单格陶瓷洗涤盆；（b）双格洗涤池；

（c）双格不锈钢洗涤盆；（d）双格不锈钢带搁板洗涤盆

2）化验盆。化验盆是洗涤化验器皿、供给化验用水、倾倒化验排水用的洗涤用卫生器具。设置在工厂、科研机关和学校的化验室或实验室内，盆体本身常带有存水弯。材质为陶瓷，也有玻璃钢、搪瓷制品。根据需要，可装置单联、双联、三联鹅颈龙头，如图5-22所示。

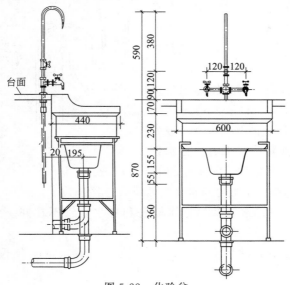

图 5-22　化验盆

3）污水盆（池）。污水盆（池）设置在公共建筑的厕所、盥洗室内，供洗涤清扫用具、倾倒污废水的洗涤用卫生器具。污水盆多为陶瓷、不锈钢或玻璃钢制品，污水池以水磨石现场建造，按设置高度，污水盆（池）有挂墙式和落地式两类，如图5-23所示。

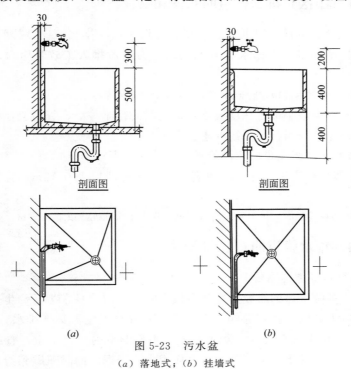

图 5-23　污水盆
（a）落地式；（b）挂墙式

161

2. 存水弯的选择

存水弯的作用是在其内形成一定高度的水封，通常为 50～100mm，阻止排水系统中的有毒有害气体或虫类进入室内，保证室内的环境卫生。当构造内无存水弯的卫生器具与生活污水管道或其他可能产生有害气体的排水管道连接时，必须在排水口以下设存水弯。存水弯的水封深度不得小于 50mm。严禁采用活动机械密封替代水封。医疗卫生机构内门诊、病房、化验室、试验室等不在同一房间内的卫生器具不得共用存水弯。卫生器具排水管段上不得重复设置水封。存水弯的类型主要有 S 形和 P 形两种，如图 5-24 所示。

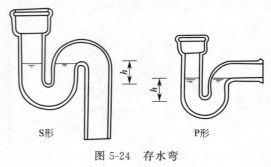

图 5-24　存水弯

S 形存水弯常采用在排水支管与排水横管垂直连接部位。

P 形存水弯常采用在排水支管与排水横管和排水立管不在同一平面位置而需连接的部位。

需要把存水弯设在地面以上时，为满足美观要求，存水弯还有不同类型，如瓶式存水弯、存水盒等。

5.3　建筑排水管道的布置与敷设

5.3.1　建筑外（小区）排水管道的布置和敷设

（1）小区排水管的布置应根据小区规划、地形标高、排水流向，按管线短、埋深小、尽量自流排出的原则确定。当排水管道不能以重力自流排入市政管道时，应当设置排水泵房。

注：特殊情况下，经技术经济比较合理时，可采用真空排水系统。

（2）小区排水管道最小覆土深度应当根据道路的行车等级、管材受压强度、地基承载力等因素经计算确定，应当符合下述要求：

1）小区干道和小区组团道路下的管道，覆土深度不宜小于 0.70m。

2）生活污水接户管道埋设深度不得高于土壤冰冻线以上 0.15m，且覆土深度不宜小于 0.30m。

注：当采用埋地塑料管道时，排出管埋设深度可不高于土壤冰冻线以上 0.50m。

5.3.2　建筑内部排水管道的布置和敷设

1. 建筑内部排水管道的布置

建筑内部排水系统管道的布置与敷设直接影响着人们的日常生活和生产，为创造良好的环境，应遵循以下原则：排水通畅，水力条件好（自卫生器具至排水管的距离应最短，管道转弯应最少）；使用安全可靠，防止污染，不影响室内环境卫生；管线简单，工程造价低；施工安装方便，易于维护管理；占地面积小、美观；同时兼顾到给水管道、热水管道、供热通风管道、燃气管道、电力照明线路、通信线路和共用天线等的布置和敷设要求。

排水管道不得穿过沉降缝、伸缩缝、变形缝、烟道和风道，当受条件限制必须穿过沉降缝、伸缩缝和变形缝时，应采取相应的技术措施；排水埋地管道，不得布置在可能受重压易损坏处或穿越生产设备基础，特殊情况下应与有关专业协商处理。

塑料排水立管应避免布置在易受机械撞击处，如不能避免时，应采取保护措施；同时应避免布置在热源附近，如不能避免，且管道表面受热温度大于60℃时，应采取隔热措施。塑料排水立管与家用灶具边净距不得小于0.4m。

住宅卫生间的卫生器具排水管要求不穿越楼板、规范强制规定建筑内部某些部位不得布置管道而受条件限制时，卫生器具排水横支管应设置同层排水。而住宅卫生间同层排水形式应根据卫生间空间、卫生器具布置、室外环境气温等因素，经技术经济比较确定。

同层排水设计应符合下列要求：地漏设置应满足规范要求；排水管道管径、坡度和最大设计充满度应符合表5-5、表5-6的规定；器具排水横支管布置标高不得造成排水滞留、地漏冒溢；埋设于填层中的管道不得采用橡胶圈密封接口；当排水横支管设置在沟槽内时，回填材料、面层应能承载器具、设备的荷载；卫生间地坪应采取可靠的防渗漏措施。

建筑物内生活排水铸铁管道的最小坡度和最大设计充满度 表5-5

管径(mm)	通用坡度	最小坡度	最大设计充满度
50	0.035	0.025	
75	0.025	0.015	
100	0.020	0.012	0.5
125	0.015	0.010	
150	0.010	0.007	
200	0.008	0.005	0.6

建筑排水塑料管排水横管的最小坡度、通用坡度和最大设计充满度 表5-6

外径(mm)	通用坡度	最小坡度	最大设计充满度
50	0.025	0.0120	
75	0.015	0.0070	
110	0.012	0.0040	0.5
125	0.010	0.0035	
160	0.007	0.0030	
200	0.005	0.0030	
250	0.005	0.0030	0.6
315	0.005	0.0030	

2. 排水管道的敷设

排水管道一般应在地下或楼板填层中埋设或在地面上、楼板下明设，《住宅设计规范》GB 50096—2011规定住宅的污水排水横管宜设于本层套内（即同层排水），若必须敷设在下一层的套内空间时，其清扫口应设于本层，并应进行夏季管道外壁结露验算，采取相应的防止结露的措施。当建筑或工艺有特殊要求时，可把管道敷设在管道竖井、管槽、管沟或吊顶、架空层内暗设，排水立管与墙、柱应有25～35mm净距，便于安装和检修。

排水立管与排出管端部的连接，宜采用两个45°弯头或弯曲半径不小于4倍管径的90°弯头或90°变径弯头。排出管至室外第一个检查井的距离不宜小于3m，检查井至污水立管或排出管上清扫口的距离不大于表5-7的规定。

排水立管或排出管上的清扫口至室外检查井中心的最大长度　　　　　　　　　表5-7

管径(mm)	50	75	100	100 以上
最大长度(m)	10	12	15	20

排水立管仅设伸顶通气管时，最低排水横支管与立管连接处距排出管或排水横干管起点管内底的垂直距离（图5-25），不得小于表5-8的规定，若当与排出管连接的立管底部放大一号管径或横干管比与之连接的立管大一号管径时，可将表中垂直距离缩小一档。

排水横支管连接在排出管或排水横干管上时，连接点距立管底部下游水平距离不得小于1.5m，如图5-26所示。若靠近排水立管底部的最低排水横支管满足不了表5-5和图5-26的要求时、在距排水立管底部1.5m距离之内的排出管、排水横管有90°水平转弯管段时，则底层排水支管应单独排至室外，检查井或采取有效的防反压措施。

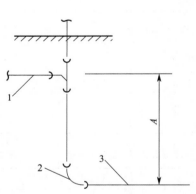

图5-25　最低排水横支管与排出管起点管内底的距离
1—最低排水横支管；
2—立管底部；3—排出管

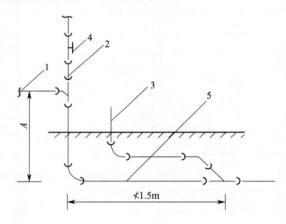

图5-26　排水横支管与排出管或横干管的连接
1—排水横支管；2—排水立管；3—排水支管；
4—检查口；5—排水横干管（或排出管）

最低横支管与连接处至立管管底的最小垂直距离　　　　　　　　　　　　　表5-8

立管连接卫生器具的层数	垂直距离(m)	
	仅设伸顶通气	设通气立管
≤4	0.45	按配件最小安装尺寸确定
5～6	0.75	
7～12	1.20	
13～19	3.00	0.75
≥20	3.00	1.20

注：单根排水管的排出管宜与排水立管相同管径。

5.4　建筑排水系统水力计算

5.4.1　建筑外（小区）排水系统水力计算

1. 排水量的计算

依《建筑给水排水设计规范》GB 50015—2003（2009 年版）规定：

（1）建筑外（小区）生活排水系统排水定额宜为相应的生活给水系统用水定额的85%～95%。

生活排水系统小时变化系数应与其相应的生活给水系统小时变化系数相同，按《建筑给水排水设计规范》GB 50015—2003（2009 年版）中给水的规定确定。

公共建筑生活排水定额和小时变化系数应与公共建筑生活给水用水定额和小时变化系数相同，应按《建筑给水排水设计规范》GB 50015—2003（2009 年版）中给水的规定确定。

（2）建筑外（小区）生活排水的设计流量应按住宅生活排水最大小时流量与公共建筑生活排水最大小时流量之和确定。

2. 水力计算公式

排水横管的水力计算，应按下式计算：

$$v=\frac{1}{n}R^{2/3}I^{1/2}$$

式中　v——速度（m/s）；

　　　R——水力半径（m）；

　　　I——水力坡度，采用排水管的坡度；

　　　n——粗糙系数。铸铁管为 0.013；混凝土管、钢筋混凝土管为 0.013～0.014；钢管为 0.012；塑料管为 0.009。

3. 水力计算规定

小区室外生活排水管道的最小管径、最小设计坡度和最大设计充满度宜按表 5-9 进行确定。

小区室外生活排水管道最小管径、最小设计坡度和最大设计充满度　　表 5-9

管别	管材	最小管径(mm)	最小设计坡度	最大设计充满度
接户管	埋地塑料管	160	0.005	
支管	埋地塑料管	160	0.005	0.5
干管	埋地塑料管	200	0.004	

注：1. 接户管管径不得小于建筑物排出管管径。

　　2. 化粪池与其连接的第一个检查井的污水管最小设计坡度取值：管径150mm 为 0.010～0.012，管径 200mm 为 0.010。

5.4.2　建筑内排水系统水力计算

1. 排水量计算

《建筑给水排水设计规范》GB 50015—2003（2009 年版）规定，建筑内排水系统水力计算中的排水量采用排水设计秒流量，其方法是根据不同的建筑分别采用卫生器具的当量或卫生器具的额定排水量计算排水设计秒流量。

卫生器具排水的流量、当量和排水管的管径应按表 5-10 确定。

卫生器具排水的流量、当量和排水管的管径　　　　　　　　　　表 5-10

序号	卫生器具名称	排水流量（L/s）	当量	排水管管径（mm）
1	洗涤盆、污水盆（池）	0.33	1.00	50
2	餐厅、厨房洗菜盆（池）	—	—	—
	单格洗涤盆（池）	0.67	2.00	50
	双格洗涤盆（池）	1.00	3.00	50
3	盥洗槽（每个水嘴）	0.33	1.00	50～75
4	洗手盆	0.10	0.30	32～50
5	洗脸盆	0.25	0.75	32～50
6	浴盆	1.00	3.00	50
7	淋浴器	0.15	0.45	50
8	大便器	—	—	—
	冲洗水箱	1.50	4.50	100
	自闭式冲洗阀	1.20	3.60	100
9	医用倒便器	1.50	4.50	100
10	小便器	—	—	—
	自闭式冲洗阀	0.10	0.30	40～50
	感应式冲洗阀	0.10	0.30	40～50
11	大便槽	—	—	—
	≤4 个蹲位	2.50	7.50	100
	＞4 个蹲位	3.00	9.00	150
12	小便槽（每米长）	—	—	—
	自动冲洗水箱	0.17	0.50	—
13	化验盆（无塞）	0.20	0.60	40～50
14	净身器	0.10	0.30	40～50
15	饮水器	0.05	0.15	25～50
16	家用洗衣机	0.50	1.50	50

注：家用洗衣机下排水软管直径为 30mm，上排水软管内径为 19mm。

2. 设计秒流量计算

建筑内部生活排水管道的设计流量应为该管段的瞬时最大排水流量，即排水设计秒流量。

（1）住宅、宿舍（Ⅰ、Ⅱ类）、旅馆、宾馆、酒店式公寓、医院、疗养院、幼儿园、养老院、办公楼、商场、图书馆、书店、客运中心、航站楼、会展中心、中小学校教学楼、食堂或营业餐厅等建筑，其生活排水管道设计秒流量应按下式计算：

$$q_p = 0.12\alpha\sqrt{N_p} + q_{max} \tag{5-1}$$

式中　q_p——计算管段排水设计秒流量（L/s）；

　　　N_p——计算管段卫生器具排水当量总数；

　　　q_{max}——计算管段上排水量最大的1个卫生器具的排水流量（L/s）；

　　　α——根据建筑物用途而定的系数，与计算给水管道设计秒流量时的取值相同。

按公式(5-1)计算的结果大于该管段上所有卫生器具排水流量的累加值时，应将该管段所有卫生器具排水流量的累加值作为该管段排水设计秒流量。

（2）宿舍（Ⅲ、Ⅳ类）、工业企业生活间、公共浴室、洗衣房、职工食堂或营业餐厅的厨房、实验室、影剧院、体育场馆等，其建筑生活排水管道设计秒流量应按下式计算：

$$q_p = \sum q_0 n_0 b \qquad (5-2)$$

式中　q_p——计算管段排水设计秒流量（L/s）；

　　　q_0——计算管段上同类型的卫生器具中1个卫生器具的排水流量（L/s）；

　　　n_0——计算管段上同类型卫生器具的个数；

　　　b——卫生器具同时排水百分数，冲洗水箱大便器按12%计算，其他卫生器具同给水。

按公式(5-2)计算的排水流量小于1个大便器的排水流量时，应按1个大便器的排水流量作为该管段的排水设计秒流量。

3. 管网水力计算

（1）横管

1）充满度。建筑内部排水系统的横管按非满流设计，排水系统中有毒有害气体的排出和空气流动及补充，应占有管道上部一定的过流断面，同时接纳意外的高峰流量。

2）管道坡度。排水管道的设计坡度与污废水性质、管径大小、充满度大小和管材有关。污废水中含有的杂质多、管径越小、充满度小、管材粗糙系数越大，其坡度应越大。建筑内部生活排水管道的坡度规定有通用坡度和最小坡度两种。通用坡度为正常情况下应采用的坡度，最小坡度为必须保证的坡度。一般情况下应采用通用坡度，而当排水横管过长造成坡降值过大，受建筑空间限制时，可采用最小坡度。

建筑物内生活排水铸铁管道的最小坡度和最大设计充满度按表5-3确定。

建筑排水塑料管粘接、熔接连接的排水横支管的标准坡度应为0.026。胶圈密封连接排水横管的坡度可按表5-4调整。

3）最小管径。为了排水通畅，防止管道堵塞，保障室内环境卫生，建筑内部排水管的管径不能过小，其最小管径应符合以下要求：

①大便器的排水管最小管径不得小于100mm。

②建筑物排出管的最小管径不得小于50mm。

③下列场所排水横管的最小管径为：

a. 公共食堂厨房内的污水采用管道排除时，其管径应比计算管径大一级，但干管管径不得小于100mm，支管管径不得小于75mm。

b. 医院污物洗涤盆（池）和污水盆（池）的排水管径，不得小于75mm。

c. 小便槽或连接3个及3个以上小便器，其污水支管的管径不宜小于75mm。

d. 浴池的泄水管宜为100mm。

建筑底层无通气的排水管与其楼层管道分开单独排出时，其排水横支管的管径按表5-11确定。

排水横支管管径（mm）	50	75	100	125	150
最大设计排水能力（L/s）	1.0	1.7	2.5	3.5	4.8

4）水力计算。排水横管的水力计算，应按下列公式计算：

$$q_p = A \cdot \upsilon \tag{5-3}$$

$$\upsilon = \frac{1}{n} \cdot R^{2/3} \cdot I^{1/2} \tag{5-4}$$

式中　q_p——排水设计秒流量（L/s）；

　　　A——管道在设计充满度的过水断面面积（m²）；

　　　υ——流速（m/s）；

　　　R——水力半径，（m）；

　　　I——水力坡度，采用排水管管道坡度，其中因塑料三通和弯头夹角为 88.5°，因此塑料排水横管管道坡度取 0.026；

　　　n——管道粗糙系数。铸铁管、陶土管为 0.013；混凝土管、钢筋混凝土管为 0.013～0.014；钢管为 0.012；塑料管为 0.009。

为便于设计计算，根据公式（5-3）和公式（5-4）及各项设计规定，编制了建筑内部排水铸铁管水力计算表 5-12，建筑内部排水塑料管水力计算表 5-13 供设计时使用。

建筑内部排水铸铁管水力计算表（$n = 0.013$）　　表 5-12

坡度	生产污水																
	$h/D = 0.6$				$h/D = 0.7$						$h/D = 0.8$						
	$DN = 50$		$DN = 75$		$DN = 100$		$DN = 125$		$DN = 150$		$DN = 200$		$DN = 250$		$DN = 300$	
	q	υ	q	υ	q	υ	q	υ	q	υ	q	υ	q	υ	q	υ
0.003	—	—	—	—	—	—	—	—	—	—	—	—	—	—	52.50	0.87
0.0035	—	—	—	—	—	—	—	—	—	—	—	—	35.00	0.83	56.70	0.94
0.004	—	—	—	—	—	—	—	—	—	—	20.60	0.77	37.40	0.89	60.60	1.01
0.005	—	—	—	—	—	—	—	—	—	—	23.00	0.86	41.80	1.00	67.90	1.11
0.006	—	—	—	—	—	—	—	—	9.70	0.75	25.20	0.94	46.00	1.09	74.40	1.24
0.007	—	—	—	—	—	—	—	—	10.50	0.81	27.20	1.02	49.50	1.18	80.40	1.33
0.008	—	—	—	—	—	—	—	—	11.20	0.87	29.00	1.09	53.00	1.26	85.80	1.42
0.009	—	—	—	—	—	—	—	—	11.90	0.92	30.80	1.15	56.00	1.33	91.00	1.51
0.01	—	—	—	—	—	—	7.80	0.86	12.50	0.97	32.60	1.22	59.20	1.41	96.00	1.59
0.012	—	—	—	—	4.64	0.81	8.50	0.95	13.70	1.06	35.60	1.33	64.70	1.54	105.00	1.74
0.015	—	—	—	—	5.20	0.90	9.50	1.06	15.40	1.19	40.00	1.49	72.50	1.72	118.00	1.95
0.02	—	—	2.25	0.83	6.00	1.04	11.00	1.22	17.70	1.37	46.00	1.72	83.60	1.99	135.80	2.25
0.025	—	—	2.51	0.93	6.70	1.16	12.30	1.36	19.80	1.53	51.40	1.92	93.50	2.22	151.00	2.51
0.03	0.97	0.79	2.76	1.02	7.35	1.28	13.50	1.50	21.70	1.68	56.50	2.11	102.50	2.44	166.00	2.76
0.035	1.05	0.85	2.98	1.10	7.95	1.38	14.60	1.60	23.40	1.81	61.00	2.28	111.00	2.64	180.00	2.98
0.04	1.12	0.91	3.18	1.17	8.50	1.47	15.60	1.73	25.00	1.94	65.00	2.44	118.00	2.82	192.00	3.18
0.045	1.19	0.96	3.38	1.25	9.00	1.56	16.50	1.83	26.60	2.06	69.00	2.58	126.00	3.00	204.00	3.38
0.05	1.25	1.01	3.55	1.31	9.50	1.64	17.40	1.93	28.00	2.17	72.60	2.72	132.00	3.15	214.00	3.55
0.06	1.37	1.11	3.90	1.44	10.40	1.80	19.00	2.11	30.60	2.38	79.60	2.98	145.00	3.45	235.00	3.90
0.07	1.48	1.20	4.20	1.55	11.20	1.95	20.00	2.28	33.10	2.56	86.00	3.22	156.00	3.73	254.00	4.20
0.08	1.58	1.28	4.50	1.66	12.00	2.08	22.00	2.44	35.40	2.74	93.40	3.47	165.50	3.94	274.00	4.40

坡度	生产废水															
	$h/D=0.6$				$h/D=0.7$						$h/D=1.0$					
	DN=50		DN=75		DN=100		DN=125		DN=150		DN=200		DN=250		DN=300	
	q	v	q	v	q	v	q	v	q	v	q	v	q	v	q	v
0.003	—	—	—	—	—	—	—	—	—	—	—	—	—	—	53.00	0.75
0.0035					—	—	—	—	—	—	—	—	35.40	0.72	57.30	0.81
0.004					—	—	—	—	—	—	20.80	0.66	37.80	0.77	61.20	0.87
0.005					—	—	—	—	8.85	0.68	23.25	0.74	42.25	0.86	68.50	0.97
0.006	—	—	—	—	—	—	6.00	0.67	9.70	0.75	25.50	0.81	46.40	0.94	75.00	1.06
0.007					—	—	6.50	0.72	10.50	0.81	27.50	0.88	50.00	1.02	81.00	1.15
0.008					3.80	0.66	6.95	0.77	11.20	0.87	29.40	0.94	53.50	1.09	86.50	1.23
0.009					4.02	0.70	7.36	0.82	11.90	0.92	31.20	0.99	56.50	1.15	92.00	1.30
0.01					4.25	0.74	7.80	0.86	12.50	0.97	33.00	1.05	59.70	1.22	97.00	1.37
0.012					4.64	0.81	8.50	0.95	13.70	1.06	36.00	1.15	65.30	1.33	106.00	1.50
0.015	—	—	1.95	0.72	5.20	0.90	9.50	1.06	15.40	1.19	40.30	1.28	73.20	1.49	119.00	1.68
0.02	0.79	0.46	2.25	0.83	6.00	1.04	11.00	1.22	17.70	1.37	46.50	1.48	84.50	1.72	137.00	1.94
0.025	0.88	0.72	2.51	0.93	6.70	1.16	12.30	1.36	19.80	1.53	52.00	1.65	94.40	1.92	153.00	2.17
0.03	0.97	0.79	2.76	1.02	7.35	1.28	13.50	1.50	21.70	1.68	57.00	1.82	103.50	2.11	168.00	2.38
0.035	1.05	0.85	2.98	1.10	7.95	1.38	14.60	1.60	23.40	1.81	61.50	1.96	112.00	2.28	18L.00	2.57
0.04	1.12	0.91	3.18	1.17	8.50	1.47	15.60	1.73	24.40	1.94	e6.00	2.10	120.00	2.44	194.00	2.75
0.045	1.19	0.96	3.38	1.2S	9.00	1.56	16.50	1.83	26.60	2.06	70.00	2.22	127.00	2.58	206.00	2.91
0.05	l.25	1.01	3.55	1.3l	9.50	1.64	17.40	1.93	28.00	2.17	73.50	2.34	134.00	2.72	217.00	3.06
0.06	1.37	l.11	3.90	1.44	10.40	1.80	19.00	2.11	30.60	2.38	80.50	2.56	146.00	2.98	238.00	3.36
0.07	1.48	1.20	4.20	1.55	11.20	1.95	20.60	2.28	33.10	2.56	87.00	2.77	158.00	3.22	256.00	3.64
0.08	1.58	1.28	4.50	1.66	12.00	2.08	22.00	2.44	35.40	2.74	93.00	2.96	169.00	3.44	274.00	3.88

坡度	生活污水											
	$h/D=0.5$								$h/D=0.7$			
	DN=50		DN=75		DN=100		DN=125		DN=150		DN=200	
	q	v	q	v	q	v	q	v	q	v	q	v
0.003	—	—	—	—	—	—	—	—	—	—	—	—
0.0035	—	—	—	—	—	—	—	—	—	—	—	—
0.004	—	—	—	—	—	—	—	—	—	—	—	—
0.005	—	—	—	—	—	—	—	—	—	—	15.35	0.80
0.006	—	—	—	—	—	—	—	—	—	—	16.90	0.88
0.007	—	—	—	—	—	—	—	—	8.46	0.78	18.20	0.95
0.008	—	—	—	—	—	—	—	—	9.04	0.83	19.40	1.01
0.009	—	—	—	—	—	—	—	—	9.56	0.89	20.60	1.07
0.01	—	—	—	—	—	—	4.97	0.81	10.10	0.94	21.70	1.13
0.012	—	—	—	—	2.90	0.72	5.44	0.89	11.10	1.02	23.80	1.24
0.015	—	—	1.48	0.67	3.23	0.8l	6.08	0.99	12.40	1.14	26.60	1.39
0.02	—	—	1.70	0.77	3.72	0.93	7.02	1.15	14.30	1.32	30.70	1.60
0.025	0.65	0.66	1.90	0.86	4.17	1.05	7.85	1.28	16.00	1.47	35.30	1.79
0.03	0.71	0.72	2.08	0.94	4.55	1.14	8.60	1.39	17.50	1.62	37.70	1.96
0.035	0.77	0.78	2.26	1.02	4.94	1.24	9.29	1.51	18.90	1.75	40.60	2.12
0.04	0.81	0.83	2.40	1.09	5.26	1.32	9.93	1.62	20.20	1.87	43.50	2.27
0.045	0.87	0.89	2.56	1.16	5.60	1.40	10.52	1.71	21.50	1.98	46.10	2.40
0.05	0.91	0.93	2.60	1.23	5.88	1.48	11.10	1.89	22.60	2.09	48.50	2.53
0.06	1.00	1.02	2.94	1.33	6.45	1.62	12.14	1.98	24.80	2.29	53.20	2.77
0.07	1.08	1.10	3.18	1.42	6.97	1.75	13.15	2.14	26.80	2.47	57.50	3.00
0.08	1.18	1.16	3.35	1.52	7.50	1.87	14.05	2.28	30.44	2.73	65.40	3.32

注：表中单位 q—L/s；v—m/s；DN—mm

169

表 5-13

建筑内部排水塑料管水力计算表 （$n=0.009$）

坡度	$h/D=0.5$						$h/D=0.6$	
	$De=50$		$De=75$		$De=110$		$De=160$	
	q	v	q	v	q	v	q	v
0.002	—	—			—	—	6.48	0.60
0.004	—	—	—	—	2.59	0.62	9.68	0.85
0.006	—	—	—	—	3.17	0.75	11.86	1.04
0.007	—	—	1.21	0.63	3.43	0.81	12.80	1.13
0.010	—	—	1.44	0.75	4.10	0.97	15.30	1.35
0.012	0.52	0.62	1.58	0.82	4.49	1.07	16.77	1.48
0.015	0.58	0.69	1.77	0.92	5.02	1.19	18.74	1.65
0.020	0.66	0.80	2.04	1.06	5.79	1.38	21.65	1.90
0.026	0.76	0.91	2.33	1.21	6.61	1.57	24.67	2.17
0.030	0.81	0.98	2.50	1.30	7.10	1.68	26.51	2.33
0.035	0.88	1.06	2.70	1.40	7.67	1.82	28.63	2.52
0.040	0.94	1.13	2.89	1.50	8.19	1.95	30.61	2.69
0.045	1.00	1.20	3.06	1.59	8.69	2.06	32.47	2.86
0.050	1.05	1.27	3.23	1.68	9.16	2.17	34.22	3.01
0.060	1.15	1.39	3.53	1.84	10.04	2.38	37.49	3.30
0.070	1.24	1.50	3.82	1.98	10.84	2.57	40.49	3.56
0.080	1.33	1.60	4.08	2.12	11.59	2.75	43.29	3.81

注：表中单位 q—L/s；v—m/s；De—mm

当建筑底层无通气的排水管道与其楼层管道分开单独排出时，其排水横支管管径可按表 5-14 确定。

无通气的底层单独排出的排水横支管最大设计排水能力　　　　表 5-14

排水横支管管径（mm）	50	75	100	125	150
最大设计排水能力（L/s）	1.0	1.7	2.5	3.5	4.8

（2）立管。排水立管的通水能力与系统是否通气、通气的方式和管材有关，不同管径、不同通气方式、不同管材排水立管的最大允许排水流量见表 5-15。

排水立管最大排水能力　　　　表 5-15

排水立管系统类型			最大设计通水能力（L/s）				
			排水立管管径（mm）				
			50	75	100(110)	125	150(160)
伸顶通气	立管与横支管连接配件	90°顺水三通	0.8	1.3	3.2	4.0	5.7
		45°斜三通	1.0	1.7	4.0	5.2	7.4
专用通气	专用通气管 75mm	结合通气管每层连接	—	—	5.5	—	—
		结合通气管隔层连接	—	3.0	4.4	—	—
	专用通气管 100mm	结合通气管每层连接	—	—	8.8	—	—
		结合通气管隔层连接	—	—	4.8	—	—
	主、副通气立管＋环形通气管		—	—	11.5	—	—
自循环通气	专用通气形式		—	—	4.4	—	—
	环形通气形式		—	—	5.9	—	—

排水立管系统类型			最大设计通水能力（L/s）				
			排水立管管径（mm）				
			50	75	100(110)	125	150(160)
特殊单立管	混合器		—	—	4.5	—	—
	内螺旋管＋旋流器	普通型	—	1.7	3.5		8.0
		加强型	—	—	6.3	—	—

注：排水层数在15层以上时，宜乘0.9系数。

（3）通气管。通气管的管径，应根据排水管的排水能力、管道长度确定。

通气管的最小管径不宜小于排水管管径的1/2，并可按表5-16确定。

排水立管上部的伸顶通气管的管径可与排水立管的管径相同。但在最冷月平均气温低于-13℃的地区，应在室内平顶或吊顶以下0.3m处将管径放大一级，以免管口结霜减少断面积。

专用通气立管、主通气立管、副通气立管、器具通气管、环形通气管的最小管径可按表5-16确定。但通气立管长度在50m以上者，其管径应与排水立管管径相同；通气立管长度小于等于50m且两根及两根以上排水立管同时与一根通气立管相连接，应以最大一根排水立管按表5-16确定通气立管管径，且其管径不宜小于其余任何一根排水立管的管径。

通气管最小直径（mm）　　　　　　　　　　　　　　表 5-16

通气管名称	排水管管径（mm）				
	50	75	100	125	150
器具通气管	32		50	50	—
环形通气管	32	40	50	50	
通气立管	40	50	75	100	100

注：1. 表中通气立管系指专用通气立管、主通气立管、副通气立管。
　　2. 自循环通气立管管径应与排水立管管径相等。

结合通气管的管径不宜小于与其连接的通气立管的管径。

当两根或两根以上污水立管的通气管汇合连接时，汇合通气管的断面积应为最大一根通气管的断面积加其余通气管断面积之和的0.25倍，其管径可按下列公式计算：

$$DN \geqslant \sqrt{d_{\max}^2 + 0.25 \sum d_i^2} \tag{5-5}$$

式中　DN——汇合通气横干管和总伸顶通气管管径（mm）；

　　　$d_{\max}$——最大一根通气管管径（mm）；

　　　d_i——其余通气立管管径（mm）。

用公式(5-5)计算出的管径若为非标准管径时，应靠上一号标准管径确定出汇合通气管的管径。

5.5　污废水提升及污水局部处理

建筑物地下室、消防电梯井坑的污废水无法自流排至室外时，需设置集水池、污水泵进行抽升。

5.5.1 污水泵

污水泵可采用潜污泵、液下排水泵、立式污水泵和卧式污水泵等。潜污泵泵体直接放置在集水池内，不占场地、噪声小、自灌式吸水，使用较多。污水泵吸水管和出水管流速宜在 0.7～2.0m/s 之间。污水泵房应建成单独构筑物，并应有卫生防护隔离带。泵房设计应按现行国家标准《室外排水设计规范》GB 50014—2006 执行。建筑物内的污水泵的流量应按生活排水设计秒流量选定；当设有集水池调节排水量时，可按生活排水最大小时流量选定。用于排除消防电梯井集水坑的污水泵的设计流量不应小于 10L/s。水泵扬程应为提升高度与管道水头损失之和，并附加 2～3m 的流出水头计算。污水泵出水管内呈有压流，其排水不应排至室内生活排水重力管道内，宜设置排水管单独排出室外，排出管的横管段应设坡向出口的坡度。当 2 台或 2 台以上的水泵共用一条出水管时，应在每台水泵出水管上装设阀门和止回阀；单台水泵排水有可能产生倒灌时，应在水泵出水管上装设止回阀。

5.5.2 集水池

集水池有效容积的下限值以污水泵配置条件所确定，不宜小于最大一台污水泵 5min 的出水量，并用污水泵每小时内启动次数不宜超过 6 次来校核。集水池中生活排水量的调节（有效）容积的上限值，应按不得大于 6h 生活排水平均小时流量确定。以防污水在集水池中停留时间过长发生沉淀、腐化。集水池总容积，除满足有效容积的设计要求外，还应满足水泵布置、水位控制器、格栅等安装和检修的要求。消防电梯井集水坑的有效容积不应小于 2.0m³。

集水池的深度及平面尺寸应按水泵类型确定。集水池有效水深一般取 1～1.5m，超高取 0.3～0.5m。集水池最低设计水位应满足水泵吸水的要求。集水池应设置水位指示装置，必要时应设置超警戒水位报警装置，将信号引至物业管理中心。集水池底宜有坡向泵位不小于 0.05 的坡度，宜在池底设自冲管。设在室内地下室的集水池，应密封池盖，并设与室外大气相通的通气管系；如采用敞开式室内集水池时，应设强制通风装置。

5.5.3 排水泵房

排水泵房的设计应按现行国家标准《室外排水设计规范》GB 50014—2006 执行，应设在通风良好的地下室或底层单独的房间内，以控制和减少对环境的污染。对卫生环境有特殊要求的生产厂房和公共建筑内，有安静和防振要求房间的邻近和下面不得设置排水泵房。排水泵房的位置应使室内排水管道和水泵出水管尽量简洁，并考虑维修检测的方便。

第6章 建筑雨水排水系统设计

建筑雨水排水系统是建筑物给排水系统的重要组成部分，它的任务是及时排除降落在建筑物屋面的雨水、雪水，避免形成屋顶积水对屋顶造成威胁，或造成雨水溢流、屋顶漏水等水患事故，以保证人们正常生活和生产活动。

6.1 建筑雨水排水系统的分类与组成

6.1.1 建筑雨水排水系统的分类

（1）按建筑物内部是否有雨水管道分为内排水系统和外排水系统两类，建筑物内部设有雨水管道，屋面设雨水斗（一种将建筑物屋面的雨水导入雨水管道系统的装置）的雨水排除系统为内排水系统，否则为外排水系统。按照雨水排至室外的方法，内排水系统又分为架空管排水系统和埋地管排水系统。雨水通过室内架空管道直接排至室外的排水管（渠），室内不设埋地管的内排水系统称为架空管内排水系统；雨水通过室内埋地管道排至室外，室内不设架空管道的内排水系统称为埋地管内排水系统。

（2）按雨水在管道内的流态分为重力无压流、重力半有压流和压力流三类。重力无压流是指雨水通过自由堰流入管道，在重力作用下附壁流动，管内压力正常，这种系统也称为堰流斗系统。重力半有压流是指管内气水混合，在重力和负压抽吸双重作用下流动，压力流是指管内充满雨水，主要在负压抽吸作用下流动，这种系统也称为虹吸式系统。

（3）按屋面的排水条件分为檐沟排水、天沟排水和无沟排水。当建筑屋面面积较小时，在屋檐下设置汇集屋面雨水的沟槽，称为檐沟排水。在面积大且曲折的建筑物屋面设置汇集屋面雨水的沟槽，将雨水排至建筑物的两侧，称为天沟排水。降落到屋面的雨水沿屋面径流，直接流入雨水管道，称为无沟排水。

（4）按出户埋地横干管是否有自由水面分为敞开式排水系统和密闭式排水系统两类。敞开式排水系统是非满流的重力排水，管内有自由水面，连接埋地干管的检查井是普通检查井。该系统可接纳生产废水，省去生产废水埋地管，但是暴雨时会出现检查井冒水现象，雨水漫流室内地面，造成危害。密闭式排水系统是满流压力排水，连接埋地干管的检查井内用密闭的三通连接，室内不会发生冒水现象，但不能接纳生产废水，需另设生产废水排水系统。

（5）按立管连接的雨水斗数量分为单斗系统和多斗系统。在重力无压流和重力半有压流状态下，由于互相干扰，多斗系统中每个雨水斗的泄流量小于单斗系统的泄流量。

6.1.2 建筑雨水排水系统的组成

1. 外排水系统的组成

（1）檐沟外排水系统。檐沟外排水系统由檐沟、雨水斗和水落管组成，属于重力流，常采用重力流排水型雨水斗。雨水斗设置在檐沟内，雨水斗的间距应根据降雨量和雨水斗的排水负荷确定出 1 个雨水斗服务的屋面汇水面积并结合建筑结构、屋面形状等情况决定。一般情况下，檐沟外排水系统，雨水斗的间距可采用 8～16m，同一建筑屋面，雨水排水立管不应少于 2 根。

雨水排水立管又称水落管，檐沟外排水系统应采用排水塑料管或排水铸铁管，下游管段管径不得小于上游管段管径，有埋地排出管时在距地面以上 1m 处设置检查口，牢靠的固定在建筑物的外墙上，如图 6-1。

（2）长天沟外排水系统。长天沟外排水系统属于单斗压力流，由天沟、雨水斗和排水立管组成，应采用压力流排水型雨水斗，雨水斗通常设置在伸出山墙的天沟末端，如图 6-2 和图 6-3。

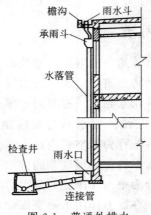

图 6-1 普通外排水

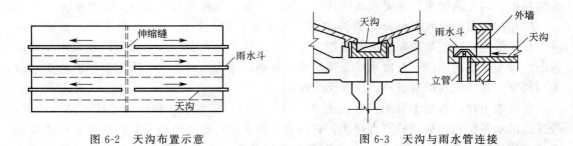

图 6-2 天沟布置示意   图 6-3 天沟与雨水管连接

排水立管连接雨水斗，应采用承压塑料排水管或承压铸铁管，下游管段管径不得小于上游管段管径，有埋地排出管时在距地面以上 1m 处设置检查口，雨水排水立管固定应牢固。

长天沟外排水系统，天沟布置应以建筑物伸缩缝、沉降缝或变形缝为屋面分水线，在分水线两侧设置，天沟连续长度不宜大于 50m，坡度一般采用 0.003～0.006，而金属屋面的水平金属长天沟可无坡度，斗前天沟深度不宜小于 100mm。天沟断面多为矩形和梯形，天沟端部应设溢流口，用以排除超重现期的降雨，溢流口比天沟上檐低 50～100mm。

2. 内排水系统的组成

内排水系统一般由雨水斗、连接管、悬吊管、立管、排出管、埋地干管和附属构筑物几部分组成，如图 6-5 所示。

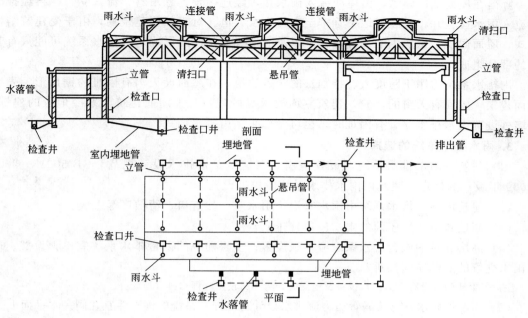

图 6-4 内排水系统

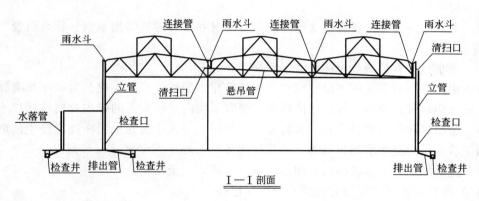

Ⅰ—Ⅰ 剖面

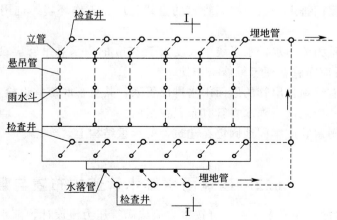

图 6-5 内排水系统

175

降落在屋面上的雨水，沿屋面流入雨水斗，经连接管、悬吊管、流入立管，再经排出管流入雨水检查井，或经埋地干管排至室外雨水管道。对于某些建筑物，由于受建筑结构形式、屋面面积、生产生活的特殊要求以及当地气候条件的影响，内排水系统可能只有其中的部分组成。

内排水系统适用于跨度大、特别长的多跨建筑，在屋面设天沟有困难的锯齿形、壳形屋面建筑，屋面有天窗的建筑，建筑立面要求高的建筑，大屋面建筑及寒冷地区的建筑，在墙外设置雨水排水立管有困难时，也可考虑采用内排水形式。

3. 雨水排水系统的选择

（1）建筑内雨水排水系统的设置应满足《建筑给水排水设计规范》GB 50015—2003（2009年版）的规定：建筑内雨水排水系统应单独设置。

（2）建筑内雨水排水系统由雨水管道、雨水斗、检查口、清扫口等组成。

（3）高层建筑裙房屋面的雨水应单独排放。

（4）高层建筑的阳台排水系统应单独设置；多层建筑的阳台排水系统宜单独设置。阳台雨水立管的底部应间接排水。

注：当生活阳台设有生活排水设备及地漏时，可不另设阳台雨水排水地漏。

（5）当屋面雨水管道按满管压力流排水设计时，同一系统的雨水斗宜在同一水平面上。

（6）屋面排水系统应设置雨水斗。不同设计排水流态、排水特征的屋面雨水排水系统应选用相应的雨水斗。

（7）雨水斗的设置位置应根据屋面的汇水情况并结合建筑结构承载、管系敷设等因素确定。

（8）雨水排水管材的选用应符合下列规定：

使用重力流排水系统的多层建筑宜采用建筑排水塑料管；高层建筑宜采用耐腐蚀的金属管、承压塑料管。使用满管压力流排水系统宜采用内壁较光滑的带内衬的承压排水铸铁管、承压塑料管和钢塑复合管等，其管材的工作压力应大于由建筑物净高度产生的静水压力。用于满管压力流排水的塑料管，其管材抗环变形外压力应大于 0.15MPa。

（9）建筑屋面各汇水范围内，雨水排水立管不宜少于两根。

（10）屋面雨水排水管的转向处宜做顺水连接。

（11）屋面排水管系应根据管道的直线长度、工作环境、选用管材等情况设置必要的伸缩装置。

（12）重力流雨水排水系统中长度大于15m的雨水悬吊管应设检查口，其间距不宜大于20m，且应布置在便于维修操作处。

（13）有埋地排出管的屋面雨水排出管系，其立管底部宜设检查口。

（14）寒冷地区，雨水立管宜布置在室内。

（15）雨水管应牢固地固定在建筑物的承重结构上。

6.2　建筑雨水排水管道的布置与敷设

内排水的单斗或多斗系统可按重力流或满管压力流设计，雨水斗的选型与外排水系统相同，需分清重力流或压力流即可。雨水斗设置间距，应经计算确定，并应考虑建筑结构柱网，沿墙、梁、柱布置，便于固定管道。

内排水系统采用的管材与外排水系统相同，而工业厂房屋面雨水排水管道也可采用焊接钢管，但其内外壁应作防腐处理。

1. 雨水斗

雨水斗是一种雨水由此进入排水管道的专用装置，设在天沟或屋面的最低处。实验表明有雨水斗时，天沟水位稳定、水面旋涡较小，水位波动幅度约 1~2mm，掺气量较小；无雨水斗时，天沟水位不稳定，水位波动幅度为 5~10mm，掺气量较大。雨水斗有重力式和虹吸式两类，如图 6-6 所示。

在阳台、花台和供人们活动的屋面，可采用无格栅的平箅式雨水斗。平箅式雨水斗的进出口面积比较小，在设计负荷范围内，其泄流状态为自由堰流。

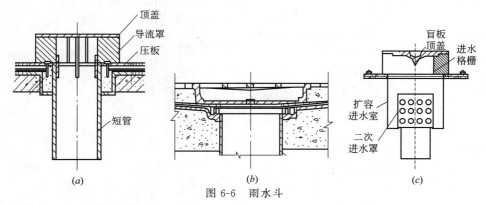

图 6-6 雨水斗

(a) 87式（重力半有压流）；(b) 平箅式（重力流）；(c) 虹吸式（压力流）

2. 连接管

连接管是上部连接雨水斗下部连接悬吊管的一段竖向短管。连接管一般与雨水斗同径，连接管应牢固固定在建筑物的承重结构上，下端用斜三通与悬吊管连接。

3. 悬吊管

悬吊管与连接管和雨水立管连接，是雨水内排水系统中架空布置的横向管道。对于一些重要的厂房，不允许室内检查井冒水，不能设置埋地横管时，必须设置悬吊管。

4. 立管

立管接纳雨水斗或悬吊管的雨水，与排出管连接。

将立管的水输送到地下管道中，考虑到降雨过程中常有超过设计重现期的雨量或水流掺气占去一部分容积。所以雨水排出管设计时，要留有一定的余地。

5. 埋地横管

密闭系统：一般采用悬吊管架空排至室外的，不设埋地横管。

敞开系统：室内设有检查井，检查井之间的管为埋地敷设。

6. 排出管

排出管是立管和检查井间的一段有较大坡度的横向管道，其管径不得小于立管管径。

排出管与下游埋地干管在检查井中宜采用管顶平接，水流转角不得小于 135°。

7. 附属构筑物

作用：埋地雨水管道的检修、清扫和排气。

包括：主要有检查井、检查口井和排气井。

检查井：适用于敞开式内排水系统。

排气井：埋地管起端几个检查井与排出管间应设排气井，水流从排出管流入排气井，与溢流墙碰撞消能，流速减小，气水分离，水流经格栅稳压后平稳流入检查井，气体由放气管排出。

检查口：密闭内排水系统的埋地管上设检查口，将检查口放在检查井内，便于清通检修，称检查口井。

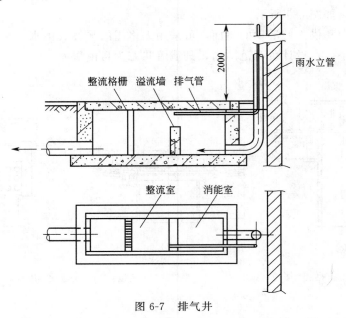

图 6-7　排气井

6.3　建筑雨水排水系统水力计算

6.3.1　建筑雨水排水系统设计流态确定

1. 建筑外（小区）雨水排水系统设计流态确定

建筑外（小区）雨水排水管道宜按照满管重力流态确定。

2. 建筑内雨水排水系统设计流态确定

（1）檐沟外排水宜按重力流设计；

（2）长天沟外排水宜按满管压力流设计；

（3）高层建筑屋面雨水排水宜按重力流设计；

（4）工业厂房、库房、公共建筑的大型屋面雨水排水宜按照满管压力流设计。

6.3.2　建筑雨水排水系统雨水量计算

设计雨水流量应按下式计算：

$$q_y = \frac{q_j \Psi F_w}{1000}$$

（6-1）

式中 q_y——设计雨水流量（L/s）；

$\qquad q_j$——设计暴雨强度 $[L/(s \cdot hm^2)]$；

$\qquad \Psi$——径流系数；

$\qquad R$——汇水面积 (m^2)。

注：当采用天沟集水且沟檐溢水会流入室内时，设计暴雨强度应乘以 1.5 的系数。

（1）设计暴雨强度应按照当地或相邻地区暴雨强度公式计算进行确定。

（2）建筑屋面、小区的雨水管道的设计降雨历时，可以按照下列规定确定：

1）屋面雨水排水管道设计降雨历时应当按照 5min 计算；

2）小区雨水管道设计降雨历时应当按照下式计算：

$$t = t_1 + Mt_2 \tag{6-2}$$

式中 t——降雨历时（min）；

$\qquad t_1$——地面集水时间（min），视距离长短、地形坡度和地面铺盖情况而定，可以选用 5～10min；

$\qquad M$——折减系数，小区支管和接户管：$M=1$；小区干管：暗管 $M=2$，明沟 $M=1.2$；

$\qquad t_2$——排水管内雨水流行时间（min）。

（3）屋面雨水排水管道的排水设计重现期应根据建筑物的重要程度、汇水区域性质、地形特点、气象特征等因素确定，各种汇水区域的设计重现期不宜小于表 6-1 的规定值。

（4）各种屋面、地面的雨水径流系数可以按表 6-2 采用。

（5）雨水汇水面积应按地面、屋面水平投影面积计算。高出屋面的毗邻侧墙，应当附加其最大受雨面正投影的一半作为有效汇水面积计算。窗井、贴近高层建筑外墙的地下汽车库出入口坡道应当附加其高出部分侧墙面积的 1/2。

各种汇水区域的设计重现期 表 6-1

汇水区域名称		设计重现期(a)	汇水区域名称		设计重现期(a)
室外场地	小区	1～3	屋面	一般性建筑物屋面	2～5
	车站、码头、机场的基地	2～5		重要公共建筑屋面	≥10
	下沉式广场、地下车库坡道出入口	5～50			

注：1. 工业厂房屋面雨水排水设计重现期应根据生产工艺、重要程度等因素确定。

　　2. 下沉式广场设计重现期应根据广场的构造、重要程度、短期积水即能引起较严重后果等因素确定。

各种屋面、地面的雨水径流系数 表 6-2

屋面、地面种类	Ψ	屋面、地面种类	Ψ
屋面	0.90～1.00	干砖及碎石路面	0.40
混凝土和沥青路面	0.90	非铺砌地面	0.30
块石路面	0.60	公园绿地	0.15
级配碎石路面	0.45		

注：各种汇水面积的综合径流系数应加权平均计算。

6.3.3 各种雨水管管径坡度的确定

各种雨水管道的最小管径和横管最小设计坡度宜按表 6-3 确定。

管　　别	最小管径	横管最小设计坡度	
	（mm）	铸铁管、钢管	塑料管
建筑外墙雨水落水管	75(75)	—	—
雨水排水立管	100(110)	—	—
重力流排水悬吊管、埋地管	100(110)	0.01	0.0050
满管压力流屋面排水悬吊管	50(50)	0.00	0.0000
小区建筑物周围雨水接户管	200(225)	—	0.0030
小区道路下干管、支管	300(315)	—	0.0015
13# 沟头的雨水口的连接管	150(160)	—	0.0100

注：表中铸铁管管径为公称直径，括号内数据为塑料管外径。

6.3.4　建筑雨水排水管道的水力计算

1. 排水横管的水力计算

按下列公式计算：

$$V = \frac{1}{n} R^{2/3} \cdot l^{1/2} \tag{6-3}$$

$$Q = 673.6 D^2 \cdot V \tag{6-4}$$

式中　V——横管内流速（m/s）；

　　　R——水力半径（m）；

　　　l——水力坡度；

　　　n——管内壁粗糙系数，钢管、铸铁管取 $n=0.013$，塑料管取 $n=0.009$；

　　　Q——设计负荷（L/s）；

　　　D——横管计算内径（m）。

应用式(6-4)、式(6-5)计算出的结果见表 6-4～表 6-6，供设计时使用。

充满度 **0.8** 的排水铸铁管重力流水力计算表（$n=0.013$）　表 6-4

公称直径（mm）	计算内径（mm）	设计负荷(L/s)								
		配管坡度								
		0.04	0.02	0.013	0.010	0.008	0.006	0.005	0.003	0.0025
75	75	4.69	3.32	2.67	2.34	—	—	—	—	—
100	100	10.10	7.14	5.76	5.05	4.52	—	—	—	—
125	125	18.31	12.95	10.44	9.15	8.19	7.09	6.47	—	—
150	150	29.77	21.05	16.97	14.89	13.3l	11.53	10.53	—	—
200	200	64.12	45.34	36.55	32.06	28.67	24.83	22.67	17.56	—
250	250	116.25	82.20	66.28	58.13	51.99	45.03	41.10	31.84	29.06
300	300	189.04	133.67	107.77	94.52	84.54	73.22	66.84	51.77	47.26

注：表中舍去流速小于 0.6m/s 的数据。

<h2 style="text-align:center">充满度 0.8 的焊接钢管重力流水力计算表 （n=0.013）　表 6-5</h2>

外径×壁厚 (mm)	计算内径 (mm)	设计负荷（L/s） 配管坡度								
		0.04	0.02	0.013	0.010	0.008	0.006	0.005	0.003	0.0025
108×4	100	10.10	7.14	5.76	5.05	4.52	—	—	—	—
133×4	125	18.31	12.95	10.44	9.15	8.19	7.09	6.47	—	—
159×4.5	150	29.77	21.05	16.97	14.89	13.3l	11.53	10.53	—	—
168×6	156	33.05	23.37	18.84	16.53	14.78	12.80	11.69	—	—
219×6	207	70.28	49.69	40.07	35.14	31.43	27.22	24.85	19.25	17.57
245×6	233	96.35	68.13	54.93	48.18	43.09	37.32	34.07	26.39	24.09
273×7	259	127.75	90.33	72.83	63.88	57.13	49.48	45.17	34.99	31.94
325×7	311	208.10	147.15	118.63	104.05	93.06	80.60	73.57	56.99	52.02
377×7	363	314.28	222.23	179.17	157.14	140.55	121.72	111.12	86.07	78.57
426×8	410	434.84	307.48	247.90	217.42	194.47	168.41	153.74	119.09	108.71

注：表中舍去流速小于 0.6m/s 的数据。

<h2 style="text-align:center">充满度 0.8 的塑料管重力流水力计算表 （n=0.009）　表 6-6</h2>

外径×壁厚 (mm)	计算内径 (mm)	设计负荷（L/s） 配管坡度								
		0.04	0.02	0.013	0.010	0.008	0.006	0.005	0.003	0.0025
75×2.3	70.4	5.72	4.05	3.26	2.86	2.56	2.22	2.02		
90×3.2	83.6	9.05	6.40	5.16	4.52	4.05	3.50	3.20		
110×3.2	103.6	16.03	11.33	9.14	8.01	7.17	6.21	5.67	4.39	
125×3.2	118.6	22.99	16.25	13.11	11.49	10.28	8.90	8.13	6.30	5.75
125×3.7	117.6	22.47	15.89	12.81	11.24	10.05	8.70	7.95	6.15	5.62
160×4.0	152.0	44.55	31.50	25.40	22.28	19.92	17.25	15.75	12.20	11.14
160×4.7	150.6	43.46	30.73	24.78	21.73	19.44	16.83	15.37	11.90	10.87
200×4.9	190.2	81.00	57.28	46.18	40.50	36.23	31.37	28.64	22.18	20.25
200×5.9	188.2	78.75	55.69	44.90	39.38	35.22	30.50	27.84	21.57	19.69
250×6.2	237.6	146.62	103.68	83.59	73.3l	65.57	56.79	51.84	40.15	36.66
250×7.3	235.4	143.03	101.14	81.54	71.51	63.96	55.39	50.57	39.17	35.76
315×7.7	299.6	272.09	192.40	155.12	136.05	121.68	105.38	96.20	74.52	68.02
315×9.2	296.6	264.89	187.30	151.01	132.44	118.46	102.59	93.65	72.54	66.22
400×9.8	380.4	514.34	363.69	293.22	257.17	230.02	199.20	181.85	140.80	128.58
400×11.7	376.6	500.75	354.08	285.47	250.37	223.94	193.94	177.04	137.14	125.19

注：1. 125~400 管道参数，上行为环刚度 4kPa 系列管材，下行为环刚度 8kPa 系列管材；
　　2. 表中舍去流速小于 0.6m/s 的数据。

2. 排水立管的水力计算

按下列公式计算：

$$Q = 7886 \left(\frac{1}{K_p} \right)^{1/6} \cdot \alpha^{5/3} \cdot D^{8/3} \qquad (6-5)$$

式中　Q——立管设计负荷（L/s）；

　　　K_p——管内壁当量粗糙高度，钢管、铸铁管取 $K_p = 2.5 \times 10^{-5}$；塑料管取 $K_p = 15 \times 10^{-6}$（m）；

α——排水充水率，钢管、铸铁管取 $\alpha=0.35$，塑料管取 $\alpha=0.30$；

D——管道计算内径（m）。

应用公式(6-6)计算结果见表 6-6，供设计时使用。

重力流屋面雨水排水立管的泄流量 表 6-6

铸铁管		塑料管		钢　管	
公称直径 （mm）	最大泄流量 （L/s）	公称外径×壁厚 （mm）	最大泄流量 （L/s）	公称外径×壁厚 （mm）	最大泄流量 （L/s）
75	4.30	75×2.3	4.50	108×4	9.40
100	9.50	90×3.2	7.40	133×4	17.10
		110×3.2	12.8		
125	17.00	125×3.2	18.30	159×4.5	27.80
		125×3.7	18.00	168×6	30.80
150	27.80	160×4.0	35.50	219×6	65.50
		160×4.7	34.70		
200	60.00	200×4.9	64.60	245×6	89.80
		200×5.9	62.80		
250	108.00	250×6.2	117.00	273×7	119.10
		250×7.3	114.10		
300	176.00	315×7.7	217.00	325×7	194.00
		315×9.2	211.00		

6.3.5　多斗压力流排水系统设计计算

多斗压力流排水系统设计计算的基本要求同单斗压力流排水系统，但多斗压力流排水管系各节点的上游不同支路的计算水头损失之差，在管径小于等于 $DN75$ 时，不应大于 10kPa；在管径大于等于 $DN100$ 时，不应大于 5kPa。

（1）沿程水头损失应按下列公式计算：

$$h_y = \frac{10.67 \cdot q_y^{1.852} \cdot L}{C^{1.852} \cdot D^{4.87}} \tag{6-6}$$

式中　h_y——管道沿程水头损失（mH₂O）；

　　　q_y——设计流量（m³/s）；

　　　L——计算管段长度（m）；

　　　D——管径（m）；

　　　C——海曾—威廉公式的流速系数，塑料管 $C=130$，水泥内衬铸铁管 $C=110$，铸铁管、焊接钢管 $C=100$。

（2）局部水头损失按下列公式计算：

$$h_j = \sum \xi \frac{\upsilon^2}{2g} \tag{6-7}$$

式中　h_j——管道局部水头损失（mH₂O）；

　　　υ——管道内的平均水流速度，一般指局部阻力后的流速（m/s）；

　　　g——重力加速度，9.81m/s²；

ξ——局部阻力系数，按表6-7选用。

局部阻力系数　　　　　　　　　　表6-7

管件名称	铸铁管		塑料管
	普通	带内衬	
90°弯头	0.65	0.80	1.00
45°弯头	0.45	0.30	0.40
斜三通（干管）	0.25	0.50	0.35
斜三通（支管）	0.80	1.00	1.20
出口	1.00	1.80	1.80

6.3.6 雨水排水工程溢流口排水量计算

建筑屋面雨水排水工程应设置溢流口、溢流堰、溢流管系等溢流设施，且溢流排水不得危害建筑设施和行人安全。

溢流口排水是指在天沟末端山墙上开一孔口，其溢流口排水量应按下列公式计算：

$$q_{y1} = mb\sqrt{2g}H_1^{3/2} \tag{6-8}$$

式中　q_{y1}——溢流口排水量（L/s）；

　　　H_1——溢流口前堰上水头（m）；

　　　b——溢流口宽度（m）；

　　　m——流量系数，一般可采用320；

　　　g——重力加速度，9.81m/s²。

6.4 建筑雨水排水系统设计计算步骤

建筑雨水排水系统设计计算步骤见表6-8。

建筑雨水排水系统设计计算步骤　　　　　　　　表6-8

雨水排水系统类别	设计计算步骤	注　明
普通外排水系统	(1)按照屋面坡度和立面要求布置雨水立管，间距为8～12m (2)计算每根立管的汇水面积 (3)求每根立管的泄流量 (4)按堰流式斗查表确定立管管径	宜按重力无压流系统设计
天沟外排水	(1)已有天沟，校核设计重现期的设计计算步骤： 1)计算天沟过水断面面积 2)求流速 3)求天沟允许通过的流量 4)计算汇水面积 5)求5min的流量 6)应使天沟的流量大于等于5min的暴雨流量，且符合设计重现期的要求 (2)设计天沟的设计计算步骤： 1)划分汇水面积 2)求5min的暴雨流量 3)以5min的暴雨流量确定天沟的尺寸	宜按照重力半有压流系统设计

雨水排水系统类别	设计计算步骤	注　明
重力流和重力半有压流内排水系统	(1)根据建筑内部情况划分几个系统,并由此确定立管数量和位置 (2)划分汇水面积,确定雨水斗的规格和数量 (3)计算系统各管道的管径	按照重力流和重力半有压流计算
压力流(虹吸式)内排水系统	(1)划分汇水面积 (2)计算降雨量 (3)确定雨水斗的口径和数量 (4)布置雨水斗 (5)对系统进行压力管道的计算	按压力流计算

第7章 建筑污废水提升、处理和中水系统设计

7.1 建筑污废水的提升

建筑污废水的提升常用污水泵和集水池，适用于排水不能重力排至室外的地方。

7.1.1 建筑内污废水的提升

（1）建筑物地下室生活排水应设置污水集水池和污水泵提升排至室外检查井。地下室地面排水应设集水坑和提升装置。

（2）污水泵宜设置排水管单独排至室外，排出管的横管段应有坡度坡向出口。当2台或2台以上水泵共用一条出水管时，应当在每台水泵出水管上装设阀门和止回阀；单台水泵排水有可能产生倒灌时，应当设置止回阀。

（3）公共建筑内应以每个生活污水集水池为单元设置一台备用泵。

注：地下室、设备机房、车库冲洗地面的排水，当有2台及2台以上排水泵时可不设备用泵。

（4）当集水池不能设事故排出管时，污水泵应有不间断的动力供应。

注：当能关闭污水进水管时，可不设不间断动力供应。

（5）污水水泵的启闭，应设置自动控制装置。多台水泵可以并联交替或分段投入运行。

（6）污水水泵流量、扬程的选择应符合下列规定：

1）建筑物内的污水水泵的流量应按生活排水设计秒流量选定；当有排水量调节时，可以按照生活排水最大小时流量选定；

2）当集水池接纳水池溢流水、泄空水时，应按水池溢流量、泄流量与排入集水池的其他排水量中大者选择水泵机组；

3）水泵扬程应当按提升高度、管路系统水头损失、另附加2～3m流出水头计算。

（7）集水池设计应符合下列规定：

1）集水池有效容积不宜小于最大一台污水泵5min的出水量，且污水泵每小时启动次数不宜超过6次。

2）集水池除满足有效容积外，还应当满足水泵设置、水位控制器、格栅等安装、检查要求。

3）集水池设计最低水位，应当满足水泵吸水要求。

4）当污水集水池设置在室内地下室时，池盖应密封，并设通气管系；室内有敞开的污水集水池时，应当设强制通风装置。

5）集水池底宜有不小于0.05坡度坡向泵位；集水坑的深度及平面尺寸，应当按水泵类型而定。

6）集水池底宜设置自冲管。

7）集水池应当设置水位指示装置，在必要时应设置超警戒水位报警装置，并将信号引至物业管理中心。

8）生活排水调节池的有效容积不得大于6h生活排水平均小时流量。

9）污水泵、阀门、管道等应当选择耐腐蚀、大流通量、不易堵塞的设备器材。

7.1.2 小区污废水的提升

（1）设置污水泵和集水池；

（2）污水泵房应建成单独构筑物，并应有卫生防护隔离带。泵房设计应按现行国家标准《室外排水设计规范》GB 50014—2006（2014年版）执行；

（3）小区污水水泵的流量应按小区最大小时生活排水流量选定；

（4）集水池的设计与建筑内排水集水池相同。

7.2 建筑排水小型处理装置的选择与计算

7.2.1 小型生活污水处理隔油池与隔油器

1. 小型生活污水处理隔油池

（1）职工食堂和营业餐厅的含油污水，应当经除油装置后方许排入污水管道。

（2）隔油池设计应符合下述规定：

1）污水流量应按照设计秒流量计算；

2）含食用油污水在池内的流速不得大于0.005m/s；

3）含食用油污水在池内停留时间宜为2～10min；

4）人工除油的隔油池内存油部分的容积，不得小于该池有效容积的25%；

5）隔油池应设活动盖板；进水管应当考虑有清通的可能；

6）隔油池出水管管底至池底的深度，不得小于0.6m。

2. 小型生活污水处理隔油器

隔油器设计应符合下述规定：

（1）隔油器内应当有拦截固体残渣装置，并便于清理；

（2）容器内宜设置气浮、加热、过滤等油水分离装置；

（3）隔油器应设置超越管，超越管管径与进水管管径应当相同；

（4）密闭式隔油器应当设置通气管，通气管应单独接至室外；

（5）隔油器设置在设备间时，设备间应当有通风排气装置，且换气次数不宜小于15次/h。

7.2.2 小型生活污水处理降温池

（1）温度高于40℃的排水，应当优先考虑将所含热量回收利用，如不可能或回收不合理时，在排入城镇排水管道之前应设降温池；降温池应设置于室外。

（2）降温宜采用较高温度排水与冷水在池内混合的方法进行。冷却水应尽量利用低温废水；所需冷却水量应按热平衡方法计算。

（3）降温池的容积应当按照下列规定确定：

1）间断排放污水时，应按一次最大排水量与所需冷却水量的总和计算有效容积；

2）连续排放污水时，应当确保污水与冷却水能够充分混合。

（4）降温池管道设置应符合下述要求：

1）有压高温污水进水管口宜装设消声设施，有两次蒸发时，管口应当露出水面向上并应当采取防止烫伤人的措施；无两次蒸发时，管口宜插进水中深度 200mm 以上；

2）冷却水与高温水混合可采用穿孔管喷洒，当采用生活饮用水做冷却水时，应当采取防回流污染措施；

3）降温池虹吸排水管管口应当设在水池底部；

4）应设通气管，通气管排出口设置位置应当符合安全、环保要求。

7.2.3 小型生活污水处理化粪池

（1）化粪池距离地下取水构筑物不得小于 30m；

（2）化粪池的设置应当符合下列要求：

1）化粪池宜设置在接户管的下游端，便于机动车清掏的位置；

2）化粪池外壁距建筑物外墙不宜小于 5m，并不得影响建筑物基础。

注：当受条件限制化粪池设置于建筑物内时，应采取通气、防臭和防爆措施。

（3）化粪池有效容积应为污水部分和污泥部分容积之和，并宜按照下列公式计算：

$$V = V_w + V_n \tag{7-1}$$

$$V_w = \frac{m \cdot b_f \cdot q_w \cdot t_w}{24 \times 1000} \tag{7-2}$$

$$V_w = \frac{m \cdot b_f \cdot q_n \cdot t_n \cdot (1-b_x) \cdot M_s \cdot 1.2}{(1-b_n) \times 1000} \tag{7-3}$$

式中　V_w——化粪池污水部分容积（m³）；

V_n——化粪池污泥部分容积（m³）；

q_w——每人每日计算污水量 [L/（人·d）]，如表 7-1 所列；

t_w——污水在池中停留时间（h），应根据污水量确定，宜采用 12~24h；

q_n——每人每日计算污泥量 [L/（人·d）]，如表 7-2 所列；

t_n——污泥清掏周期应根据污水温度和当地气候条件确定，宜采用（3~12）个月；

b_x——新鲜污泥含水率可按 95% 计算；

b_n——发酵浓缩后的污泥含水率可按 90% 计算；

M_s——污泥发酵后体积缩减系数宜取 0.8；

1.2——清掏后遗留 20% 的容积系数；

m——化粪池服务总人数；

b_f——化粪池实际使用人数占总人数的百分数，可按表 7-3 确定。

化粪池每人每日计算污水量　　　　　　　　表 7-1

分　类	生活污水与生活废水合流排入	生活污水单独排入
每人每日污水量(L)	（0.85~0.95)用水量	15~20

化粪池每人每日计算污泥量（L）

表 7-2

建筑物分类	生活污水与生活废水合流排入	生活污水单独排入
有住宿的建筑物	0.7	0.4
人员逗留时间大于 4h 并小于等于 10h 的建筑物	0.3	0.2
人员逗留时间小于等于 4h 的建筑物	0.1	0.07

化粪池使用人数百分数

表 7-3

建筑物名称	百分数（%）
医院、疗养院、养老院、幼儿园（有住宿）	100
住宅、宿舍、旅馆	70
办公楼、教学楼、试验楼、工业企业生活间	40
职工食堂、餐饮业、影剧院、体育场（馆）、商场和其他场所（按座位）	5～10

（4）化粪池的构造，应当符合下列要求：

1）化粪池的长度与深度、宽度的比例应当按照污水中悬浮物的沉降条件和积存数量，经水力计算确定。但深度（水面至池底）不得小于 1.30m，宽度不得小于 0.75m，长度不得小于 1.00m，圆形化粪池直径不得小于 1.00m；

2）双格化粪池第一格的容量宜为计算总容量的 75%；三格化粪池第一格的容量宜为总容量的 60%，第二格和第三格各宜为总容量的 20%；

3）化粪池格与格、池与连接井之间应当设通气孔洞；

4）化粪池进水口、出水口应当设置连接井与进水管、出水管相接；

5）化粪池进水管口应设导流装置，出水口处及格与格之间应设拦截污泥浮渣的设施；

6）化粪池池壁和池底，应当防止渗漏；

7）化粪池顶板上应设有人孔和盖板。

7.2.4 生活污水处理设施（污水处理站）

（1）生活污水处理设施的工艺流程应根据污水性质、回用或排放要求确定。

（2）生活污水处理设施的设置应当符合下列要求：

1）宜靠近接入市政管道的排放点；

2）建筑小区处理站的位置宜在常年最小频率的上风向，且应用绿化带与建筑物隔开；

3）处理站宜设置在绿地、停车坪及室外空地的地下；

4）处理站当布置在建筑地下室时，应当有专用隔间；

5）处理站与给水泵站及清水池水平距离不得小于 10m。

（3）设置生活污水处理设施的房间或地下室应当有良好的通风系统，当处理构筑物为敞开式时，每小时换气次数不宜小于 15 次，当处理设施有盖板时，每小时换气次数不宜小于 5 次。

（4）生活污水处理设施应设超越管。

（5）生活污水处理应当设置排臭系统，其排放口位置应避免对周围人、畜、植物造成危害和影响。

（6）医院污水处理站排臭系统宜进行除臭、除味处理。处理后应达到现行国家标准《医疗机构水污染物排放标准》GB 18466—2005 中规定的处理站周边大气污染物最高允许浓度。

（7）生活污水处理构筑物机械运行噪声不得超过现行国家标准《声环境质量标准》GB 3096—2008 和《民用建筑隔声设计规范》GB 50118—2010、《城市区域环境振动标准》GB 10070—1988 的有关要求。对建筑物内运行噪声较大的机械应当设独立隔间。

7.3　医院污水处理设计要求

（1）医院污水必须进行消毒处理。

（2）医院污水处理后的水质，排放条件应符合现行国家标准《医疗机构水污染物排放标准》GB 18466 的有关规定。

（3）医院污水处理流程应根据污水性质、排放条件等因素确定，当排入终端已建有正常运行的二级污水处理厂的城市下水道时，宜采用一级处理；直接或间接排入地表水体或海域时，应采用二级处理。

（4）医院污水处理构筑物与病房、医疗室、住宅等之间应设置卫生防护隔离带。

（5）传染病房的污水经消毒后可与普通病房污水进行合并处理。

（6）当医院污水排入下列水体时，除应符合《医疗机构水污染物排放标准》GB 18466 的有关规定外，还应根据受水体的要求进行深度水处理：

1）现行国家标准《地表水环境质量标准》GB 3838 中规定的Ⅰ、Ⅱ类水域和Ⅲ类水域的饮用水保护区和游泳区；

2）现行国家标准《海水水质标准》GB 3097 中规定的一、二类海域；

3）经消毒处理后的污水，当排入娱乐和体育用水水体、渔业用水水体时，还应符合国家现行有关标准要求。

（7）化粪池作为医院污水消毒前的预处理时，化粪池的容积宜按污水在池内停留时间 24～36h 计算，污泥清掏周期宜为 0.5～1.0a。

（8）医院污水消毒宜采用氯消毒（成品次氯酸钠、氯片、漂白粉、漂粉精或液氯）。当运输或供应困难时，可采用现场制备次氯酸钠、化学法制备二氧化氯消毒方式。当有特殊要求并经技术经济比较合理时，可采用臭氧消毒法。

（9）采用氯消毒后的污水，当直接排入地表水体和海域时，应进行脱氯处理，处理后的余氯应小于 0.5mg/L。

（10）医院建筑内含放射性物质、重金属及其他有毒、有害物质的污水，当不符合排放标准时，需进行单独处理达标后，方可排入医院污水处理站或城市排水管道。

（11）医院污水处理系统的污泥，宜由城市环卫部门按危险废物集中处置。当城镇无集中处置条件时，可采用高温堆肥或石灰消化方法处理。

7.4　中水系统设计

中水系统由中水原水的收集、储存、处理和中水供给等工程设施组成的有机结合体，是建筑物或建筑水区的功能配套设施之一。中水原水收集系统是指收集、输送中水原水到中水处理设施的管道系统和一些附属构筑物。根据中水原水的水质，中水原水集水系统有合流集水系统和分流集水系统两类。合流集水系统是生活污水和废水用一套管道排出的系统，即通常的排水系统。合流集水系统的集流干管可根据中水处理站位置要求设置在室内或室外。这种集水系统具有管道布置设计简单、水量充足稳定等优点，但是原水水质差、中水处理工艺复杂、用户对中水接受程度低、处理站容易对周围环境造成污染。合流集水系统的管道设计要求和计算与建筑内部排水系统相同。

建筑中水工程设计要点是：将污废水处理到中水水质使其回用到冲厕或其他用水。

7.4.1　中水系统的分类与组成

1. 中水系统分类

（1）建筑中水系统。建筑中水系统一般是指一栋建筑，特别是一栋高层建筑及其附属建筑构成的范围内，以其排出的生活废水或生活污水为水源，经适当处理，水质达到中水水质标准后，用专用管道回送到原建筑物及其附属建筑或邻近建筑作为低水质用水。这种系统通常以生活废水（洗浴废水、洗涤废水）以及空调排水为中水水源即可以满足建筑的中水用水量要求，因采用的是优质杂排水，其处理工艺简单、投资少，便于与建筑物的建设统一考虑，也能做到与建筑物的启用同步运行，因此是当前非常有现实意义的一种节水供水系统。

（2）小区中水系统。小区中水系统的中水原水取自居住小区内各建筑物排放的污废水。根据居住小区所在城市排水设施的完善程度，确定室内排水系统，但应使居住小区给水排水系统与建筑内部给水排水系统相配套。目前，居住小区内多为分流制，以杂排水为中水水源。居住小区和建筑内部供水管网分为生活饮用水和杂用水双管配水系统。此系统多适用于居住小区、机关大院和高等院校，尤其是新建小区，可以统一规划同步实施建设。

（3）城市中水系统。城市中水系统一般是以城市污水二级处理后的水为水源，再经深度处理后用专用管道送回城市使用。

2. 中水系统组成

中水系统由中水原水系统、中水处理设施和中水供水系统三部分组成。

中水原水系统是指收集、输送中水原水到中水处理设施的管道系统和一些附属构筑物。

中水处理设施的设置应当根据中水原水水量、水质和中水使用要求等因素，通过技术经济比较后确定。通常将整个处理过程分为前处理、主要处理和后处理三个阶段。前处理用来截留大的漂浮物、悬浮物和杂物，包括格栅或滤网截留、油水分离、毛发截留、调节水量、调整 pH 值等。前处理主要处理去除水中的有机物、无机物等。按照采用的处理工艺，构筑物有沉淀池、混凝池、生物处理设施等。后处理是对中水供水水质要求很高时进行的深度处理，可以采用的方法有过滤、生物膜过滤、活性炭吸附等。

中水供水系统应当单独设立，包括配水管网、中水高位水箱、中水泵站或中水气压给水设备。中水供水系统的管网类型、供水方式、系统组成、管道敷设及水力计算与给水系统基本相同，只是在供水范围、水质、使用等方面有些限定和特殊要求。

7.4.2 中水水源及水质

1. 中水水源及其水质

中水水源是指建筑的原排水,包括建筑物内部的生活污水、生活废水及冷却水。生活污水是指厕所排水,生活废水含淋浴、盥洗、洗衣、厨房排水。生活污水和生活废水的数量、成分、污染物浓度与居民的生活习惯、建筑物的用途、卫生设备的完善程度、当地气候因素有关。建筑物排水污染物浓度见表7-4。各类建筑物生活用水量及所占百分率如表7-5所示。因为生活饮用、浇花、清扫等用水无法回收,因此建筑物生活排水量可以按生活用水量的80%~90%计算。

住宅、宾馆、办公楼生活污水水质　　　　表7-4

类　别	住宅			宾馆(饭店)			办公楼		
	BOD_5 (mg/L)	COD (mg/L)	SS (mg/L)	BOD_5 (mg/L)	COD (mg/L)	SS (mg/L)	BOD_5 (mg/L)	COD (mg/L)	SS (mg/L)
厕所	200~260	300~360	250	250	300~600	200	300	360~480	250
厨房	500~800	900~1350	250	—	—	—	—	—	—
淋浴	50~60	120~135	100	40~50	120~150	80	—	—	—
盥洗	60~70	90~120	200	70	50~180	150	70~80	120~150	200

各类建筑物生活给水量及百分率　　　　表7-5

类　别	住宅		宾馆(饭店)		办公楼		附　注
	水量 [L/(人·d)]	百分率 (%)	水量 [L/(人·d)]	百分率 (%)	水量 [L/(人·d)]	百分率 (%)	
厕所	40~60	31~32	50~80	13~19	15~20	60~66	—
厨房	30~40	23~21	—	—	—	—	—
淋浴	40~60	31~32	300	79~71	—	—	盆浴及淋浴
盥洗	20~30	15	30~40	8~10	10	40~34	—
总计	130~190	100	380~420	100	25~30	100	—

2. 中水水质标准

(1) 中水用作建筑杂用水和城市杂用水,如冲厕、道路清扫、消防、城市绿化、车辆冲洗、建筑施工等杂用,其水质应符合国家标准《城市污水再生利用 城市杂用水水质》GB/T 18920—2002的规定,见表7-6。

城市杂用水水质标准　　　　表7-6

序号	指标　　项目	冲厕	道路清扫、消防	城市绿化	车辆冲洗	建筑施工
1	pH	6.0~9.0				
2	色(度) ≤	30				
3	嗅	无不快感				
4	浊度(NTU) ≤	5	10	10	5	20
5	溶解性总固体(mg/L) ≤	1500	1500	1000	1000	—

序号	指标 \ 项目	冲厕	道路清扫、消防	城市绿化	车辆冲洗	建筑施工
6	5日生化需氧量 BOD$_5$(mg/L) ≤	10	15	20	10	15
7	氨氮(mg/L) ≤	10	10	20	10	20
8	阴离子表面活性剂(mg/L) ≤	1.0	1.0	1.0	0.5	1.0
9	铁(mg/L) ≤	0.3	—	—	0.3	—
10	锰(mg/L) ≤	0.1	—	—	0.1	—
11	溶解氧(mg/L) ≥	1.0				
12	总余氯(mg/L)	接触30min后≥1.0,管网末端≥0.2				
13	总大肠菌群(个/L) ≤	3				

注：混凝土拌合用水还应符合《混凝土用水标准》JGJ 63 的有关规定。

（2）中水用于景观环境用水，其水质应符合国家标准《城市污水再生利用—景观环境用水水质》GB/T 18921—2002 的规定。

（3）中水用于食用作物、蔬菜浇灌用水时，应符合《农田灌溉水质标准》GB 5084—2005 的要求。

（4）中水用于采暖系统补水等其他用途时，其水质应达到相应使用要求的水质标准。

（5）当中水同时满足多种用途时，其水质应按最高水质标准确定。

7.4.3 中水处理方法及系统设计

1. 中水处理方法

（1）优质杂排水和杂排水为中水原水的处理方法。当以优质杂排水和杂排水为中水原水时，由于水中有机物浓度较低，处理目的主要是去除原水中的悬浮物和少量有机物，降低水的浊度和色度，可以采用以物理化学处理为主要工艺流程或采用生物处理和物化处理相结合的处理工艺。

（2）生活排水为中水原水的处理方法。当利用生活排水为中水原水时，由于中水原水中有机物和悬浮物浓度都很高，中水处理的目的是同时去除水中的有机物和悬浮物，可以采用二段生物处理或生物处理与物化处理相结合的处理工艺。

（3）污水厂二级生物处理出水为中水原水的处理方法。当利用污水处理厂二级生物处理出水作为中水原水时，处理目的主要是去除水中残留的悬浮物，降低水的浊度和色度，应当选用物理化学处理（或三级处理）。

2. 中水系统设计

（1）水量平衡。水量平衡是指中水原水水量、中水处理水量、中水用水量通过计算调整达到平衡一致。水量平衡计算是系统设计经济合理性、长期良好运转的前提。

（2）中水系统设计：

通常污水处理设计原则也适用于中水处理，但参数、要求等不尽一致，概述如下：

1）格栅、格筛。

① 格栅：用于截留原排水中较大的漂浮或悬浮性杂质，设置在进水管（渠）上或调节池进口处，倾角不小于60°，设置一道格栅时，栅条间隙宽度应当小于10mm，设置粗

细两道格栅时，粗格栅间隙为 10～20mm，细格栅间隙为 2.5mm。

② 格筛：通常设于格栅后面，进一步截留细小杂质，如毛发、线头等。对于洗浴废水筛条间隙为 0.25～2.5mm，如果在筛面上覆以不锈钢细网或尼龙网，孔眼根据水质情况而定，通常为 12～18 目。为了防止在格栅或格筛上积聚生物黏质，可以间断地在进水中投加杀菌消毒剂。为了防止油脂的积聚，最好同时用热水或蒸汽进行冲洗，可以按一天一次设计。

2）调节池。调节池的作用是调节水量、均化水质，以确保后续处理设施能够稳定、高效地运行。

调节池的储存时间通常不超过 24h。为了防止原排水在池内沉淀、腐化，一般应进行预曝气，同时还可有除臭、降温效果。

调节池曝气量为 0.6～0.9m³/(m²·h)，可以去除 15％～20％的 BOD_5，池深可以取 1.5～2.0m，调节池容积可按日处理水量的 30％～40％计。厨房排水需经隔油后才可排入。在中小型中水处理工程中，调节池可以取代初次沉淀池。

3）沉淀池。沉淀池设于物化处理的混凝沉淀或生物处理后的二次沉淀，其作用是进行泥水分离，使水澄清。建筑中水工程相对规模较小，多采用竖流式或斜板（管）沉淀池。

混凝处理是中水处理的重要方法之一，常用于主处理阶段，也用于后处理阶段。因影响混凝和絮凝的因素很多，一般通过试验选择混凝剂种类和确定最佳投加量，中水处理中常用的混凝剂有石灰、铝盐、铁盐、高分子聚合物等。

4）接触氧化池。接触氧化池实际是装有填料的曝气池，又称为淹没滤池，兼有活性污泥法和生物膜法两种作用。两者的优点为：抗冲击负荷能力强、泥量少，不产生污泥膨胀，不需回流污泥，便于管理。但易堵、布气不均匀是其缺点。工程实践证明，接触氧化池仍是建筑中水工程中比较适用的一种设施。

接触氧化池容积负荷通常为 1.0～1.8kgBOD₅/(m²·d)，水力停留时间为 2h，生活污水为 3h。

5）生物转盘。生物转盘是生物膜法的一种，通常采用多级串联，依污水 BOD_5 浓度和表面负荷计算需要的面积，计算需要的片数、级数。BOD_5 面积负荷在 10～20g/(m²·d)，水力负荷为 0.2m³/(m²·d)，一般应当由试验或相似污水运行资料确定。

6）过滤。过滤主要去除二级处理后水中残留悬浮物和胶体物质。通常可采用普通快滤池、压力式砂过滤器、纤维球过滤器、超滤膜过滤器等。目前，我国采用无烟煤、石英砂双层过滤深层滤池较多，其效果好、含污能力强、周期长等。反冲洗一般采用气水联合法，先用空气及水冲洗 3～5min，反冲强度为 50～90m³/(m²·d)，空气压力为 0.035MPa，再用滤后水反冲洗 5～10min，反冲强度为 25～50m³/(m²·h)。

当滤前水中主要含无机悬浮物时，可以用直接过滤方式；当为有机悬浮物时，采用混凝过滤。滤速一般取 25～50m³/(m²·h)。

7）消毒。消毒是确保中水安全使用的重要手段，任何一种流程都必须有消毒步骤，以达到卫生学方面的中水标准。消毒剂有液氯、次氯酸钠、氯片、漂白粉、臭氧等，其中用液氯、次氯酸钠较多；液氯在人口密集场所，安全问题必须予以特别重视。次氯酸钠发生需要溶盐等，在制备过程中易对设备产生腐蚀作用。臭氧氧化能力强、消毒效果好，但设备成本高，耗电量大，维护管理要求高，尚难广泛采用。

氯化消毒，加氯量一般有效氯应为 5~8mg/L，接触时间不小于 30min，余氯量0.5~1.0mg/L，管网末梢为 0.2mg/L。

在小型中水处理系统中，也可以将格栅（筛）、调节、沉淀、生物处理、二次沉淀、过滤、消毒等各处理单元组合成一体化的成套的中水处理设备。这些设备一般都设计布置紧凑、占地较小、有一定的灵活性，目前国内外都已有专用定型设备生产供应。

7.4.4　中水处理站设计

1. 中水处理站位置的确定

（1）中水处理站位置确定原则。中水处理站的位置应根据建筑的总体规范、产生中水原水的位置、中水用水点的位置、环境卫生要求和管理维护等 4 个因素进行综合考虑进行确定。

（2）建筑中水处理站位置确定的要求：

1）建筑物内中水处理站宜设在建筑物的最底层。

2）建筑群（组团）的中水处理站宜设在其中心建筑物的地下室或裙房内，应当避开建筑的主立面、主要通道入口和重要场所，选择靠近辅助入口方向的边角，并与室外联系方便的地方。

3）小区中水处理站位置的确定

小区中水处理站应当在靠近主要集水和用水地点的室外独立设置，处理构筑物宜为地下式或封闭式。处理站应当与环境绿化结合，应尽量做到隐蔽、隔离和避免影响生活用房的环境要求，其地上建筑宜与建筑小品相结合，以生活污水为原水的地面处理站与公共建筑和住宅的距离不宜小于 15m。

2. 中水处理站内给水排水设施的组成

水处理站内给水排水设施的组成包括：

（1）中水原水系统。中水原水系统收集和供应处理设备所需用的水，分别有中水的原水管道、中水原水集水池、中水原水提升水泵等。

（2）经处理设备处理后的中水系统。经处理设备处理后的中水系统包括管道、阀门及中水集水池等。

（3）中水供应系统。中水供应系统有加压水泵、管道、阀门等。

（4）中水站内自来水管道系统。中水站内自来水管道系统包括进户管、水表、自来水管道及阀门。

（5）中水站内排水管道系统。中水站内排水管道系统包括工作人员工作用化验和卫生器具及连接它们的排水管道。

3. 中水处理站内设计要求

（1）中水处理站应当有单独的进出口和道路，便于进出设备、药品及排除污物。处理构筑物及设备布置应当合理紧凑、管路顺畅，在满足处理工艺要求的前提下，高程设计中应当充分利用重力水头，尽可能减少提升次数，节省电能。各种操作部件和检测仪表应当设在明显的位置，便于主要处理环节的运行观察、水量计量和水质取样化验监（检）测。处理构筑物及设备相互之间应留有操作管理和检修的合理距离，其净距通常不应小于

0.7m。处理间主要通道不应小于 1.0m。

（2）根据处理站规模和条件，设置值班、化验、贮藏、厕所等附属房间，加药贮药间和消毒制备间宜与其他房间隔开，并有直接通向室外的门。处理站有满足处理工艺要求的供暖、通风、换气、照明、给水排水设施，处理间和化验间内应设有自来水龙头，供管理人员使用。其他工艺用水应尽量使用中水。处理站内应设有集水坑，当不能重力排放时，应当设潜水泵排水。排水泵通常设两台，一用一备，排水能力不应小于最大小时来水量。

（3）处理站应当根据处理工艺及处理设备情况采取有效的除臭措施、隔声降噪和减振措施，具备污泥、渣等的存放和外运条件。

7.4.5　中水回用的经济分析

中水回用之所以受到越来越广泛的重视，主要是因为中水具有经济可行性、政策可行性以及技术可行性。

（1）经济可行性上，用水单位降低生产成本，节省水费，使用中水极大的缓解了城市水资源的利用，从而可以促成中水回用的推广。

（2）技术可行性上，中水回用的技术在国内外已经有几十年的实践经验，从中水处理工艺到管网敷设等一系列的角度已经完全可以应用。

（3）政策可行性上，目前国家大力提倡节约用水，对中水回用更加重视，这无疑为中水回用的推广提供了政策的扶持。

中水技术在国内成熟已久，但其推广范围却相对缓慢，探其原因还是中水回用的成本高低问题。据有关资料显示，运行规模是影响成本的最主要因素，其次是设备投资、维修费、电费、药剂费、人工运行费等。

国内，中水设施的投入与选择工艺有关，一般为 $2500 \sim 3000$ 元$/m^3$，若用膜处理费用相对较高。中水处理成本一般为 1.2 元$/m^3$，经小型污水处理器处理的中水，直接成本为 1.05 元$/m^3$，但如果计算折旧费等因素，成本在 8 元$/m^3$。

据有关资料统计，我国每年因缺水工业产值损失近 3000 亿元，在商业和企事业用水行业中，水费开支是一项数额巨大的经营费用，在不影响行业正常经营生产的情况下，大幅减少自来水用量，其减少的费用又可以用于企业扩大再生产。随着水资源的统一管理，城乡供水价格的进一步理顺，其经济效益将更加明显。

第8章 专用建筑给水排水工程设计

8.1 游泳池及水上游乐池给水排水设计

8.1.1 游泳池水质、水温及水量

游泳池的类型较多，按照池中的水温可分为冷水泳池、一般游泳池、温水游泳池。按环境可分为天然游泳池、室外人工池、室内人工池、海水游泳池等；按使用目的可分为教学用、竞赛用、娱乐用、医疗康复用、练习用游泳池等；按照使用人群可分为成人泳池、儿童泳池、亲子泳池、幼儿泳池、婴儿泳池等；按项目分为游泳池、跳水池、潜水池、水球池、造浪池、戏水池等。

1. 水质

世界级比赛用和有特殊要求的游泳池的池水水质卫生标准，应符合我国现行《游泳池水质标准》CJ 244—2007 要求外，还应符合国际游泳协会（FINA）关于游泳池池水水质卫生标准的规定。国家级比赛用游泳池和宾馆内附建的游泳池池水水质卫生标准，可参照国际游泳协会（FINA）关于游泳池池水水质卫生标准的规定执行。其他游泳池和水上游乐池池水水质应符合我国的卫生标准。游泳池初次充水和补充水，均应符合现行的《生活饮用水卫生标准》GB 5749—2006 的规定平常池中的水质应符合国家体育总局和国家卫生部门颁布的《人工游泳池水质卫生标准》的规定。游泳馆、水上游乐场内的饮水、淋浴等生活用水，其水质应符合现行的《生活饮用水卫生标准》GB 5749—2006。

游泳池池水水质卫生标准

表 8-1

序号	项　　目	水质卫生标准	备　　注
1	温度	$26\pm1℃$	—
2	pH 值	$7.2\sim7.6$（电阻值 $10.13\sim10.14\Omega$）	宜使用电子测量
3	浊度	0.10FTU	滤后入池前测定值
4	游离性余氯	$0.3\sim0.6$mg/L	DPD 液体
5	化合性余氯	$\leqslant0.4$mg/L	
6	菌落 *	$21\pm0.5℃$；100 个/mL	24h、48h、72h
	—	$37\pm0.5℃$；100 个/mL	24h、48h
7	大肠埃希氏杆菌 *	$37\pm0.5℃$；100mL 池水中不可检出	24h、48h
8	绿脓杆菌 *	$37\pm0.5℃$；100mL 池水中不可检出	24h、48h
9	氧化还原电位	$\geqslant750$mV	电阻值为 $10.13\sim10.14\Omega$
10	清晰度	能清晰看见整个游泳池底	—
11	密度	kg/dm^3	20℃时的测定值

序号	项　目	水质卫生标准	备　注
12	高锰酸钾消耗量	池水中最大总量 10mg/L 其他水最大量 3mg/L	—
13	THM(三卤甲烷)	宜小于 20μg/L	—
14	室内泳池的空气温度	至少比池水温度高 2℃	由于建筑原因

注：＊细菌的测试应使用膜滤。过滤后，将滤膜在37℃温度下在胰蛋白酶解蛋白大豆琼脂中保存2～4h，然后将滤膜放入隔离的培养基中。

2. 水温

比赛用游泳池的池水温度，应符合《游泳比赛规则》和《游泳池和水上游乐池给水排水设计规程（附条文说明）》CECS 14—2002 的要求。

游泳池和水上游乐池的池水设计温度　　　　　　　　表 8-2

序　号	场　所	池的类型	池的用途		池水设计温度(℃)
1	室内池	专用游泳池	比赛池、花样游泳池		25～27
2			跳水池		27～28
3			训练池		25～27
4		公共游泳池	成人池		27～28
5			儿童池		28～29
6		水上游乐池	戏水池	成人池	27～28
7			—	幼儿池	29～30
8			滑道跌落池		27～28
9	室外池		有加热设备		26～28
10			无加热设备		≥23

无特殊要求的游泳池（含水上游乐池）可参照表 8-2 确定

3. 水量

游泳池、游乐池的补充水量按表8-3选用，其中考虑到儿童和幼儿容易受到低于体温池水的刺激，且可能在池内便溺，严重污染水质，故儿童和幼儿戏水池补水量较多。采用直流式给水系统或直流净化给水系统的游泳池和水上游乐池，每小时补充水量不应小于池水容积15%。

游泳池和水上游乐池的初次充水或因突然发生传染病菌等事故泄空池水后重新充水的时间，主要根据池子的使用性质和当地供水条件等因素确定，宜采用24～28h。对于竞赛、训练及宾馆等使用的游泳池，其充水时间宜短一些；其他以健身、娱乐、消夏为主的池子，或是当地用水紧张，大量充水会影响周边用户正常用水时，充水时间可适当放宽。

游泳池、游乐池的补充水量　　　　　　　　表 8-3

序　号	游泳池、游乐池名称		每日补充水量占泳池水容积的百分数(%)
1	比赛池、训练池、跳水池	室内	3～5
		室外	5～10

序　号	游泳池、游乐池名称		每日补充水量占泳池水容积的百分数(%)
2	水上游乐池、公共泳池	室内	5~10
		室外	10~15
3	按摩池	公用	10~15
4	儿童池、幼儿戏水池	室内	不小于15
		室外	不小于20
5	环流池	—	10~15
6	家庭游泳池	室内	3
		室外	5

注：1. 室内游泳池、水上游乐池的最小补充水量应保证在一个月内池水全部更换一次。

　　2. 当地卫生防疫部门有规定时，应按卫生防疫部门的规定执行。

8.1.2　游泳池水循环系统

游泳池水循环净化给水系统，简称循环系统。由泳池附件、管道、水泵、净化处理设备、附属构筑物等组成。

1. 循环周期

游泳池和水上游乐池的池水净化循环周期，是指将池水全部净化一次所需要的时间。循环周期应根据池子的使用性质、使用人数、池水容积、消毒方式、池水净化设备运行时间和除污效率等因素确定，按表8-4采用。

一般来讲，池水循环周期的选值应根据实际情况分析后确定，对于同一个池子，最科学的运行方式是将其循环周期随着使用负荷的变化及时进行调整。

游泳池池水循环周期的确定见表8-4。

游泳池池水循环周期的确定　　　　　　　　　表8-4

序　号	泳池类别		循环周期(h)	循环次数(次/d)
1	竞赛池、训练池		4~6	6~4
2	跳水池		8~10	3~2.4
3	跳水、游泳合用池		6~8	4~3
4	公共池、露天池		4~6	6~4
5	儿童池		2~4	12~6
6	幼儿戏水池		1~2	24~12
7	俱乐部、宾馆内游泳池		6~8	4~3
8	环流河		2~4	12~6
9	造浪池		2	12
10	气泡休闲池		2~4	12~6
11	水力按摩池	公共池	0.3~0.5	80~48
		专用	0.5~1.0	48~24

序 号	泳池类别	循环周期(h)	循环次数(次/d)
12	滑道池	6	4
13	探险池	6	4
14	教学池	8	3
15	大中学校游泳池	6～8	4～3
16	家庭游泳池	8～10	3～2.4

注：池水的循环次数按每日使用时间与循环周期的比值确定。

2. 循环方式

循环方式是池水进、回水的水流组织方式。有顺流式循环、逆流式循环和混合流式循环3种方式。

(1) 顺流式循环方式：池中的全部循环水量，经设在池子端壁或侧壁水面以下的给水口送入池内，由设在池底的回水口取回，进行处理后再送回池内继续使用的水流组织方式，如图8-1所示。该循环方式投资少、运行简单、维护方便，但池水表面水质差。适用于公共游泳池、露天游泳池或水上游乐池。

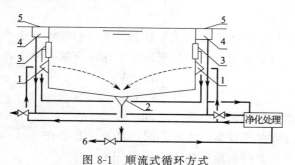

图 8-1　顺流式循环方式

1—给水口；2—回水口；3—吸污接口；4—溢流水槽；

5—溢流水槽格栅盖板；6—泄水口

(2) 逆流式循环方式：池中的全部循环水量，经设在池底的给水口或给水槽送入池内，经设在池壁外侧的溢流回水槽取回，进行处理后再送回池内继续使用的水流组织方式，如图8-2所示。该循环方式能有效去除池水表面污物和池底沉积物，水流均匀，避免产生涡流。多用于竞赛游泳池、训练游泳池。

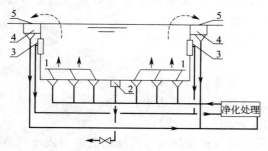

图 8-2　逆流式循环方式

1—给水口；2—泄水口；3—吸污接口；4—溢流回水槽；5—溢流水槽格栅盖板

（3）混合流式循环方式：池中全部循环水60%～70%的水量，由设在池壁外侧的溢流回水槽取回；另外30%～40%的水量，由设在池底的回水口取回。将这两部分循环水量合并进行处理后，经池底送回池内继续使用的水流组织方式，如图8-3所示。该循环方式兼顾了顺流式循环方式和逆流式循环方式各自的优点。要求较高的游泳竞赛池、训练池或水上游乐池应采用这种形式。

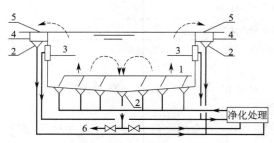

图8-3　混合流式循环方式

1—给水口；2—回水口；3—吸污接口；4—溢流水槽；

5—溢流水槽格栅盖板；6—泄水口

3. 循环流量

循环流量是计算净化和消毒设备的重要数据，常用的计算方法有循环周期计算法和人数负荷法。循环周期计算法是根据已经确定的池水循环周期和池水容积，按下式计算：

$$q_c = \frac{\alpha_{ad} \cdot V_p}{T_p} \tag{8-1}$$

式中　q_c——游泳池或水上游乐池的循环流量（m³/h）；

α_{ad}——管道和过滤净化设备的水容积附加系数，取1.05～1.1；

V_p——游泳池或水上游乐池的池水容积（m³）；

T_p——循环周期，h，按表8-4选用。

4. 平衡水池与均衡水池

（1）平衡水池。平衡水池是指对采用顺流式循环给水系统的游泳池和水上游乐池，为保证池水有效循环，且收集溢流水、平衡池水水面、调节水量浮动、安装水泵吸水口（阀）和间接向池内补水而设置的水池。

水池的最高水面与游泳池的水表面应保持一致；水池内地表面应低于游泳池回水管以下700mm；水池应设检修人孔、水泵吸水坑和有防虫网的溢水管、泄水管；水池有效尺寸应满足施工安装和检修等要求。

平衡水池的有效容积按下式计算：

$$V_p = V_f + 0.08q_c \tag{8-2}$$

式中　V_p——平衡水池的有效容积（m³）；

V_f——单个最大过滤器反冲洗所需水量（m³）；

q_c——游泳池的循环水量（m³/h）。

（2）均衡水池。对采用逆流式循环给水系统的游泳池或水上游乐池，为保证循环水泵有效工作而设置的低于池水水面的供循环水泵吸水的水池称为均衡水池。其作用是收集池岸溢流回水槽中的循环回水，均衡水量浮动和贮存过滤器反冲洗时的用水，以及间接向池内补水。

均衡水池的有效容积按下式计算：

$$V_j = V_a + V_f + V_c + V_s \qquad (8\text{-}3)$$

$$V_s = A_s \cdot h_s \qquad (8\text{-}4)$$

式中　V_j——均衡水池的有效容积（m^3）；

　　　V_a——游泳者入池后所排出的水量（m^3），每位游泳者按 $0.056m^3$ 计；

　　　V_f——单个最大过滤器反冲洗所需的水量（m^3）；

　　　V_c——充满循环系统管道和设备所需的水容量（m^3）；

　　　V_s——池水循环系统运行时所需的水量（m^3）；

　　　A_s——游泳池的水表面面积（m^2）；

　　　h_s——游泳池溢流回水时的溢流水层厚度（m），可取 $0.005 \sim 0.01m$。

8.1.3　水质净化及加热设备

1. 净化方式

游泳池水质净化的方式一般对应于其给水方式，常有溢流净化、换水净化和循环净化。

（1）溢流净化方式，就是连续不断地向池内供给符合《生活饮用水卫生标准》GB 5749—2006 的自流井水、温泉水或河水，将沾污了的池水连续不断地排除，使池水在任何时候都保持符合《游泳池水质标准》CJ 244—2007 的要求。有条件时应优先采用这种方法。

（2）换水净化方式，就是将被沾污的池水全部排除，再重新充入新鲜水的方式，这种方式不能保证稳定的卫生状况，有可能传染疾病，一般不再推荐这种方法。

（3）循环净化方式，就是将沾污了的池水按一定的流量连续不断地送入处理设施，去除水中污物，投加消毒剂杀菌后，再送入游泳池使用，这是城镇较高标准游泳池常用的给水方式。其净化流程如图8-4所示。

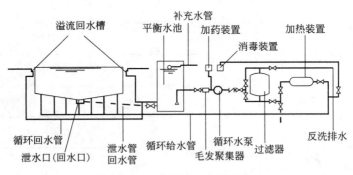

图 8-4　循环净化流程图

2. 净化及加热设备的种类和设计

（1）毛发聚集器：外壳应为耐压、耐腐蚀材料，过滤筒孔眼的直径宜为 $3 \sim 4mm$，过滤网眼应由耐腐蚀的铜、不锈钢和塑料材料所制成。过滤筒（网）孔眼的总面积不小于连接管道截面面积的两倍。毛发聚集器安装在循环水泵的吸水管上。

（2）过滤设备：过滤器主要根据滤速、反冲洗强度、反冲洗周期及选用滤料等进行设计。压力过滤器的滤料组成和过滤速度见表 8-5，压力过滤器的反冲洗强度和反冲洗时间见表 8-6。对于不同用途的游泳池和水上游乐池，过滤器应分开设置；每座池子的过滤器数量不宜少于两台，一般不考虑备用过滤器；一般采用立式压力过滤器，当直径大于 2.6m 时采用卧式；重力式过滤器一般低于游泳池的水面，应有防止池水溢流事故的措施；压力式过滤器应配置进水、出水、冲洗、泄水和放气等配管，还应有检修孔、观察孔、取样管和差压计。安装在加药设备之后。

（3）加药消毒设备有：臭氧消毒，氯消毒（氯气、次氯酸钠、氯片），紫外线消毒。根据池水的水量、水质和厂家提供的资料选择。安装在过滤设备之后。

（4）加热设备：快速式加热器；容积式加热器等。根据加热量选择。游泳池池水加热所需热量包括：池水表面蒸发损失的热量；池壁和池底及管道和设备的热损失；补充新鲜水加热所需的热量。安装在过滤设备之后。

（5）加压设备水泵：根据循环流量和扬程选择水泵。安装在毛发聚集器之后。

（6）洗净设施：强制淋水装置；浸脚消毒池；浸腰消毒池。强制淋水装置：强制淋浴通道的长度为 2.0～3.0m；淋浴喷头不少于 3 排，每排间距不大于 1.0m，每排喷头数不少于两只，间距为 0.8m。当采用多孔淋浴管时，孔径不小于 0.8mm，孔间距不大于 0.6m；喷头安装高度不宜大于 2.20m，起动方式应采用光电感应自动控制；浸脚消毒池：池长不小于 2.0m，池宽与通道相等，池内消毒液的有效深度不小于 0.15m；浸腰消毒池：池的有效长度不宜小于 1.0m，有效水深为 0.9m，采用阶梯形为宜，池两侧设扶手。安装在游泳池的入口处，作为人体的预净化。

压力过滤器的滤料组成和过滤速度 表 8-5

序 号	滤料类型		滤料组成料径（mm）			过滤速度（m/h）
			料径（mm）	不均匀系数 K	厚度（mm）	
1	单层石英砂		$D_{min}=0.5$ $D_{max}=1.0$	≤2.0	≥700	10～15
			$D_{min}=0.6$ $D_{max}=1.2$			
2	单层石英砂		$D_{min}=0.5$ $D_{max}=0.85$	≤1.7	≥700	15～25
3			$D_{min}=0.5$ $D_{max}=0.7$	≤1.4	＞900	30～40
4	双层滤料	无烟煤	$D_{min}=0.8$ $D_{max}=1.6$	≤2.0	300～400	14～18
		石英砂	$D_{min}=0.6$ $D_{max}=1.2$	—	300～400	—
5	多层滤料	氟石	$D_{min}=0.75$ $D_{max}=1.20$	≤1.7	350	20～30
		活性炭	$D_{min}=1.20$ $D_{max}=2.00$	≤1.7	600	
		石英砂	$D_{min}=0.80$ $D_{max}=1.20$	≤1.7	400	

注：1. 其他滤料如纤维球、硅藻土、树脂、纸芯等，按生产厂商提供并经有关部门认证的数据选用。

2. 滤料的相对密度：石英砂 2.6～2.65；无烟煤 1.4～1.6。

3. 压力过滤器的承托层厚度和卵石粒径，根据配水形式按生产厂提供并经有关部门认证的资料确定。

压力过滤器的反冲洗强度和反冲洗时间　　　　表 8-6

序　　号	滤料类别	反冲洗强度[（L/s·m²）]	膨胀率（%）	冲洗时间（mm）
1	单层石英砂	12～15	40～45	7～5
2	双层滤料	13～16	45～50	8～6
3	三层滤料	16～17	50～55	7～5

注：1. 设有表面冲洗装置时，取下限值。

　　2. 采用城市生活饮用水冲洗时，应根据水温变化适当调整冲洗强度。

　　3. 膨胀率数值仅作为压力过滤器设计计算用。

8.1.4　池水加热

以温泉水或地热水为水源的游泳池，池水不需加热，露天游泳池一般也不进行加热。

室内游泳池如有完善的采暖空调设施，池水温度达到 25℃左右即可。如气温较低，池水温度宜保持在 27℃以上。

1. 游泳池水面蒸发损失的热量

$$Q_z = 4.187\gamma(0.0174v_f + 0.0229)(P_b - P_q)A(760/B) \tag{8-5}$$

式中　Q_z——池水表面蒸发损失的热量（kJ/h）；

　　　γ——与池水温度相等时，水的蒸发汽化潜热（kcal/kg），按表 8-7 确定；

　　　v_f——地面上的风速（m/s），室内游泳池一般取 $v_f = 0.2～0.5$m/s；

　　　P_b——与池水温度相等的饱和空气的水蒸气分压（mmHg），见表 8-7；

　　　P_q——游泳池环境空气的水蒸气分压（mmHg），按表 8-8 确定；

　　　A——游泳池水面面积（m²）；

　　　B——当地大气压力（mmHg）。

水的蒸发潜热和饱和蒸汽压　　　　表 8-7

水温 （℃）	蒸发潜热 γ（kcal/kg）	饱和蒸汽压 P_b（mmHg）	水温 （℃）	蒸发潜热 γ（kcal/kg）	饱和蒸汽压 P_b（mmHg）
18	587.1	15.5	25	583.1	23.8
19	586.6	16.5	26	582.5	25.2
20	586.0	17.5	27	581.9	26.7
21	585.4	18.7	28	581.4	28.3
22	584.9	19.8	29	580.8	30.0
23	584.3	21.1	30	580.4	31.8
24	583.6	22.4	—	—	—

2. 传导损失的热量

包括池水表面、池底、池壁、管道和设备等所有的传导所损失的热量。其数值可按游泳池池水表面蒸发损失热量的 20% 计算。

3. 补充水加热所需的热量：

$$Q_b = \frac{4.187\rho q_b(t_s - t_b)}{T} \tag{8-6}$$

式中　Q_b——补充水加热所需要的热量（kJ/h）；

q_b——每天补充的水量（m³）；

ρ——水的密度（kg/L）；

t_s——池水温度（℃）；

t_b——补充水水温（℃）（按冬季最不利水温计算）；

T——每天加热时间（h）。

气温与相应的蒸汽分压　　　　　　　　　　　　表 8-8

气温 （℃）	相对湿度 （%）	蒸汽分压 P_q(mmHg)	气温 （℃）	相对湿度 （%）	蒸汽分压 P_q(mmHg)
21	50	9.3	26	50	12.5
	55	10.2		55	13.8
	60	11.1		60	15.2
22	50	9.9	27	50	13.3
	55	10.9		55	14.7
	60	11.9		60	16.0
23	50	10.5	28	50	15.1
	55	11.5		55	16.5
	60	12.6		60	18.0
24	50	11.1	29	50	15.1
	55	12.3		55	16
	60	13.4		60	18.0
25	50	11.9	30	50	16.0
	55	13.0		55	17.5
	60	14.2		60	19.1

4. 总热量

加热所需的总热量应为上述三项之和。

5. 加热方式和设备

常用的加热方式和加热设备与建筑热水供应基本相同。

8.1.5　附属及洗净设施

1. 强制淋浴

公共游泳池和水上游乐池，应在进入池子的通道内设置强制淋浴。

强制淋浴的设计应符合下列要求：强制淋浴通道长度应采用 2.0～3.0m；淋浴喷头在通道内不宜少于 3 排，每排间距不宜大于 1.0m；淋浴喷头间距宜为 0.8m，且每排的喷头数不宜少于 2 只；当为多孔管时，孔径不宜小于 0.8mm，间距不宜大于 0.6mm；喷头或多孔管的安装高度不宜大于 2.20M；喷头或多孔管的开启，应采用光电感应自动控制。水质应符合现行国家标准《生活饮用水卫生标准》GB 5749—2006 的规定；水温宜采用 35～40℃，夏季可采用常温水；水量应按喷头数量计算确定。

2. 浸脚消毒池

浸脚消毒池应设在游泳者进入游泳池的通道内，长度不小于 2m，宽度与通道宽度相同，消毒液深度不得小于 0.15m。浸脚消毒池内消毒液的余氯量应为 5～10mg/L。消毒液宜为连续供给和排放。如有困难时，可采用定期更换方式，但间隔时间不得超过 4h。如设有强制淋浴，浸脚消毒池应设在强制淋浴之后。浸脚消毒池及其配管，应采用耐腐蚀材料。

3. 浸腰消毒池

公共游泳池，宜尽量在游泳者的入口通道设置浸腰消毒池。浸腰消毒池的有效长度不宜小于 1m，有效深度宜采用 0.6～0.9m。浸腰消毒池余氯量，宜按下列规定确定：

（1）位置在强制淋浴之后时，不得小于 5mg/L；

（2）位置在强制淋浴之前时，不宜小于 50mg/L。

8.2 洗衣房给水排水设计

8.2.1 洗衣房用水量的计算

洗衣房的用水量可按每千克干洗物所需用水量进行计算或按洗涤设备单位时间内的充水量计算。

水洗织品的数量应由使用单位提供数据，也可根据建筑物性质参照表 8-9 确定。水洗织品的单件重量可参照表 8-10 采用。宾馆、公寓等建筑的干洗织品的数量可按 0.25kg/(床·d) 计算，干洗织品的单件重量可参照表 8-11 选用。

各种建筑水洗织品的数量　　　　　　　　　　　　　　　表 8-9

序号	建筑物名称	计算单位	干织品数量(kg)	备　　注
1	居民	每人每月	6.0	
2	公共浴室	每 100 床位每日	7.5～15.0	参考用
3	理发室	每一技师每月	40.0	
4	食堂、饭馆	每 100 席位每日 15～20	—	
5	旅馆：			旅馆等级见《旅馆建筑设计规范》JGJ 62—2014
	六级	每床位每月	10～15	—
	四～五级	每床位每月	15～30	—
	三级	每床位每月	45～75	—
	一～二级	每床位每月	120～180	—
6	集体宿舍	每床位每月	8.0	
7	医院：	—	—	参考用
	100 病床以下的综合医院	—	—	
	内科和神经科	每一病床每月	50.0	
		每一病床每月	40.0	
	外科、妇科和儿科	每一病床每月	60.0	
	妇产科	每一病床每月	80.0	
8	疗养院	每人每月	30.0	
9	休养院	每人每月	20.0	
10	托儿所	每一小孩每月	40.0	
11	幼儿园	每一小孩每月	30.0	

水洗织品单件质量

表 8-10

序 号	织品名称	规格	单位	干织品质量（kg）	备 注
1	床单	200cm×235cm	条	0.8～10	—
2	床单	167cm×200cm	条	0.75	
3	床单	133cm×200cm	条	0.50	
4	被套	200cm×235cm	件	0.9～1.2	
5	罩单	215cm×300cm	件	2.0～2.15	
6	枕套	80cm×50cm	只	0.14	
7	枕巾	85cm×55cm	条	0.30	
8	枕巾	60cm×45cm	条	0.25	
9	毛巾	55cm×35cm	条	0.08～0.1	
10	擦手巾	—	条	0.23	
11	面巾	—	条	0.03～0.04	
12	浴巾	160cm×80cm	条	0.2～0.3	
13	地巾	—	条	0.3～0.6	
14	毛巾被	200cm×235cm	条	1.5	
15	毛巾被	133cm×200cm	条	0.9～1.0	
16	线毯	133cm×135cm	条	0.9～1.4	
17	桌布	135cm×135cm	件	0.3～0.45	
18	桌布	165cm×165cm	件	0.5～0.65	
19	桌布	185cm×185cm	件	0.7～0.85	平均值
20	桌布	230cm×230cm	件	0.9～1.4	
21	餐巾	50cm×50cm	件	0.05～0.06	
22	餐巾	56cm×56cm	件	0.07～0.08	
23	小方巾	28cm×28cm	件	0.02	
24	家具套	—	件	0.5～1.2	
25	擦布	—	条	0.02～0.08	
26	男上衣	—	件	0.2～0.4	
27	男下衣	—	件	0.2～0.3	
28	工作服	—	套	0.5～0.6	
29	女罩衣	—	件	0.2～0.4	
30	睡衣	—	套	0.3～0.6	
31	裙子	—	条	0.3～0.5	
32	汗衫	—	件	0.2～0.4	
33	衬衣	—	件	0.25～0.3	
34	衬裤	—	条	0.1～0.3	
35	绒衣、绒裤	—	条	0.75～0.85	
36	短裤	—	条	0.1～0.2	
37	围裙	—	条	0.1～0.1	
38	针织外衣裤	—	条	0.3～0.6	

干洗织品单件质量

附表 8-11

序 号	织品名称	规格	单位	干织品质量（kg）
1	西服上衣		件	0.8～1.0
2	西服背心		件	0.3～0.4
3	西服裤		条	0.5～0.7
4	西服短裤	—	条	0.3～0.4
5	西服裙		条	0.6
6	中山装上衣		件	0.8～1.0

序 号	织品名称	规格	单位	干织品质量(kg)
7	中山装裤		件	0.7
8	外衣		件	2.0
9	夹大衣		件	1.5
10	呢大衣		件	3.0~3.5
11	雨衣		件	1.0
12	毛衣、毛线衣		件	0.4
13	制服上衣		件	0.25
14	短上衣(女)		件	0.30
15	毛针织线衣		套	0.80
16	工作服		套	0.9
17	围巾、头巾、手套	—	件	0.1
18	领带		条	0.05
19	帽子		顶	0.15
20	小衣件		件	0.10
21	毛毯		条	3.0
22	毛皮大衣		件	1.5
23	皮大衣		件	1.5
24	毛皮		件	3.0
25	窗帘		件	1.5
26	床罩		件	2.0

8.2.2 洗衣房内给水管道设计

洗衣房内给水设施的给水管、热水管应分别安装阀门和防倒流污染的附件。排水设施包括带格栅或穿孔隔板的排水沟和排水管径不小于 100mm 的排水管。

洗衣房设计应考虑蒸汽和压缩空气供应。蒸汽量可按 1kg/(h·kg 干衣) 估算,无热水供应时按 2.5~3.5kg/(h·kg 干衣) 估算,蒸汽压力以用汽设备要求为准或参照表 8-12。

各种洗衣设备要求蒸汽压力　　　　　　　　　　表 8-12

设备名称	洗衣机	熨衣机 人像机 干洗机	烘干机	烫平机
蒸汽压力(MPa)	0.147~0.196	0.392~0.588	0.490~0.687	0.588~0.785

压缩空气的压力和用量应按设备要求确定,也可按 0.49~0.98MPa 和 0.1~0.3m³/(h·kg 干衣) 估算,蒸汽管、压缩空气管及洗涤液管宜采用铜管。

8.3 公共浴室给水排水设计

8.3.1 公共浴室的设置

公共浴室水的用途包括盥洗、淋浴、洗涤,以及地面冲洗和便溺冲洗。淋浴器和浴盆的数量根据其相应的负荷能力和洗浴人数确定,参见表 8-13。

公共浴室内淋浴器的设置 表 8-13

设置位置	布置方式	负荷能力[人/（个·h）]	备 注
设在淋浴间内	单间	1	以淋浴器为主要洗浴设备时
	隔断	2～3	
	通间	3～4	
附设在浴池或客盆间内	隔断	1	以浴池或浴盆为主要洗浴设备时
	通间	2～3	

（1）公共浴室内淋浴器的设置。公共浴室内淋浴器的设置见表 8-14。

（2）公共浴室内大便器的设置，公共浴室内大便器的设置见表 8-12。

公共浴室内大便器的设置 表 8-14

床位或衣柜数目（个）		大便器数目/个
男	女	
50	35	1
100	70	2
150	105	3
200	140	4
250	175	5

（3）浴盆设置定额为 2 人/（个·h）。

（4）盥洗间设有成排洗脸盆，其数量按 10～16 人/（个·h）计算。

公共浴室应充分发挥浴室内设施的使用功能，每日最大洗浴人数为：

$$N = nT/t \qquad (8-7)$$

式中 N——每日最大洗浴人数（个）；

t——每个洗浴者在浴室的平均停留时间（h），可按 0.5～1h 选取；

T——浴室每天工作时间（h）；

n——浴室内床位或衣柜的数目（个）。

8.3.2 公共浴室给水排水管道设计

（1）热水管网一般不设置循环管，当热水干管长度大于 60m 时可采用循环水泵对热水干管进行强制循环。

（2）淋浴器宜采用节水型产品。

（3）多于 3 个淋浴器的配水管宜布置成环状。淋浴器给水支管的管径不小于 25mm，配水管道的沿程压力损失不宜过大。当淋浴器不多于 6 个时，单位管长的沿程压力损失不超过 200MPa；多于 6 个淋浴器时，单位管长的沿程压力损失不超过 350MPa。

（4）公共浴室内的洗浴排水宜采用明沟排水，沟截面的宽度不小于 150mm，排水沟起点的有效水深不小于 20mm，沟底坡度不小于 0.01；设置活动盖板和箅子，排水沟末端设集水坑和活动格网。淋浴间的排水管管径不小于 100mm，应设置毛发聚集器；地漏采用网框式，地漏直径按表 8-15 选用。当采用排水沟排水时，8 个淋浴器设置 1 个 DN100mm 的地漏。浴池的排水管管径不小于 100mm，且泄空池水时间不超过 4h。

淋浴器数量(个)	地漏直径(mm)
1～2	50
3	75
4～5	100

（5）公共浴室内的生活废水与粪便污水分流排出。

参 考 文 献

［1］ 国家标准.建筑给水排水设计规范（GB 50015—2003）（2009 版）.北京：中国计划出版社，2010.

［2］ 国家标准.建筑设计防火规范（GB 50016—2014）.北京：中国计划出版社，2015.

［3］ 国家标准.消防给水及消火栓系统技术规范（GB 50974—2014）.北京：中国计划出版社，2014.

［4］ 国家标准.自动喷水灭火系统设计规范（GB 50084—2001）（2005 版）.北京：中国计划出版社，2005.

［5］ 中国建筑设计研究院.建筑给水排水设计手册［M］.北京：中国建筑工业出版社，2008.

［6］ 姜湘山.建筑给水排水设计 600 问［M］.北京：机械工程出版社，2011.

［7］ 王增长.建筑给水排水工程（5 版）［M］.北京：中国建筑工业出版社，2005.

［8］ 郎嘉辉.建筑给水排水工程［M］.重庆：重庆大学出版社，2004.

［9］ 马金.建筑给水排水工程［M］.北京：清华大学出版社，2004.

［10］ 张志刚.给水排水工程专业课程设计（第一版）［M］.北京：化学工业出版社，2004.

［11］ 张英等.新编建筑给水排水工程（第一版）［M］.北京：中国建筑工业出版社，2004.

［12］ 姜文源.建筑灭火设计手册［M］.北京：中国建筑工业出版社，2001.

［13］ 李玉华，张爱民.高层建筑给水排水设计［M］.哈尔滨：黑龙江科学技术出版社，2002.

［14］ 陈方效.高层建筑给水排水手册［M］.长沙：湖南科学技术出版社，2001.

［15］ 赵基兴.建筑给水排水实用新技术［M］.上海：同济大学出版社，2000.